南方单季稻
超高产密码

苏祖芳◎主编

中国农业出版社

主　　编： 苏祖芳

编写人员： 苏祖芳　张亚洁　孙成明
丁海红　周培南　许乃霞
李　群　沙爱红

序

民以食为天，解决十几亿人的吃饭问题，是我国一件头等大事。水稻是我国重要的粮食作物，具有高产、稳产和广泛的适应性，种植面积仅次于小麦，但其产量接近全国粮食作物总产的1/3，全国有60%以上的人口以稻米为主食。因此，水稻生产在我国农业及国民经济中占有举足轻重的地位。

近几十年来，随着生产条件的改善，品种生产力的提高，肥料、农药投入的增加和栽培技术改进等，水稻单产有所提高，对减缓粮食压力起了重要作用。但是我国人多地少，人口不断增加，人均耕地面积减少，农业结构的调整，是影响粮食作物发展的长期制约因素 。因此，提高水稻的单产是解决我国粮食安全的根本出路。水稻高产是我国农业发展的永恒主题。提高水稻单产要靠良种靠良法。良种永远是一个重要的因素，但良种的充分发挥，必须通过科学栽培来实现。

《南方单季稻超高产密码》一书是根据近10多年南方稻区超高产研究和高产、超高产生产实践基础上，广泛收集这一领域的研究成果和各地实践验证资料，采用问答的形式编著而成。它系统介绍水稻高产潜力，超高产水稻生产条件，水稻生育特性，超高产水稻群体动态与途径，超高产水稻栽培技术和主要病虫害诊断以及水稻各生育阶段看苗诊断技术等380多个问答，书末，附有关参考资料，以供查考。

本书坚持科学性，具有较高的学术水平，紧密联系实际，有较强的可操作性，直接为“国家粮食丰产科技工程”服务。本书的出版将对全面提高超高产水稻技术水平，增加水稻单产，农民增收，实现农业可持续发展有重要意义。

本书在编写过程中得到扬州大学农学院及许多同行专家和技术人员的关心和支持，参阅了诸多作者有关资料，在此表示衷心感谢。由于我国超高产栽培方兴未艾，编著时间较短，水平有限，错误之处在所难免，恳请广大读者和同仁批评指正。

编　者

2009年6月

目 录

序

一、水稻产量的来源与产量潜力

二、水稻超高产生育特性

三、水稻超高产生产条件

四、水稻超高产品种及选用与引进

五、超高产水稻群体特征与途径

六、壮秧及其培育技术

七、基本苗的确定和栽插质量

八、超高产水稻需肥特性与施肥技术

九、超高产水稻需水特性与水分管理技术

十、水稻各生育期苗情诊断

十一、超高产水稻主要病虫害与防治

一、水稻产量的来源与产量潜力

1. 为什么我国水稻要开展超高产研究?

水稻是我国的主要粮食作物，水稻栽培面积占粮食作物种植面积的1/3，产量占粮食总量的近一半，人均年消费稻米150千克以上，全国有近2/3的人口以稻米为主食。而且，稻米国际交易量较少，我国稻米一旦出现较大的缺口，难以通过国际贸易达到平衡。因此，我国的粮食安全，某种意义上说就是稻米生产安全问题。控制人口、节约用地，只能缓解稻米供需的部分矛盾，解决我国粮食安全的根本出路在于不断提高粮食作物特别是水稻的单产。所以，研究与大力开发应用水稻超高产技术，对提高我国水稻综合生产能力，保障粮食安全供给具有重大的战略性意义。

2. 国内外水稻超高产研究的概况如何?

水稻超高产研究由日本人提出，随之中国、菲律宾（国际水稻研究所）、韩国等也相继开展了水稻超高产研究。1980年，日本开始实施“超高产水稻的开发及栽培技术的确立”的大型合作研究项目，计划在1981—1983年的三年间在原有基础上增产10%，再用五年和七年时间分别增产30%和增产50%，最终实现水稻10公亩*生产糙米1 000千克（折667米^{2}产稻谷833千克）的超高产目标。此时期，韩国亦开始立项实施以籼粳杂交为

* 公亩为非许用单位，1公亩=100米^2。

主要途径的超高产育种研究。韩国与国际水稻研究所合作，曾使其水稻单产一度超过日本。20 世纪 80 年代后期，国际水稻研究所的育种、生理、栽培等学科的科学家们合作，根据水稻形态、生理等与产量的关系的研究结果，提出了培育“超级稻”超高产育种计划，预计经过 5～8 年时间育成比当时生产上广泛应用的半矮秆品种增产 20％～30％的新株型超高产品种。到 1994 年国际水稻研究所宣布新株型品种的单产水平超过当时推广品种 20％～30％的目标已初步实现。由于新株型品系普遍存在结实率低，秆粒不饱满，抗性弱等缺陷，未在生产上得到应用，2005 年国际水稻研究所的育种家们正在继续改进其缺点，实施培育成产量潜力达到 900～1 000 千克/667 米^2 的超级稻品种计划。这一计划有力地推动了世界范围内水稻超高产的研究，亦标志着以粮食安全为主要目标的水稻超高产研究进入高潮。

中国水稻超高产研究始于上世纪 80 年代。1986 年，袁隆平在湖南提出了杂交水稻超高产育种的意见，并提出在原有产量基础上提高 20％作为超高产育种的目标。此后杨守仁在“水稻超高产的可能模式”中提出，在沈阳地区应以每 667 米^2 再增产 100 千克即 667 米^2 单产达到 600～700 千克作为超高产指标。1996 年，我国农业部启动“中国超级稻选育及栽培体系”研究项目。近 10 多年来全国各稻作科研单位纷纷开展超高产育种和栽培的研究，并相继取得超高产的纪录。

3. 什么是水稻超高产概念?

所谓超高产是相对于高产而言，即比一般高产的产量水平更高，故有人把超高产称为特高产、高产更高产或高产再高产。有几种解释：①比对照增产 15％以上；②比现有产量增产 100～200 千克/667 米^2 的产量水平；③在目前生产技术水平下达 700 千克/667 米^2 以上的产量水平。1996 年立项“中国超级稻”育种计划要求的产量指标如表 1。

表 1　超级稻品种（组合）产量指标（千克/公顷）

年代	常规品种				杂交水稻			增产幅度%
	早籼	早中晚兼用籼	南方单季粳稻	北方粳稻	早籼	单季籼粳	晚籼	
1996 年	6750	7 500	7 500	8 250	7 500	8 250	7 500	—
1996—2000 年	9 000	9 750	9 750	10 500	9 750	10 500	9 750	>15
2001—2005 年	10 500	11 250	11 250	12 000	11 250	12 000	11 250	>30

注：表中产量系指连续 2 年在生态区内 2 个点，每点 6.67 公顷面积上的表现。

袁隆平认为超高产以单位面积的日产量而不用绝对产量作指标比较合适。这种指标不仅通用，而且便于作统一的产量潜力比较，因为生育期的长短与产量高低密切相关，对生育期相差悬殊的不同品种要求有相同或相差很小的绝对产量是不科学的。他提出超高产的指标是每公顷日产稻谷 100 千克。

与超高产水稻育种比较，目前超高产栽培的概念还比较含糊、目标也不够明确。水稻超高产栽培，迄今尚无一个统一的标准和严格的定义。

所谓超高产栽培是指在现有高产栽培产量水平的基础上，根据品种的特征特性和各生态区具体的生产条件，最大限度地协调水稻生产中的各种矛盾，充分发挥其增产潜力，进一步提高产量 20%～30%，同时也尽可能地降低化学品投入和生产成本，实现高额产量水平上的稻米质量安全与生产高效益和生态环境友好。我国不同生态地区水稻生产的条件千差万别，同一品种在不同生态区栽培的产量水平也不相同，甚至相去甚远；即使同一品种在同一生态区不同栽培制度下取得的产量也有较大差别。因此，将超高产栽培的增产指标，因地制宜地建立在本生态区同种栽培制度下现有最优品种最高产量达到的相对增产幅度上（如 30%左右）可能更具有现实意义。这样，不同地区可以根据当地的具体情况，制定切实可行的超高产指标，便于示范与实际操作。以江苏稻麦（油）复种条件下的单季粳稻区为例，常年水稻均产550千克/667米^2，增产30%，产量可达715千克/667米^2，其超高产栽培的产量指标因地因栽培制度的不同确定为700～800千克/667米^2；以此类推，在南方双季稻区其超高产目标可为两季1 200千克/667米^{2}左右。

4. 我国水稻超高产栽培的现状与发展趋势是什么？

多年来我国广大稻作研究者对水稻超高产栽培进行了深入探索和广泛的研究，形成了诸多不同地区各具特色的技术体系和栽培模式。

上世纪80年代初，江苏提出了“小群体（适群体）、壮个体、高积累”为途径的“叶龄模式栽培法”，把适当减少基本苗、依靠分蘖形成健壮个体、稳定适宜的有效穗数、主攻大穗作为实现高产的关键，形成了“培育叶蘖同伸的适龄壮秧、合理计算基本苗和依叶龄模式进行肥水运筹”的超高产栽培技术。随后在上世纪90年代初，又进一步提出“群体质量超高产栽培技术”，在适宜群体起点的前提下，充分发挥水稻个体分蘖能力来确保群体适宜的穗数，使群体内个体数量和质量达到高度的协调统一，依叶龄进程有序地建立起后期具有高光合生产率和高物质积累能力的群体，即通过群体质量的改善与优化达到超高产。

在双季稻栽培上，上世纪80年代末，浙江在“稀、少、平”栽培法的基础上提出了高成穗率、高实粒数、高经济系数和稳定的穗数（即“三高一稳”）栽培技术，以提高成穗率为突破口，围绕“壮秧、早发、控蘖、促穗、增重”等方面来进一步提高了水稻产量。

安徽提出通过适当减少秧田播种量、大田穴苗数和低效分蘖期的肥、水供应，在适宜穗数基础上提高分蘖穗率、茎蘖成穗率、结实率和平均每穗谷重（即“双季早稻四少四高栽培模式”），从而提高水稻产量。

上世纪90年代中期，湖南针对当前生产上大面积推广应用的中秆大穗型品种的栽培特点，通过培育适当群体，旺健的根系，促进大穗发育和茎秆增粗，达到提高结实率和千粒重的目的，提出“双季稻旺根壮秆重穗栽培法”（简称“旺壮重”栽培）。其主要内容是在壮秧早发的基础上，前期（分蘖期）适当控制无效分蘖，形成合适群体、健壮个体；中期（长穗期）促进壮秆大穗，提高成穗质量；后期（结实期）维持旺盛的根系活力和叶片光合能力，促进茎鞘贮藏物质和叶片光合产物向籽粒运转。

20世纪90年代中后期，四川省针对四川盆地的气候特点及两熟制地区水稻秧龄偏长的现状，研究提出了“杂交中稻超多蘖壮秧超稀高产栽培技术”（简称“两超”栽培）。即秧田期“超稀培植”，经55～60天秧龄培育出单株带蘖10个以上的“超多蘖壮秧”，本田实行超稀栽培，“比现有杂交中稻栽植密度降低一半”，以进一步发挥杂交水稻的个体生理优势和少穴栽培的稻田环境优势，促进单茎健壮生长，在稳定穗数的基础上，改善穗数组成，提高群体质量，协调穗多与穗大的矛盾，从而达到“减株减穴，稳穗增粒”的目的，实现在集约栽培条件下高产更高产，同时降低生产成本，实现高产高效。

近年来，水稻强化栽培的引进。通过小苗超稀植，配套肥、水等管理措施，充分发挥个体优势，依靠分蘖成穗，大幅度降低了主茎在稻谷产量中的比重，是实现水稻超高产重要途径。

随着超高产研究的深入和生产技术的发展，通过合理稀植化栽培以充分挖掘个体生产潜力从而有效改善个体和群体的质量，大幅度提高群体生产力，这已成为我国水稻超高产栽培发展的基本方向。

5. 水稻光合产量、生物产量和经济产量是什么？

水稻光合产量，一般指水稻在其生长发育过程中，通过光合作用积累的所有碳水化合物的总量，稻谷产量仅是其中的一部分，因此，光合产量是生物产量的基础，高的光合产量，就有可能得到高的生物产量；水稻生物产量，也称生物学产量，指收获时整个植株（一般不包括根系）的总重量，它是经济产量的物质基础，一般来说，高的生物产量，就能取得高的经济产量；水稻经济产量，指对人类最有经济价值的产品器官的重量，如水稻的籽粒等。

水稻的经济产量是生物产量的一部分。经济产量的形成，是以生物产量为物质基础，有了较高的生物产量，不一定有较高的经济产量，这决定于生物产量转化为经济产量的效率，这种转化效率称经济系数。经济系数越高，其经济产量就高；反之就低。经济系数因品种差异而不同，同一品种因栽培措施影响群体和株型等差异也有不同。因为经济产量＝生物产量×经济系数，只有在高生物产量和高经济系数时，才能获得最高经济产量，这是人们所期望的。

生物产量不可能全部转化为经济产量，因为生物产量是营养器官和生殖器官的总和，但水稻的光合产物既用于生长营养器官，也用于生长生殖器官，这就存在着一个营养生长和生殖生长的矛盾，在水稻的生长期间内，营养生长量过大，生殖生长量就必然降低，就会导致经济系数的降低，这在水稻生产实践中经常遇到的。

6. 怎样计算水稻光能利用率？

光能利用率是指单位地面上植物光合作用累积的有机物所含能量与照射在同一地面上日光能量的比率表示。阳光照射至叶面上，光能被叶绿分子吸收，通过一系列反应，水分子被分解，放出氧气，而其中的氢与从空气中吸收的二氧化碳合成碳水化合物。这样光能就变成了化学能而贮藏在植物体内。这些碳水化合物在植物体内经过复杂的变化，又可合成淀粉、脂肪、蛋白质等有机化合物。

太阳的辐射能总量极大，地球上得到的约为其中的六十亿分之一，每年相当于 $4.184\,0\times5\times10^{24}$ 千焦能量，相当于发电量 5.8×10^{17} 千瓦小时。在太阳辐射能中，植物光合作用能利用的是波长 380～710 毫微米的可见光，其量约为太阳总辐射量的 44%左右，这一吸收部分称为“生理辐射”。其余是波长 710 毫微米以上的红外光和波长 380 毫微米以下的紫外光，对光合作用无效。光能利用率通常指光合有效辐射能而言（可见光部分）。据计算，照射到植物叶面上的光合有效辐射能的 85%左右为叶片吸收，但能用于光合作用制造有机物质的只有 1%～2%左右，其余的能量因蒸腾损失、辐射损失、以及由于透过叶片落到地表（其中约有 1/10 又从地表反射出来被植物所吸收）或被叶片反射而散失。

从目前一般作物的产量水平来看，作物的光能利用率很低，通常只能利用单位面积上全年辐射能的 1%～2%，甚至不到 1%。667 米^2 产稻谷 500 千克的水稻品种，光能利用率仅为 1%～2%左右。据理论上的计算，植物的光能利用率可高达 25%～35%。植物光合作用所能利用的光能，在整个地球上平均不超过 0.1%，这些能量每年可以在陆地上和海洋中产生 1 500 亿吨以上的有机物质，其中约 6%直接或间接地作为人类的食物。可见植物光合作用的潜力很大。根据植物光能利用的理论推算，其产量可以超过现有作物产量水平的几倍、十几倍或更多。

以贵阳地区为例，其一季中稻的理论产量推算如下：

水稻生长季节中，每 667 米^2 太阳能辐射量约为 $4.184\,0\times3.34\times10^{8}$ 千焦。用于光合作用可见光按 50%计算，则投射到稻植株群体叶层上的太阳光能为：

$4.184\,0\times3.34\times10^{8}$ 千焦 $\times0.5=4.184\,0\times1.67\times10^{8}$ 千焦

群体叶层表面反射和非同化器官吸收的无效光能约 20%，漏光率和光饱和的损失约 10%，两者按 30%计算，则为：$4.184\,0\times$

1.67×10^8 千焦 $\times0.7=4.1840\times11.69\times10^7$ 千焦

群体叶层吸收和利用的光能转变为化学能的转换率按 20% 计算，则以碳水化合物形态贮藏的潜能为：$4.1840\times11.69\times10^7$ 千焦 $\times0.2=4.1840\times2.34\times10^7$ 千焦

光合产物中消耗于呼吸作用的按 30% 计算，则为：

$4.1840\times2.34\times10^7$ 千焦 $\times0.7=4.1840\times1.64\times10^7$ 千焦

按形成 1 克干物质需要 4.1840×4.25 千焦计算，形成 0.5 千克碳水化合物需要 $4.1840\times2.13\times10^3$ 千焦，则：

水稻的理论生物产量 $=\dfrac{4.1840\times1.64\times10^7\text{ 千焦}}{4.1840\times2.13\times10^3\text{ 千焦}}=3\,850$ 千克/667 米^2

经济系数按 0.5 计算，则水稻的稻谷产量约为 1925 千克/667 米^2；而这时水稻的光能利用率在 4.9%左右。

在现有水稻产量的基础上，假如能提高光能利用率 0.5%～1%，产量便可成倍增长。因此，在不断改善农业生产条件的同时，选育高光效品种，是进一步大幅度增产的重要途径。

7. 什么是水稻光合作用的光饱和点?

在生产上常看到这样一种现象，同样的密度、同样的群体结构，中期最大叶面积指数都达到最适叶面积指数的两块地，其产量却相差很大，这是什么原因呢？关键在于叶片的光合生产效率不同。所谓光饱和点现象是指一定范围内光合速率随光强的增强而增加，当光强超过一定水平时光合速率增加缓慢，再增加光强时光合速率却不再增加的现象。这时的光强称为光饱和点。水稻单叶和群体的光饱和点是不同的。单叶光饱和点就是单张叶片进行光合作用需要的最大光强度。如果光的强度超过这个光强，则多余的光不能被利用而浪费。水稻属于喜欢强光的作物，但也有一定的限度，不是光照越强光合能力就越强，超过了一定的光照强度，光合生产率就不增加。水稻的光饱和点，虽因品种不同而

有差异，但一般是4.5万～6.0万勒克斯。7～8月的太阳光下，田间自然光强约有10万～12万勒克斯。因此，水稻在强光下光能50%利用也就是说水稻有自然光的1/2就饱和了，多余的1/2不起作用就被浪费了。据测定，若给水稻光饱和度强度的1/5，即1万勒克斯。上部叶片挺拔，叶片的光合生产量并不相应地降低到1/5，虽然每个叶子本身光合量少了些，但作为群体来说，光合生产量反而增加。如果上部叶子披垂，上边的叶片就把整个田间给遮住了，上边叶子的光很强，10万勒克斯，其中1/2光被上边叶片利用，余下的1/2光被白白浪费掉。因为叶片的光饱和点是自然光强的1/2，而下边的叶子接受不到光，因此，水稻中期群体适宜，生长并不过旺，叶片直立，就能使光照到下部叶片，这样总的来说光合生产效率就提高了。因此还必须了解群体的光饱和点。

群体内叶片的光饱和点是指整个一块田来讲的，它和一张叶片的光饱和度不同，一块田有很多叶子，例如一个水稻植株单茎有5片叶子，如果整体一株水稻单茎最后的5张叶子都达到光饱和度以上，那群体需要的光强就很大，就不是5万～6万勒克斯就饱和了，分蘖盛期群体6万勒克斯，达到光饱和，到孕穗期即将封行需要8万～10万勒克斯，群体才能达到饱和，而在抽穗后群体基本上不存在光饱和度，其原因是叶片不再增加，此期叶片光合效率比较高，所以在合理密植的情况下，水稻抽穗以后，光越强越好，即水稻抽穗后群体光合能力和光照强度是呈正比例增加的。因此在栽培技术上应考虑光饱和问题，就是要使上部叶片不要吃得太饱，这是超高产栽培的理论基础。

8. 什么是光合作用叶片的光补偿点?

作物叶片的光合作用随着光强的下降其光合作用强度也下降，光强下降到某一点时，就不能进行物质生产了。作物的产量＝光合生产量－呼吸消耗量（即净同化量）。因为作物一方面进行光合作用制造碳水化合物，只有制造的比消耗的大，才能够生产。所谓补偿点就是当光强到一定的强度时，作物的光合作用生产碳水化合物和他呼吸作用消耗的碳水化合相抵消，收支平衡，此时的净同化量等于零，这时的光强称之谓光补偿点。例如 1 片水稻叶子，在同一时间内光合作用制造的物质和吸收的 CO_2 等量时，其光强度就是水稻叶片的光补偿点。栽插密度大，前期施氮过多，封行过早，虽然上面叶面积增加了，但大部分下部叶片光照处在光补尝点下，不但不能生产，反而由于呼吸作用加强了，甚至消耗大量生产物质。尤其在大氣 30℃以上的高温下，如群体过大，叶片披散，中下部叶片呼吸强度就增强，消耗也越大，积累就越来越少。从水稻群体叶面积指数与物质生产的关系中可以看到随着叶面积的增加，群体光合作用加强，呼吸作用直线上升。物质生产有一个最适叶面积，一般说水稻叶面积指数是 7～8 左右，当水稻叶面积指数达 7～8 以后，叶面积指数越大呼吸作用越大，由于叶面积越大，引起相互遮阴越重，光合作用不断下降，干物质生产下降，造成高产的假象。据上海植物生理研究所测定，水稻叶片的光补偿点是 1 000 勒克斯，而在群体条件下最少需要 2 000 勒克斯，因为水稻叶片光合作用是在白天进行的，但呼吸作用却是不分白天黑夜，一天 24 小时都在进行，只有达到 2 000 勒克斯才能使收支平衡。尤其是高产田，应考虑到后期下部叶片至少不能少与 2 000 勒克斯，低于 2 000 勒克斯就不能生产了。水稻叶面积指数与光强的关系是：当叶面积指数是 1，群体下面的光强是自然光的 50%，叶面积指数是 2，为自然光强的 25%，叶面积指数是 3，为自然光强的 12.5%，叶面积指数是 4，为自然光强的 6.25%，叶面积指数是 5，为自然光强的 3.13%。实际上叶面积指数达到 5 时，下边的叶片已接近光补偿点了。优良株型群体下部叶片达到光补尝点的光强的最大叶面积要比株型差的群体高得多。这也是超高产株型栽培的目的。

9. 什么叫水稻产量潜在生产力、现实生产力?

水稻产量潜在生产力是指某一地区某一水稻品种，在充分理想的条件下，单位土地面积上的稻株在其生育期内所能形成的最高稻谷产量能力、潜在生产力或理论生产力，而在具体的生产条件下所形成的稻谷产量为现实产量或现实生产力，一般相当于稻谷产量能力的 60%。这为超高产生产提供了巨大产量空间。

10. 水稻生产潜力有多大?

近几十年来对水稻资源和光合作用原理，推算水稻在养分和水分都能充分满足且无病虫草害等理想自然条件下可能达到的光合产量，即光合产量潜力。由于各地光能资源的差异和估算时所用参数不同，估算结果是大致相同的。

薛德榕（1977）按水稻全生育期太阳辐射能量估算广州地区早、晚稻光合产量潜力为：

①早、晚稻本田生产期内每 667 米^2 太阳辐射量分别为 $4.1840\times169\times10^6$ 千焦和 $4.1840\times245\times10^6$ 千焦；②生理辐射率为 50%；③群体反射和照射在非同化器官损失 20%，漏光率和光饱和损失率占 10%，两项合计 30%；④光能转化率 20%；⑤生育期间呼吸消耗能量平均为 30%；⑥每克碳水化合物含能量 4.1840×3.8 千焦，折每千克含能量 4.1840×3800 千焦；⑦经济系数为 0.5。

早季稻：①早季稻辐射量×②×③×④×⑤÷⑥×⑦

$=169\times10^6\times0.5\times0.7\times0.2\times0.7\div3800\times0.5$

$=1089$（千克/667 米^2）

晚季稻：①晚季辐射量×②×③×④×⑤÷⑥×⑦

$=245\times10^6\times0.5\times0.7\times0.2\times0.7\div3800\times0.5$

$=1579$（千克/667 米^2）

刘振业（1984）按水稻全生育期太阳辐射能量估算贵阳地区

一季中稻的光合产量潜力如下：

①贵阳地区一季中稻本田期每 667 米^2 太阳辐射量为 4.184 0×2.7×10^8 千焦；②生理辐射率按 50%计算；③群体反射和照射在非同经器官损失约 20%，漏光和光饱和损失约 10%，两项合计 30%；④光能转化率 20%；⑤呼吸消耗能量比率按 30%计算；⑥1 克干物质含能量按 4.184 0×4.25 千焦计，则 1 千克含能量为 4.184 0×4 250 千焦；⑦经济系数为 0.5。则产量潜力为：

产量潜力=①×②×③×④×⑤÷⑥×⑦

=2.7×10^8×0.5×0.7×0.2×0.7÷4 250×0.5

=1 556（千克/667 米^2）

光能利用率（%）=1 556×2×4 250÷（2.7×10^8）×100=4.9

刘振业（1984）按稻谷产量形成期 40 天太阳辐射量估算贵阳地区一季中稻每 667 米^2 产量潜力为：①贵阳地区一季中稻产量形成期内平均每天每 667 米^2 太阳辐射量为 4.184 0×2 281×10^3 千焦；②用于光合作用的生理辐射率 50%；③群体反射 6%，透射 4%，合 10%；④呼吸消耗 35%；⑤光能转化率为 20%；⑥产量形成期 40 天；⑦每克稻谷含能量 4.184 0×4 250 千焦；⑧产量形成期的产量只占稻谷的 80%。则产量潜力为：

①×②×③×④×⑤×⑥÷⑦÷⑧

=2 281×10^3×0.5×0.9×0.65×0.2×40÷4 250÷0.8

=1 569（千克/667 米^2）

通常把仅根据光能资源估算的水稻产量潜力称为光合产量潜力。实际上温度对光合作用亦有重要作用，因此光合产量潜力应以温度加以校正，校正后的产量潜力称为光温产量潜力。根据水稻结实盛期多年平均最高温度和最低温度对结实率的影响，应用以下温度校正数：单季稻北方稻区为 0.8～0.9，南方稻区为0.7～0.85；双季早稻为 0.75～0.8，双季晚稻和单季晚稻均为 0.9 左右。

11. 水稻现实生产力超高产实例?

1983 年江苏省赣榆县农业科学研究所种植的赣化 2 号杂交组合，获 963.5 千克/667 米^2。2003 年在云南省永胜县涛源乡农户胡红兵种植的Ⅱ优航 1 号干谷 1 162.01 千克/667 米^2。湖南湘潭县泉扩子乡杂交水稻 6.8 公顷平均 807.46 千克/667 米^2。2008 年江苏省兴化市姚家村水稻 894.9 千克/667 米^2。

12. 为什么水稻生产量是有机物质生产量?

水稻籽粒就是经济产量，它由水（束缚水）、矿物质和有机物三部分组成，其中水稻矿物质含量较少，一般只占 10%多些，其余的 85%以上都是碳水化合物、蛋白质等有机物质。从产量生理角度看，水稻矿物质，不含有光合作用所同化的太阳能，即能量等方面。没有能量，严格地讲水稻矿物质不属于产量的范畴，在籽粒的化学组成中唯一含有能量的物质是有机物，有机物是碳氢化合物，分子内的氢，在被空气中的分子氧氧化成为水的时候，释放出大量的能量，而水稻本身，以及异养生物就可以利用能量，进行各种各样的生命活动。因此有机物是水稻产量的物质基础。水稻生产本身就是有机物质的生产，有机物质搞不上去，产量就搞不上去，这是十分重要的概念，所以要提高水稻产量，着眼点放在有机物质的生产上，有机物质生产越多，生物产量越高，通常经济产量也高。

13. 为什么说水稻产量 90%以上靠空气营养?

水稻是秋熟作物，春种秋收，春天播种每 667 米^2 播谷 3～5 千克，秋天可收获 500～600 千克以上稻谷，增加了 100 多倍，稻草算在内，约增加 200 多倍。水稻产量物质来自两个方面，一方面来自空气营养，约占整个重量的 90%～95%是靠空气中的 CO_2 和 H_2O 利用叶片载体，通过光合作用，把 CO_2 和 H_2O 合成有机物。

另一方面来自土壤营养即土壤中的肥料，被根系吸收的物质，约占整个干物质的5%～10%。据廉平湖等测定，北方稻区500千克以上的水稻产量，加上稻草有1 000多千克，据测定稻谷内的氮（N）、磷（P）、钾（K）的含量，N为12.35千克，P为5.75千克，K为10.6千克，仅28.9千克，可以说从土壤中吸收的N、P、K是很少的，也就是说施肥（包括地力）量仅占产量的百分之几；又据松岛省三对750千克以上产量的植株分析，其中N为18.75千克，P为5.7千克，K为15千克，Ca为3.75千克，Fe为0.05千克，Cu为0.65千克，Mg为1.25千克，Mn为0.55千克，Zn为0.005千克，Cu为0.65千克，总加起来也不超过40多千克，稻谷和稻草加起来有1 500千克，而从土壤吸收的肥料量还不足几十千克，加上吸收的硅（Si）也不到100多千克，所占的比重是很少的，所以说土壤营养即施肥（包括地力）才占产量的5%～10%。以上说明作物的产量主要来自空气营养。通过育种和栽培改善株型提高水稻对光能的利用率来增加产量，有着巨大的潜力。从我国目前的水稻生产情况看，一般只利用太阳能的0.4%，很低，高产田也不过2%，从光能利用的角度看，本地区光能利用率提高到2.6%，水稻产量可达1 200～1 300千克/667米^2，栽培的核心是提高光能利用率问题。亦是作物群体诊断的主要依据。

有机物质不仅是水稻产量形成的基础，而且也是水稻营养的物质基础，由于水稻具有同化无机物为有机物的特殊本领，因此在实践上根据自养的特点用肥、水等无机营养来促进有机营养，以达到高产和优质的目的，但正因为这样易给人一个误区，好像肥水是作物的直接养料，“种田不要问，只要水”，“庄稼一枝花，只靠肥当家”错误理论，指导错误的生产，所以只注意肥水，忘记了同化无机质的条件，特别是光照和通风条件，甚至由于不合理的施肥和灌水而造成水稻倒伏，使群体内部通风透光变坏，光合作用减弱，有机营养弱化，不仅不增产反而减产。必须认识肥水和作物营养对产量形成主要是间接作用的基本原理，从而能更好地利用光，而不是说肥、水对水稻产量的影响微不足道。

肥水不仅是合成有机物质的原料，如光合作用，要形成1千克的光合产物，至少要0.6千克水，蛋白质而且是水稻生产中控制水稻生长发育的两个主要手段，肥水措施得当，可以促进有机物质的生产和积累，调节有机物质、性质和比例，控制有机物质用于生长和贮藏的比重，从而协调水稻各个器官的相对生长。

14. 为什么说水稻产量90%以上靠绿叶面积的光合作用?

水稻和小麦不同，小麦的穗子和芒具有一定的光合作用能力，小麦抽穗和芒的本身作用能给种子一定的光合产物。有人试验，把小麦的芒剪掉，种子内的光合产物减少11%，甚至20%。那么有机物质是从哪里来的呢？有近97%来自叶片的光合生产，水稻叶片生产的有机物质占整个水稻植株生产的有机物质的87%，而叶鞘只占9%左右，绿色稻穗生产有机物质，几乎被呼吸所消耗，对产量的贡献接近于零。因此，必须提高叶片光合作用，千方百计把叶片光合生产搞上去。据松岛省三测定，水稻基本上靠叶片进行光合作用：叶片的光合生产量占86.9%，叶鞘的生产量约9.4%。而稻穗本身的光合生产量正好与呼吸作用消耗的量相抵消。因此，水稻产量90%以上靠叶子的光合产物，水稻的高产技术措施主要是保持它一生的叶面积能有一个合理的发展过程，并且调整叶相以提高单位叶面积内的光合效率，这也是看叶诊断的重要依据。

15. 水稻绿叶叶面积包括哪些?

水稻所有的绿色组织，除叶片外都能进行光合作用，都是光合面积，如幼嫩的茎、叶鞘、幼穗、芒等。当然一般仍以叶为主。虽然像稻芒、穗、茎等器官，也具有较强的光合能力，但这些器官的绿色面积，不但测定麻烦，而且所占比重较小，所以常以绿叶面积作为绿色面积的近似值，为群体诊断指标。所以绿色叶面积的大小与水稻的光合产量关系密切，单株叶面积决定着单株的产量，每 667 米^2 田的叶面积决定着每 667 米^2 田的产量，而单位地面上的叶面积总量是以叶面积指数来表示的。

16. 什么是叶面积指数？怎样测定？

叶面积指数是指每 667 米^2 土地上群体植株绿叶面积总和之比，即：

叶面积指数（LAI）＝所有绿叶的叶面积（厘米^2）/667×10 000（厘米^2）

最简单的测定方法是在田间直接测定每穴或每株每张叶片的长（叶基部到叶尖的长度）与宽（叶片最宽处的宽度），则每张叶绿叶的面积＝叶片的长×宽×k，一般秧苗期的 k 值为 0.67，本田期为 0.75，再由每穴或每株的叶面积推算得群体的叶面积，最后，用算得的群体叶面积除以所对应的土地面积其商即是叶面积指数（LAI）。

水稻叶片的 k 值，随品种、叶位、生育期的不同而有差别，但是，基本上都在 0.7～0.8 范围内，尤以 0.75 左右的为多。

在测定叶面积时，宜以穴为单位进行。首先取有代表性叶片 10～50 片，求得平均的 k 值，然后在田间量得有代表性的 5～10 穴各绿叶的叶长和叶宽。并求得各穴长宽，再乘以 k 值，即为平均每穴的叶面积。它的单位通常是厘米^2。如换算成叶面积指数，则

$$\underset{\text{(LAI)}}{\text{叶面积指数}} = \frac{\underset{\text{(厘米}^2\text{)}}{\text{每穴叶面积}} \times \frac{\text{每 667 米}^2}{\text{穴数}}}{667\times 10\,000\ \text{(厘米}^2\text{)}}$$

17. 水稻的最适叶面积的含义是什么？

叶面积指数是水稻同化量的一个重要指标，要获得高产必须

有足够大的LAI。

前人研究较多认为水稻生产中存在着“最适LAI”，指出适宜LAI范围内，叶面积越大，群体总光合量增加，干物质积累越多，产量越高，LAI超过适宜范围，LAI过大，下位叶荫蔽严重，光合作用强度下降，干物质积累不再增加而是降低，经济系数更低。LAI低于这个最适量，就意味着有很多的可以利用的光白白浪费掉了，直接照射到地面上，不能被绿色叶片吸收进行光能利用而形成干物质质量。因此，水稻最适LAI是群体光合势、净同化率和干物质生产量最高的叶面积总量。

尽管最适LAI常因品种、株型、栽培条件等不同而异，但是亦确实存在着一个适宜的范围，早先的研究报告其值为4～7，而近年的高产报道适宜LAI值为6～8。

18. 现代与以往水稻品种最适LAI有什么异同？

据研究，20世纪50年代品种，LAI4～5，每667米^{2}产量为250～300千克，现代品种LAI7～8，每667米^{2}产量达650～800千克。例如杂交稻赣化2号，由于株型挺拔，最高叶面积指数达8.5～9时，仍不觉荫蔽，群体的干物质生产力仍能保持在较高的水平上。水稻品种改良，适宜LAI值的提高，主要归功于株型育种，叶角变小。

以往施肥水平低下的条件下，栽培叶角大的品种，能截获较多的光能，以利在低肥条件下获得较多的收成，但最适LAI值较低。在高肥条件下，株型紧凑的品种，才能提高适宜LAI值，而获取高产。

19. 叶角大小与最适LAI值有什么关系？

水稻叶片与茎秆之间的角度，称叶角。叶角大小是稻株本身决定LAI值的主要因素。在稻田群体中，基部的叶片叶角较大有利于更多地接触来自群体上层的辐射光。

叶角主要是指抽穗期植株上部三叶开展角度，开展角度小的叶片对光的反射率低，向下层的透光率高，下层叶片受光率高。相反叶角大的叶体，遮阴大，向下透光率低，基部叶片受光率低，消光率高。

据研究叶层配置，透光率与叶层有密切相关。同样 LAI，水平配置互相遮阴，照射的光与叶面垂直，和叶层叶片光强差异大，第一层最强，第二层为第一层的 1/10，第三层仅为第一层的 1/100；如叶面斜直，光与叶面夹角 60°，第一层为自然光的 70%～90%，但第二层可达到第一层光强的 1/2。

20. 日照辐射量大小与水稻叶面积指数值有什么关系？

因生态条件和纬度不同，各地日照辐射量小的最适 LAI 亦小。表 1 不同日照辐射量与叶面积指标的关系在叶角 25°时看出：日照强度为 4 万勒克斯，LAI 为 7.09，日照强度为 5 万勒克斯时，LAI 为 7.66，日照强度为 6 万勒克斯时，LAI 为 8.06。如江苏省赣榆县比江苏其它地区日照强度强，所以同样品种（组合）最大最适 LAI 达 8.5 以上，是江苏省的水稻高产区，就是一个例子。

表 1　日照辐射量与叶面积指数

日照强度（万勒克斯）	4	4.5	5	5.5	6	6.5	7	7.5
LAI	7.09	7.37	7.66	7.84	8.06	8.24	8.42	8.61

注：水稻叶角 25°时（消化系数 0.422 6，基部受光量 2 000 勒克斯）

21. 基部叶片受光量大小与 LAI 适宜值有什么关系？

上面已讲过最大限度截获太阳能，获得最大的作物生长率，同时要保持基部叶片有较高于光补偿点的受光量，此时的群体叶面积就是最适 LAI。

从水稻群体 LAI 与物质生产的关系中可以看出，LAI 较小时，干物质产量随LAI增加而提高，当LAI增加到一定值后干物质生产量随着叶面积增加而停止增加，甚至逐渐下降，因此生产上有些高产田块，只是苗好看，长势过旺，实际上物质生产下降，造成丰产的假象。

22. 上部三叶叶角大小与水稻LAI适宜值有什么关系？

以汕优3号为材料，于抽穗期选择LAI基本相同5.8～6.0，但上三叶叶角不同的群体进行测定，结果获得群体基部强与上三叶叶角度的关系，当上三叶叶角由30°减小至10°，群体基部透光率逐渐增强。

叶角与消光系数的关系按正弦定律 sinα，以及叶角和LAI关系汇入表2。在日照强度相同时，由于上3叶的叶角大小不同，群体LAI也不同，如表2，叶角在10°时，LAI为19.3，叶角在20°时，LAI为9.9，叶角在30°，LAI为6.8。

表2 水稻叶角与消光系数和叶面积的关系

叶角（°）	10	20	25	30	35	40	45	50	55
消化系数	0.173 6	0.342 0	0.422 6	0.50	0.573 6	0.642 8	0.707 1	0.766 0	0.819 2
LAI	19.3	9.9	8.0	6.8	5.9	5.3	4.8	4.4	4.2

注：在日照强度6万勒克斯，不同叶角LAI

23. 怎样计算最大最适LAI？

根据最大最适LAI，受品种稻株的叶角、消光系数，当地的日照度强度以及基部叶片正常的受光度的制约。门司正三提出了计算最适叶面积指数的公式：

$$F=-\left[\mathrm{Ln}\frac{In}{I_0}\right]\times 1/K$$

式中：F 为最适LAI；

Ln为自然对数；

I_0 为植株顶部自然光能；

In 为该品种群体植株基部叶片的最低光照强度，一般为光补偿点的2倍以上，就一般情况而言，为2 000勒克斯左右，可视为常数；

K 为消光系数。

从公式看出，适宜LAI值与自然光强成正相关，而与消光系数呈负相关。叶片直立，消光系数小，适宜LAI较大；反之，适宜LAI较小。当地日辐射量大的群体适宜叶面积大，反之则小。当知道了当地的自然光强和叶角（消光系数）以后，便可通过公式计算求得。

例如，当知某水稻品种上三叶平均叶角为25°，由表3查出消光系数为0.42，群体植株基部的最低限度受光度为2 000勒克斯，群体上部自然光能为5万勒克斯，代入公式

$$F=-\left[\mathrm{Ln}\,\frac{In}{I_0}\right]\times\frac{1}{K}$$

$$F=\frac{1}{042}\left[\mathrm{Ln}\ (5\times10^4)\ -\mathrm{Ln}\ (2\times10^3)\right]$$

$$=\frac{1}{0.42}\times 32\ 189=7.66$$

该水稻品种群体最适最大面积指数为7.66。

若当地自然光强达6万勒克斯，叶角仍为25°时，其适宜LAI值，计算得到为8.05。为方便生产上备查应用，将上三叶不同叶角和不同自然光强条件的适宜LAI值汇成表3。

表3　上三叶不同叶角和不同自然光强条件的适宜LAI值

自然光能（万勒克斯）	植株上三叶叶角和不同自然光强条件的适宜LAI值										
	10	15	20	25	30	35	40	45	50	55	60
4.0	17.3	11.6	9.76	7.09	5.99	5.22	4.66	4.24	3.91	3.66	3.46
4.5	17.9	12.0	9.10	7.37	6.23	5.43	4.84	4.40	4.06	3.80	3.60
5.0	18.5	12.4	9.41	7.66	6.44	5.61	5.01	4.55	4.20	3.93	3.72

（续）

自然光能（万勒克斯）	植株上三叶叶角和不同自然光强条件的适宜 LAI 值										
	10	15	20	25	30	35	40	45	50	55	60
5.5	19.1	12.8	9.7	7.84	6.63	5.78	5.16	4.69	4.33	4.05	3.83
6.0	19.3	13.1	9.9	8.05	6.80	5.90	5.30	4.80	4.40	4.20	3.90
6.5	20.1	13.5	10.2	8.24	6.96	6.06	5.42	4.92	4.54	4.25	4.02
7.0	20.5	13.7	10.4	8.42	7.11	6.19	5.53	5.03	4.64	4.34	4.11
7.5	20.9	14.0	10.6	8.61	7.25	6.32	5.64	5.13	4.73	4.42	4.19

24. 为什么水稻产量 90%以上靠抽穗后群体的光合产物?

水稻叶片所生产的有机物质，在时间上和空间上，可以分两部分，一部分在抽穗前形成的，这一部分光合产物，主要用于形成营养器官，为以后经济产量的形成奠定基础。也有部分光合产物贮藏于茎鞘在抽穗以后向籽粒输送。另一部分来源于抽穗后叶片的光合生产，这一部分有机物可直接运送到籽粒，构成经济产量。茎鞘贮藏物质，占籽粒灌浆物质的比例有较大的变化，凡是抽穗后，由于光温条件不佳，叶片的光合产物不能满足籽粒灌浆的需要，此时水稻较大地抽取茎鞘贮藏物质，用于籽粒的灌浆，但一般来说茎鞘物质只占产量的 1/3～1/4。吉田研究表明，C^{14} 在水稻开花时的 CH_2O 占生产期有 40%，其中 20%被呼吸消耗，12%残留在植株内，只有 68%有机物运输到籽粒，因此开花之前所积累的只占籽粒灌浆的 27%，其余 73%都是在开花后一个多月的时间内生产出来，所以抽穗以后叶片的光合生产对于水稻产量的形成，是具有决定性意义的。而且越高产的水稻，抽穗以后的光合生产所占的比例越大，这是一个重要的概念。

松岛省三提出抽穗前 15 天和抽穗后 25 天要有充足的阳光。抽穗前 15 天，是水稻的减数分裂期，抽穗后 25 天，是灌浆结实的乳熟阶设，此两时期为日照的敏感时期，日照不足，影响碳素同化作用和碳水化合物的积累，阳光不足，结实率降低。

水稻籽粒产量在一般产量情况下，抽穗前的积累贮藏在茎鞘中输送给籽粒的为10%～30%，70%～90%来自抽穗后一个多月内绿叶的光合产物，可以说抽穗后的光合产物对产量来说是决定性的，有人细分开花前积累的干物质占整个生育期干物质的45%左右，而在开花前积累的干物质中有12%不能利用，转不出去，植株死亡后仍残留12%，另外植株呼吸作用要消耗20%，只有68%能转送到谷粒中去，这些转送物质约占谷粒合成量的26%，也就是抽穗后的光合作用远远高于抽穗前的积累约占74%。水稻产量越高，后期叶片光合作用积累越多，大面积生产实践证明：当水稻产量达到650～750千克/667米^{2}时，据测定产量的90%靠抽穗后一个多月的时间积累生产，所以保证抽穗后叶片不早衰、不倒伏，提高叶片的光合能力是超高产的关键，也是看叶诊断的主要内容。

25. 水稻抽穗至成熟期叶面积组成怎样?

从抽穗期叶面积的组成看，抽穗期叶面积包括有效茎蘖的叶面积和无效茎蘖的叶面积。有效叶面积率指有效茎蘖的叶面积占总茎蘖叶面积的比例。无效茎蘖有叶而无颖花，群体的总颖花量愈小。这些叶面积对产量形成无直接效益，而且无叶面积过多，会恶化群体内部生态条件，削弱有效茎蘖的生长，因而要控制无效叶面积，就能提高群体叶面积的质量，提高有效叶面积率。一般高产群体有效叶面积率为90%～94%。

从有效茎的单茎叶面积组成上看，抽穗期单茎叶包括顶部3张叶片和下部2～3张叶组成，所谓提高高效叶面积率，是指提高上三叶叶面积在有效叶面积中的比例。因为首先上部三张叶片与穗分化同步，其生长状况与大穗形成呈显著正相关关系。扩大上三叶在群体中的比例，就可以在相同叶面积条件下增加总颖花量。其次，上部三叶的生理年龄最轻，又处于受光条件最好的群体上层，光合功能最强，是灌浆结实期的主要功能叶片，籽粒灌浆物质主要来自这三张叶 的光合产物，故称为高效叶面积。

而茎秆基部的2～3张叶与伸长节间数有关，一般4个伸长节间的品种为1叶，5个伸长节间的品种为2叶，6个伸长节间的品种为3叶，在抽穗后处于群体的下层，受光条件不及上三叶，生理年龄也较上部三叶衰老，整个光合功能不及上三叶，故称低效叶面积。其光合产物除输向籽粒外，有相当一部分输向根部和基部节间，是抽穗后养根的重要功能叶片。高质量群体，必须延长这组叶片的寿命并加强其功能。茎秆基部低效叶片过大，上部3叶面积较小。其叶面积在茎生叶中所占的比例高，往往伴生的无效分蘖多，茎基部节间过于伸长，中期群体过大，封行早，群体的光合速率下降，导致穗小，总颖花量及结实率均低，甚至出现倒伏的不良后果。

因而高产群体质量栽培应该控制低效叶面积的比例，提高有效叶面积的比例，但基部叶片必须保持适当的比例。①高效叶面积的比例，为4个节间的品种达到80%；5个伸长节间的品种达到75%～78%；6个伸长节间的品种达到65%～70%，如盐粳4号78%高效叶面积率产量最高。②保持上述高效叶面积率，抽穗期单茎绿叶数必须具备和伸长节间数相等的绿叶数，同时叶片较挺立，长度配置合理，各叶长度配置顺序为5个伸长节间的品种为2—3—4—1—5，6个伸长节间数的品种单茎各叶长度为2(3)—3(4)—(2)4—1—5—6。

据作者等研究，抽穗期茎上叶数与伸长节间较有关，6个伸长节间的要有5～6张绿叶，5个节间的要有4～5张绿叶，4个伸长节间的要有3～4张绿叶；乳熟期6、5、4伸长节间品种茎生绿叶片应为4.5、4、3张叶，成熟期6、5、4个伸长节间的品种分别有3、2、1.5张绿叶。

26. 冠层结构与光能利用是怎样的关系?

冠层是指从抽穗到成熟期植株上部3～4叶的大小配置和排列的序列。在大田条件下，个体茎上各叶因群体的拥挤，群体内各叶片互相重叠，产生上部叶片受光较好，下部叶片受光量少。如将某一叶位上重叠的叶面积合计起来，其合计值是上部叶少，群体下位叶相应增大，从上部某叶向下部叶叶面积合计起来的值，叫累计叶面积，下部叶受光量多少，将随累计值的增大，受光百分率显著减少，如果上部第一叶的累计叶面积指数接受的光为100，两叶累计叶面积指数为2，其受光仅为1叶的50%，3叶、4叶降低更多，因而其光合能力大大下降，不能得到发挥。为了发挥下部叶的光合能力，提高全田群体的光合生产力，必须合理安排上部4叶的大小和排列顺序。一般高产植株上部三叶的冠层结构，以倒二叶叶长为100，倒三叶叶长为90～95，剑叶为60～70。

叶面积大小影响群体的光合作用，叶层的不同配置情况对群体光能利用也有很大的关系。因为叶层配置与群体内光照强度的分布和叶面积系数可能达到的水平有关。如果把作物叶面积配置情况模式化，大致可分为：①平面配置；②倾斜配置。叶面积配置的形式不同，叶层中光强分布和光能利用情况也就不同。

同样的叶面积指数，水平配置的遮阴，各层叶片的光强相差较大，只有上层叶片能获得较多的日光，第二层只有第一层叶片的1/10日光，第三层为第一层叶片的1/100日光。而倾斜配置的叶片，当入射光线与叶面积垂直线的交角为60°时，每片叶子受光量为全阳光的1/2但多片叶子受光一致，因而每片叶子都能获得较强的光照，故光照总量还是较水平配置的高，据测定，水稻上部1张倾斜叶片的光合效率仍达到上部1张叶片在水平配置时的光合效率。倾斜叶片能接受直射光的70%～90%，由于下部叶片受到光的照射，其光合效率就高了。因此叶片平铺的群体所能适宜的叶面积指数较少。

叶片倾斜配置同水平配置有明显差别。倾斜叶片受光强度较弱，但受光面积大，有利于光合作用进行；倾斜叶片向下投影少，遮阴少，漏光多，下层的叶片能接近较多的光能；倾斜叶片反光不完全向上，有一部分向下反射可供基部叶片利用，光能利用率高。因此，叶面积倾斜配置的群体所能适应的叶面积指数较大，吸收的光较多，能更充分地利用光能。

27. 什么是水稻产量结构？产量结构诸因素之间有何关系？

水稻的产量结构是由单位面积上的穗数、每穗粒数、结实率、千粒重四个因素构成。总的来说水稻单位面积的产量，决定于单位面积的穗数，平均每穗粒数、结实率和千粒重四个因素的乘积。如果这四个因素能同时不断增长，则将取得惊人的产量。一般来说，水稻产量结构诸因素之间的关系总是相互联系、相互制约的，特别是在高产水平下，一个因素的提高，总会引起其他因素不同程度的下降。如某一因素增加超过一定范围，会带来另一因素的减少，其中以每 667 米^2 穗数和每穗总粒数负相关最为明显；每穗总粒数与结实率次之；每 667 米^2 穗数和每穗总粒数对千粒重的制约程度最小。而结实率与千粒重之间呈极显著正相关。在生产上往往随着单位面积内穗数的增加，每穗的总粒数或结实率和粒重下降，因而限制了产量的进一步上升，处理不当，反而减产。因此，只有正确地处理好各因素的关系，使之彼此协调，获得的最佳组合，乘积最大，才能实现高产更高产。

28. 水稻各产量结构因素在何时决定？

产量构成因素是在水稻生育的不同时期先后形成的。穗数是在秧苗素质、栽插适当数量基本苗数和一定的肥力水平的基础上，在水稻分蘖期间形成的；每穗总粒数是以壮株壮蘖为基础，在穗分化期间，尤其是穗枝梗分化时期形成的；结实率决定于抽穗前的减数分裂期、抽穗开花时以及抽穗后灌浆结实期的生育条件与生育状况；粒重在灌浆结实期形成，与开花前两周、植株生育状况和灌浆结实期生育条件有关。研究这些因素的形成过程和相互之间的关系，以及影响这些因素的条件，是水稻高产栽培诊断的重要内容。

29. 什么叫理论测产和实收测产?

根据大田现场测得水稻产量各构成因素，计算而得的理论产量值的测产方法为理论测产。

对要测产的田块于成熟期，选择一定面积的田块机收或人工收割获得的稻谷，稻谷称重后按照杂质率、含水率、标准含水量、实收面积等计算而得的实际产量的测产方法为实收测产。

30. 怎样进行理论测产?

水稻测产有多种方式。田间现场测产比较常用，一般在成熟期进行。根据被测田块面积确定后，对代表性田块全田采取对角线 5 点取样法，每个样点距田边 5 米以上随机选点。尔后进行产量结构测定。

每 667 米^2 穗数：首先测定每 667 米^2 穴数。机插秧、人工手栽秧田块，行距测定采用田头数 51 行（即 50 个行距）之间总长，除以 50 即得行距。株距测定采用全田 5 点测定，每点量 31 穴长度（除以 30 即为株距）。根据行株距算出每 667 米^2 穴数。其次测定每穴穗数。在选定 5 点中，每点数代表性 50 穴，全田 250 穴的穗数，平均得每穴穗数。以每亩穴数与每穴穗数相乘得出每亩穗数。

每穗粒数测定：按照已经测定得出的平均每穴穗数，在 5 个点各取生长正常，每穴穗数与平均每穴穗数相当的 5 穴植株所有穗子，混合在一起按穗型大小排队，逢双取样（至少保留

20个穗子），分别数出每点的每穗总粒数，求得平均每穗总粒数。

结实率测定：蜡熟期及蜡熟期前测产的，结实率按常年计算；成熟期测产的，在每穗总粒数测定同时，数出每穗实粒数，以结实粒数除以总粒数得结实率。

千粒重测定：按该品种常年千粒重计算。最终理论产量为每667米^{2}穗数、每穗总粒数、结实率、千粒重的乘积。

31. 怎样进行实收测产？

实收测产一般为正常成熟收割期。

首先在要测产田块内通过目测，选定代表性667米^{2}以上的完整田块，进行全田实割实收，不得人为取劣存优；如一块田面积较大，为缩短收割时间，可选择具有代表性的667米^{2}以上的田块，进行全田实割实收，应保证边缘整齐，不得人为取劣存优。机收或人工收获均可，一般采用稻麦联合收割机（记录收获机型）。

其次，机收后要正确测量收割面积：用标准皮尺量出田块四周边长，根据田块形状确定或分解为方形或梯形计算面积。注意田长、田宽的两头要在稻株基础上向外延伸：有行株距栽培田块向外延伸1个行距、1个株距，无行株距栽培田块统一向外延伸20厘米计算面积。

第三杂质测定：从鲜稻谷中称取1千克左右的样本，去除空粒、枝梗等杂质，称量净谷鲜重，计算杂质率（%）。

第四稻谷含水率测定从鲜稻谷中称取1千克左右的样本装入塑料袋内，用国标GB/T3543.6—1995农作物种子检验规程水分测定法测定收获稻谷含水率（%）。一般用烘干机在80℃的恒温条件下，将样品烘至恒重较为稳妥。也可在130℃的恒温条件下，烘干1小时，再用水分测定仪测定含水量，缩短测产时间，提高准确性。

最终实收产量计算：

实收产量＝（损失稻谷鲜重＋实收稻谷鲜重/实收面积）×［1－杂质率］×［1－鲜稻谷含水量（%）］÷［1－稻谷标准含水量（%）］

（注：稻谷标准含水量为籼稻13.5%、粳稻14.0%）

二、水稻超高产生育特性

32. 什么叫叶龄、总叶龄？有什么用处？怎样计算？

（1）水稻叶龄是指主茎生育进程中的出叶数目。主茎长出5张叶时，叶龄就是5，长出7张叶时，叶龄就是7，余类推。如果第八张叶伸出的长度达第七张叶长度的一半时，可记作叶龄7.5，某一叶从露尖到全部伸出称某一叶的出叶期。

测定叶龄首先应搞清主茎叶片的排列方向。水稻种子发芽时，先长出芽鞘，后长出没有叶身只有叶鞘的不完全叶，再长出有叶身有叶鞘的第一完全叶，第二，第三……完全叶。叶片互生，芽鞘位于稻谷胚乳一侧，相反方向是不完全叶，第一完全叶和芽鞘在同一侧，第二完全叶和不完全叶在同一侧，单数叶在稻谷同一侧，双数叶在相反的一侧。但有时双数叶长在单数叶一侧或单数叶长在双数叶一侧，标记叶龄时要注意，防止误差，造成叶片数增多或减少。

（2）水稻总叶龄是指主茎一生的出叶数目。测定主茎总叶龄，需从秧田期开始，一般以第二完全叶开始记载，定株隔叶标记，标记可用号码数字，涂上红印泥，在叶片正面印上2、4、6、8…数字，也可在叶片上涂上红漆标记，但要记住叶片数，移栽时将秧田标记的植株集中栽在大田有代表性处，一块田约定点5～6个，每点5～10株，继续观察，直至主茎出叶完毕求其平均数，就得该品种的总叶龄。

测定主茎不同生育期叶龄和测定主茎总叶龄同时进行，秧田开始选择具有代表性植株20～50株，定株隔叶标记，测总叶龄的同时并记载心叶露出部分的长度，其长度可根据心叶下一叶的长度估计，心叶的长度相当于下一叶的十分之几表示，如已长出第九叶，第十叶露出的长度为第九叶的十分之四时，该主茎叶就是 9.4，常称 9 叶 1 心。一块大田至少定点 5～6 个，每点定株 5～10 株，一块田 25～50 株，每次求出每个单株测定的平均叶龄值，就是该品种在某一生育期主茎的叶龄。

利用叶龄可以了解水稻生育进程和指导田间管理措施，特别是在杂交水稻种子生产中，利用叶龄来预测父母本幼穗发育进程尤为重要。

33. 什么叫叶龄余数、叶龄指数？有什么用处？怎样计算？

（1）叶龄余数就是水稻主茎总叶数减去主茎已长出的叶片数，即未抽出的叶片数。即：叶龄余数＝主茎总叶片数－伸出叶片数

例如已知主茎总叶数为 15 的品种，当主茎叶龄为 10.5 时，其叶龄余数为 4.5，也就是说还有 4 张半叶未抽出，或者可说倒 5 叶已抽出一半，所以叶龄余数可用倒数叶位的叶龄来表示。应用叶龄余数法，可使主茎总叶数差异不同的品种，基本上有一个统一的叶龄指标，常用于诊断幼穗分化和节间伸长时期。由于叶龄余数与始穗期的时间关系又比较稳定，因而杂交稻繁殖制种上经常用来预测父母本花期。叶龄余数在 3 叶以内，对幼穗分化进程的判断，或对始穗期时间的判断是比较准确的，不易受品种、地点、季别、栽培措施等条件影响。

一个品种的叶片数和叶龄值在同一地区正常栽培条件下是相对一致的，有几十个单位对同一品种，在相同条件下定点定株观察的叶龄值可互相参照应用。因而各地可以根据叶龄测定法，以县、乡或村为单位进行叶龄测报预报，以起到指导生产的效果。

（2）叶龄指数就是指已出叶片数占主茎总叶片数的百分数。

叶龄指数（%）＝已出叶龄数/总叶龄×100

例如，某一个主茎总叶片数为 14 的品种，当时叶龄为 12.6，叶龄指数即为 90%；另一个主茎总叶数为 19，在 16.5 叶时，叶龄指数为 87%。据观察，如主茎总叶片数为 15～17 的品种，不论栽培时期如何，叶龄指数达 78%左右，即为第一苞分化期；达 85%时为二次枝梗分化期；达 97%左右为减数分裂期；花粉母细胞充实并形成外壳的时期，即剑叶伸长终止期，叶龄指数为 100%。

34. 为什么用叶龄比用天数表示水稻的生育年龄更确切？

水稻生育期长短用天数法表示比较简单也易掌握，尤其是在育秧上，在安排和执行育秧计划时比较方便。但受当年气温条件影响较大，往往天数相同由于气温高低差异而其生育期相差甚远，用天数来表示秧龄并不能反映秧苗的实际生育年龄即生理年龄，高温年和低温年同样天数的生育期是极不相同的，生产中这种例子是很多的。由于出叶与分蘖、根系、节间和穗分化之间存在着密切的同伸关系，因此，用叶龄表示稻龄，较能正确反映稻苗的生理年龄和实际生育进程。掌握了稻的叶龄才能采取相应的因苗调控措施。

35. 水稻谷粒的形态结构是什么样的？

成熟的稻谷，在植物学上称为颖果，习惯上称为种子。稻谷由谷壳和糙米两部分组成，谷壳包含内颖和外颖，外颖较大，内颖较小，外颖覆盖成熟糙米的大约 2/3 表面积。两者的缘部互相勾合，是糙米的保护结构，其重量约占稻谷重的 20%，有些品种在外颖的颖尖还着生或长或短的芒，芒的有无、长短和色泽也因品种而异，是鉴定水稻品种的依据之一。谷壳（内、外颖）对胚和胚乳起机械保护作用，内含抑制萌发和促进幼苗生长的物质。

稻谷剥掉谷壳后就是糙米，糙米可分为籽实皮、胚乳和胚三个部分，籽实皮包含种皮和果皮两层，系子房壁、珠皮和珠心的残留组织形成，约占谷粒重的8%～12%。种皮的表面为果皮，种皮呈薄膜状与果皮愈合在一起，有些水稻品种的种皮内积存红褐色素，糙米即呈红色。

胚乳是由许多淀粉组成，约占谷粒重的80%左右。胚乳的充实度直接影响千粒重，胚乳通常是半透明的，有的胚乳腹部和米粒中心带有粉白色，这些部分称为腹白和心白，这部分胚乳细胞充实不良，多为单粒淀粉，在淀粉粒间原生质脱水收缩时，产生细微空隙，因而呈不透明乳白色。胚乳是养料的仓库，含有丰富的淀粉和少量的蛋白质、脂肪等，是人类食用的主要部分。胚乳也是稻谷萌动和幼苗生长的物质和能量的来源。因此，种子大而饱满，胚乳中含有的淀粉和蛋白质等养分多，是培育壮秧的基础。

糊粉层在种皮以内，胚乳的外层，为方形细胞组成，细胞内含有蛋白质性状的糊粉粒，脂肪、维生素和酶类，种子萌发时这些物质首先供应氮素营养并产生酶类，使胚乳中的淀粉溶解，具有非常重要的作用。

胚在米粒基部、外颖一侧，体积很小约占谷粒的2%～3%，当胚受到损伤，稻种便不能萌发，是稻谷的“命根子”。胚是幼小的植物体，胚是一个有根、叶及其生长点的幼小的稻苗。胚主要由盾片、胚芽、胚轴和胚根四部分组成，是发育成幼苗的雏体。胚的中轴为胚轴，其上端连接胚芽。胚芽由胚芽鞘、不完全叶、第一、第二叶原基和茎生长点组成。种子发芽时，先长出的是芽鞘，而后胚芽，并生长成为水稻的地上部分，即茎和叶。胚轴下端连接胚根和胚根鞘。胚根鞘突出种皮以后，胚根伸长为种子根。胚与胚乳相连，相连部分有一个吸收层，为上皮细胞，胚乳内的养分就是由该层上皮细胞吸收并供给种子发芽和幼苗生长的。

36. 如何识别各种米粒形态?

稻米形状一般用糙米进行鉴定。米粒大小、粒形（长宽比）

和胚乳透明度等三者构成米粒外观品质。外观品质可根据整米类型及所占百分率，未成熟米粒和受害米粒类型及所占百分率；杂质多少和各种类型的比例以及粒形和透明度等进行综合鉴定。一般米粒小、透明度好为优质米，粒型以椭圆形（长宽比 1.5～1.7）为好。

（1）整米包括完全米、腹白米、心白米和青米等。

完全米：米粒整个透明，没有特别着色和障碍。米粒纵沟浅，有光泽、充实饱满的完全米为优质米。

腹白米：米粒的腹侧胚乳有一部分白色不透明。腹白越大品质越差。

心白米：米粒的中心部有一部分白色不透明。心白小，米质好，心白大，米质差。

青米：米粒透明但呈绿色。与完全米比较，充实度稍差，青米多，米质差。

（2）未成熟米和受害米有以下几种：

茶米：透明的米粒一部分有褐色的斑点或者米粒全部为褐色，粒重降低，精米米粒纵沟易残留褐色，影响米的外观。

裂纹米：米粒有裂纹的米，裂纹米一般在糙米中心部附近有一至多个裂纹。常由于在收获前或干燥过程中因曝晒或机械烘干，使稻谷骤热骤冷或遇到骤热吸湿引变的。裂纹米在脱壳、加工成精米时易成碎米，精米率低，食味也下降。

死米：死米大部分外观白色不透明，无光泽。有的虽然较饱满，其长度和宽度也相当好，但厚度变小。死米按表面叶绿素的褪色程度有白死米和绿米之分，但不同乳白粒因光泽不同。还可以从米粒横断面分，死米胚乳外侧白色不透明，乳白米胚内部有纺锤状或轮状不透明部分，而最外侧一定透明。死米糠层厚，易成碎米，明显影响品质，碾米加工后不透明。

半死米：在米粒下部有一部分白色不透明的米。由于糠层厚，使精米率降低，影响品质。

发酵粒：糙米表面中微生物引起色斑的病米，常由收割后稻谷干燥期间含水量多或在糙米贮藏期间发生。胚乳部变质，精白后也不能除去，不仅使品质变劣，而且有的还含有病菌。

发芽粒和胚腐粒：灌浆成熟后倒伏或遇雨引起穗发芽或胚芽腐烂。此外，还有虫害米等受害米，均影响稻米品质。

（3）胚乳透明度大致分为透明、半透明、不透明三类：

透明：胚乳玻璃质，无垩白，晶亮透明；半透明：胚乳半透明，垩白很少，稍有透明光泽；不透明：胚乳粉质，垩白较多，无透明光泽。

37. 优质稻米的外观标准是什么？如何选用？

外观的品质也称商品品质，一般指精米的形状、垩白性状、垩白度、透明度、大小等外表物理特性。

①稻米的形状包括籽粒的粒长、粒宽及长宽比。一般籼米细长，粳米粗圆。粒长指粒两端的最大长度，粒宽指籽粒两侧的最大宽度。通常以10粒米的平均长度、宽度及其长宽比表示该品种籽粒的粒形。一般有细长、中长、粗短、圆形等类型。国内目前尚无稻米粒形的分类标准，常借用国际上通用的一些标准。

②稻米垩白是指稻米籽粒中白垩不透明的部分。根据垩白在籽粒上发生的不同部分，通常为腹白、心白和背白等类型。稻米垩白性状用垩白率、垩白大小和垩白度表示。稻米的垩白虽然与食味没有直接关系，但它影响米的外观，还容易使稻谷在碾米过程中产生碎米。垩白率表示垩白的籽粒占全部样品籽粒的百分数；垩白大小指垩白籽粒中垩白的面积占整个籽粒面积（投影面积）的百分比，通常以随机取样的10粒垩白粒的平均值表示；垩白度则表示样品中垩白总面积占总面积的百分比，它可由垩白率和垩白大小的乘积得到，即垩白度＝垩白率×垩白大小。目前，垩白的测定以目测为主。

③稻米的透明度表示米粒的透光特性的指标。有透明、半透

明、不透明之分，它反映胚乳细胞被淀粉体蛋白质充实的状况。可能是因为米粒的透明度与食味没有十分密切的关系。所以不作为国家标准。几乎所有稻米市场都喜欢半透明似玻璃质的籽粒类型。在国际贸易上，商品品质是头等重要的。喜爱吃籼米的多数国家和地区，多喜爱长粒形，无心、腹白或心、腹白很小、胚乳透明而有光泽的米粒。

优质稻米对外观品质的要求是：米粒透明有光泽，无或少有垩白。至于米粒长度和形状，各地消费者的爱好不尽相同。以籼米为主食的地区，一般欢迎米粒长或粒型适中的。

38. 水稻的根系包括哪几种？各有什么作用？

水稻的根系属须根系。根据发根的部位不同，可分为种子根和不定根。

种子根是由种子的胚根直接发育而成的根，种子根分为初生胚根和次生胚根，初生胚根只有 1 条，直接由胚的胚根生长而成，次生胚根为 1～4 条，由中胚轴上长出，一般只有在深播或化学药剂处理时才会发生。种子根垂直向下生长，在幼苗期主要起营养、水分吸收和支持作用，以后衰老而死，寿命极短。

不定根是从茎的基部各节由下而上依次发生的根，在秧苗 2 叶期内发出的不定根，共有 5 条。这些根短白粗壮，形似鸡爪，俗称鸡爪根，对扎根立苗极为重要。从茎节上长出的不定根，随着生育的进展，每一节上能发生大量的不定根，不定根按着生位置可分为上位根和下位根。上位根较细较短，一般横向或斜向伸长。下位根较粗较长，多分布于土壤中层或斜下层。不定根寿命长，是水稻根系的主要部分，稻株吸水、吸肥主要靠这些根。

一个茎上的不定根有几十条到几百条根，还能生长出分支根。分支根有两类，一类细而短，根剖面直径为 0.035～0.1 毫米，不能发生二次分支根，在分支根中粗与细的分支根的比例约为 1∶5～10。大分支根多，分支根次数多，稻株生长健壮。反之，则稻株生长差。

39. 水稻根系在耕层中是如何分布的?

水稻根系的分布，在不同生育时期不同。在分蘖期，不定根大量发生，但分布较浅，多数在0～20厘米土层内横向扩展呈扁椭圆形。在拔节期，分枝根大量发生，并向纵深发展。至抽穗期，根系转变为倒卵圆形，横向幅度可达40厘米，深度达50厘米以上。在开花期，根部不再继续伸展，活动能力逐渐减弱。接近成熟期，根系吸收养分的能力几乎完全停止，这时所需的养分全部靠植株体内的养分转移维持。从总体上看，水稻根系主要分布在0～20厘米土层中，约占总根量的90%。从全生育期看，水稻在抽穗期根量达最大值。

40. 水稻根系的结构是怎样的?

幼根从根尖向上可分根冠、分裂区、伸长区、根毛区几部分。根冠是根尖外的帽状保护物，根在土壤中生长时，根冠的外层组织由于受到土粒磨损而脱落，并由新的代替。根尖向上1.5毫米高为根的分裂区，细胞进行旺盛的纵向分裂，体积增大，根增粗。紧接着分裂区的是根的伸长区，其长度为1～2厘米，细胞伸长迅速，使根不断向土壤深处伸展。伸长区上面是根毛区，根毛是根的表皮细胞向外突出延伸而成。随着根的老化，根毛会逐渐脱落。根毛区上面为生长分支根的部位。水稻的根尖和根毛区是根系吸收养分和水分的主要部位，根毛和分支根生长多，根系吸收范围就大。一株水稻上较粗的根接起来的长度可达几百米甚至上千米。因此，要形成根系深广、吸收面积大的根群，必须不断促进根和分枝根的发生，并促进根尖不断生长。如果新根和发生分枝根的能力受损，稻根的吸收能力就会减弱。

稻根的横剖面由表皮、皮层和中柱三部分构成。最外一层是表皮、表皮上有根毛，在根的成熟部位表皮剥落。表皮下是外皮层，在表皮脱落后它逐渐木栓化，起保护作用。再往内是皮层，皮层由多层薄壁细胞组成。由内向外细胞逐渐变大，成放射状排列。在根的成熟部位皮层薄壁细胞收缩，细胞间隙扩大为空腔，形成根内的裂生通气组织。这是水稻根特有的通气组织，是由叶、茎输送空气到根部的通道，因此水稻能在水层中生长。皮层内方还有内皮层和中柱鞘包裹着的中柱。中柱由木质部和韧皮部组成，是根的主要输导组织，又有坚强的支柱、固定作用。

41. 水稻出叶与发根生长关系怎样？

分蘖期出叶与发根的一般关系：N 叶抽出为 N－3 叶节发根可用公式表示：

N 叶抽出＝N 叶节根原基开始分化＝（N－1）叶节根原基增殖＝（N－2）叶节根原基数确定开始少量发根＝（N－3）叶节旺盛发根＝（N－4）叶节一次分枝根发生期＝（N－5）叶节二次分枝根发生期＝（N－6）叶节三次分枝根发生期。

从茎秆基部第一节间开始伸长，出叶与发根的关系为 N－4 的关系：

N 叶抽出期＝N 叶节根原基开始分化＝N－1 根原基增殖＝N－2 叶节根原基继续增殖＝N－3 叶节根原基确定后少量发根＝N－4 叶节旺盛发根期＝N－5 叶节发生一次分枝根＝N－6 叶节发生二次分枝根

42. 水稻根系的下层根和上层根什么时期发生，各有什么功能？

不定根因发根节位不同，可分为上层根和下层根两组。根据叶片伸长与发根为 N 与 N—4 的同伸关系：

①下层根是分蘖期（在移栽后至分蘖末期）内发生的根。下层根从稻株第四叶抽出第一发根节位发根至拔节前 2 个叶龄结束(终止叶龄)，下层根是分蘖期的主要功能根系，抽穗后相继失去

功能。

②上层根是最上部的三个节位上发生根，一般在拔节前至抽穗前后相继发生的根，和幼穗分化同步，具有较强的吸收功能。由于生理年龄轻，生理功能强，是抽穗后的主要功能根系，所以抽穗后要保护和促进上层根生长和功能。任何品种均开始于拔节前一个叶龄期，其发根时间约持续5～6个叶龄期，所以伸长节间数多的品种终止早，伸长节间数少的终止迟。

43. 怎样看根色诊断其活力?

水田中水稻的根系由不同年龄的根组成，由于土壤氧化还原性质的影响，各年龄的根有白色、黄褐色、黑色和灰色等。根的不同颜色，反映了根的不同活力情况。

白根一般都是新根或是老根的尖端部分，这些根泌氧能力强，能使周围的土壤呈氧化状态，形成一个氧化圈，将其周围的可溶性二价铁氧化成三价铁沉淀，使其不聚积在根的表面，保持了根的白色。白根具有很强的生理功能，生命力和吸收能力都很强，所以说白根有劲。

黄根一般出现在老根和根的基部表面。这些根因为老化，外表皮层细胞壁增厚，泌氧能力下降，氧化范围缩小到贴近根表，三价铁沉积在根表面，成为黄褐色铁膜。这些铁膜有保护作用，可防止有毒物质侵入根的内部，但这种根系的吸收能力大大减弱。所以说黄根保命。

在长期淹水状况下，由于土壤内氧气不足，二价铁较多。同时，有机质进行嫌气分解，产生硫化氢等一系列有害物质。当硫化氢和二价铁相结合时，便产生硫化亚铁（黑色）沉淀在根的表面，使很变成黑色。这种根生理机能进一步衰退。所以说黑根生病。

当土壤中还有一定数量的二价铁存在时，可以及时清除硫化氢的毒害作用，对水稻生长是有益的。若土壤缺少铁元素，硫化氢得不到消除，对根的毒害作用就更大，能抑制根系的呼吸作用和吸收功能，使稻根中毒死亡。硫化氢中毒症状是：拔起稻苗观察根系呈灰色水渍状，有臭鸡蛋味。所以说灰根要命。

44. 如何才能减少黑根的发生?

水稻田施用不腐熟肥料并在长期淹水的情况下，土壤通气状况不良，氧气不足，就会产生大量的还原性物质，如硫化氢和二价铁离子，当硫化氢和二价铁结合时，就生成了黑色的硫化亚铁，硫化亚铁沉积在根的表面，使根变成了黑色。所以，水稻黑根的产生归根结底是由于土壤通气状况不良造成的。这就要求注重水稻的栽培管理，稻田要施用腐熟肥料并要尽量保持良好的通气状态，即保持湿润状态，无效分蘖期要及时排水晒田，以调节土壤的通气状况，从而减少黑根的发生。

45. 水稻叶的形态怎样？它有哪些功能?

水稻的叶分芽鞘（鞘叶）、不完全叶和完全叶三种。

芽鞘在发芽时先出现，白色，无主脉。有保护幼苗出土的作用。

不完全叶是从芽鞘中抽出的第一片绿叶，一般只有叶鞘而没有叶片。一般在计算主茎叶片数时通常不计入。

一片完全叶由叶鞘和叶片组成。叶鞘与叶片交界处称叶枕，叶枕上附有叶耳和叶舌。

叶鞘抱茎，有保护分蘖芽、幼叶、嫩茎、幼穗和增强茎秆强度、输导养分和氧气、支持植株的作用。同时，叶鞘又是重要的储藏器官之一，叶鞘内同化物质的蓄积情况与灌浆结实和抗倒伏能力有很大关系。叶片着生在叶鞘上端，是进行光合作用、蒸腾作用和制造养分的主要器官。

叶鞘的形状可分为两种：一种是着生在分蘖节上的叶鞘，为三角形；另一种是茎生叶的叶鞘，整个切面为圆形，称为变形叶鞘，它累积淀粉的能力比三角形叶鞘强。叶鞘中的气腔和叶片及根中的通气腔相连，是稻株地上部分向根系输送氧气的主要通道。

叶鞘基部包围茎节的鼓起部分为叶节。叶节的组织紧密，机械组织发达，细胞高度角质化，所以机械强度大而且弹性好。在稻株倒伏时，叶关节下侧的细胞显著伸长，上侧产生皱褶使稻株翘起。

叶片为长披针形，上有许多平行的纵脉，中为主脉。顶部几片叶离叶尖几厘米处，叶片两边边缘收缩，叶脉弯曲，有一个缢痕，常称葫芦叶，这是幼叶在生长过程中受下叶叶枕箍勒所造成的。叶片是进行光合作用和蒸腾作用的主要器官，它由表皮组织、叶肉组织和输导组织组成。表皮细胞内不含叶绿体，能透过阳光。叶片的上下表皮上分布着许多气孔，是水稻进行气体和体内水分蒸腾的通道。光合作用所需要的二氧化碳，主要是通过这些小孔进去的。叶肉是上下表皮细胞之间的薄壁细胞层，这些细胞内含有大量的叶绿体，它是进行光合作用，制造有机物质的场所。

习惯上都把第一片完全叶称为主茎第一叶，以后则顺次类推。在栽培中，叶片的长短、大小和数量对产量的形成有重要的作用。

叶枕呈三角形，叶片内的维管束及通气组织通过这里，进入叶鞘。叶枕还有调节叶片开张角度的作用，俗称叶关节。

叶舌由叶鞘先端延伸而来，呈半透明的膜片，它能封闭叶鞘与茎秆或心叶之间的缝隙，保持幼芽部分的湿度和防止雨水、灰尘侵入叶鞘和茎秆之间。

叶耳着生在叶枕的两侧，为两个牛角状小片，表面长有茸毛，也有防止雨水流入叶鞘的作用，是区分稻、稗的特征。

叶鞘、叶节、叶枕、叶耳、叶舌、叶片具有绿、红、紫等颜色，是识别品种的重要特征。

46. 什么叫葫芦叶？什么叫双零叶？诊断这些叶有何意义？

葫芦叶一般出现在茎生叶上，接近叶尖几厘米处，叶片两边边缘收缩，叶脉弯曲，有一个缢痕，出现的收缢，使叶尖呈葫芦状，俗称“葫芦叶”，这是幼叶在生长过程中受下叶枕箍勒所造成的。由于品种不同，出现葫芦的叶片数也不同，与伸长叶片数相等。一般来说，4 个伸长节间的品种，有 4 个葫芦叶，一般倒 4 叶出现，5 个伸长节间的品种，有 5 个葫芦叶，一般在倒 5 叶出现，6 个伸长节间的品种，有 6 个葫芦叶，一般在倒 6 叶出现。因此葫芦叶出现，可诊断幼穗分化时期。

双零叶，就是心叶以下一叶和下二叶的叶枕相对齐，即叶龄距等于零，此时心叶较小，为一对零叶，称单零叶，当生育期到达一定时候，心叶较大，心叶的叶枕和心叶下一叶、下二叶的叶枕都对齐，即两对两个叶枕距等于零（0），称为双零叶期。如发生在 6 个伸长节间数的品种，第一叶枕距“0”发生在倒 6 叶和倒 7 叶间，第二叶枕距“0”发生在倒 5 叶和倒 6 叶间，此时倒 4 叶心叶较小，包裹在倒 5 叶大心叶内，将开始苞分化期；如发生在 5 个伸长节间数的品种，第一叶枕距“0”发生在倒 5 叶和倒 6 叶间，第二叶枕距“0”发生在倒 4 叶和倒 5 叶间，此时倒 3 叶心叶较小，包裹在倒 4 叶大心叶内，一次枝梗分化期将开始。所以可根据双零叶出现时期诊断幼穗分化期。

47. 水稻叶的分化与生长的特点是什么？

一片稻叶的分化与生长可分为五个时期：一是叶原基突起。即茎生长点附近的表皮细胞分裂增殖，出现叶原基；二是叶呈风雪帽状。叶原基的分化组织不断分裂，本期末大维管束基本确定；三是叶呈笔套状。本期末叶片内的小维管束基本确定；四是叶片伸长。由于叶片基部分生组织的细胞分裂增殖和细胞伸长促使叶片伸长，叶片达 8 毫米左右时，本期叶片宽度基本确定；五是叶片抽出时叶鞘伸长。本期叶片长确定，叶鞘伸长。待叶片全部伸出并展开时，叶鞘也将达到其全长，叶耳、叶舌抽出，此时叶绿体形成，开始进行光合作用和蒸腾作用。

48. 水稻叶片间的生长规则是怎样?

（1）叶片与叶鞘生长顺序：水稻各叶的抽出，是一个前后依次衔接的过程，第一叶的完全抽出至全展，是由第一叶叶鞘伸长顶出的。同一叶的叶片和叶鞘的伸长有先后之分，先是叶片伸长，再是叶鞘伸长，若设心叶为 N 叶，此时心叶内的一叶为 N＋1 叶，则稻叶的生长规则是 N＋1 叶的叶片与 N 叶的叶鞘同时伸长。即：

N 叶（心叶）抽出期≈N 叶叶鞘伸长期≈N＋1 叶叶片伸长期

（2）叶片生长顺序：由上述可知，外观上各叶的相继发生，必定伴之以植株内新的叶片的分化形成，才能使叶片的出生成为连续的依次衔接的过程。

在稻谷胚中，已经分化出 4 片叶，即鞘叶、不完全叶、第一叶和第二叶叶原基。

在稻谷发芽出苗的过程中，外部长出 1 叶，内部又会分化 1 个叶原基。当不完全叶抽出时，里面有第一幼叶正在分化出来，其内基本上包裹着 2 个幼叶和 1 个叶原基，称一包三。

随着秧苗的生长，叶原基的分化速度和叶抽出速度相对加快。已知 6～8 叶期以后，正在抽出的叶片，里面已包裹着 3 个幼叶和 1 个叶原基，称一包四。其抽出叶和叶原基分化叶位的关系成为 N 对 N＋4。

处于不同分化发育阶段的各叶对环境条件反应也不同。如 N 叶抽出（心叶），进行晒田，对 N 叶长度无影响，而对 N 叶叶鞘和 N＋1 叶叶片伸长影响最大，其长度变短，对 N＋2 叶长度影响较小，N+3叶影响更小。若N叶期施氮肥，对N叶叶长影响不大，而对N+2叶叶长影响最大、其次是N+1叶，再次是N+3叶。

49. 水稻后期的功能叶片对水稻产量有何影响?

上述已知，水稻产量形成的本质也是通过光合作用把太阳能转化为化学能固定在有机体内。一般来说，水稻一生固定的所有干物质中，有90%来自光合作用，其中有90%来自叶片的光合作用。在最终形成的籽粒产量中，有90%来自抽穗后生产的干物质。虽然主茎一生的叶片数很多，因品种类型和环境条件不同而有所变化，一般早稻为9～13叶，中稻为14～16叶，晚稻为17～19叶。稻叶随着生育进程而下部叶片逐渐枯死，因此，生育期中一个单茎上只能看到5～6张绿色叶片。由此可见，在抽穗后水稻的功能叶片仅5～6张绿色叶片，它们对籽粒产量的形成具有重要作用。其中，上部3片叶即剑叶、倒二叶、倒三叶是主要的功能叶片，称高效叶，三者提供营养物质的比例由上而下大致为2∶2∶1。上部3片叶的平均综合灌浆能力，约为每平方厘米叶面积承担1粒稻米所需的营养。上部3叶以下的2～3张功能叶片参与灌浆极少，但对保持根系活力很有帮助，称为低效叶，也是不可忽视的。一般高产超高产田抽穗时绿色叶片保持5～6张而后逐渐衰退至成熟有2张绿色叶片。

因此，水稻后期叶片存在多少、生长健壮与否，极大地关系着水稻产量的高低。加强后期田间管理、保护好后期功能叶片的旺盛活力，是获得水稻丰产的重要保证。

50. 什么是水稻分蘖？水稻分蘖发生有什么规律?

分蘖是水稻固有的生理特性。稻茎上除穗颈节外，各节上均有一个腋芽。在适宜的条件下，茎节部密集而不伸长的腋芽都能萌发形成新茎，这就是分蘖。

水稻分蘖实质上就是水稻茎秆的分枝。在通常条件下，水稻的分蘖主要在靠近地表面的茎节上发生，这些发生分蘖的茎节叫分蘖节。着生分蘖的稻茎叫做分蘖的母茎。同一母茎上，分蘖最早发生的节位，称最低分蘖节；最上一个发生分蘖的节位称最高分蘖节，分蘖一般是自下而上地依次发生的。茎节数多的，可能发生的分蘖就多，反之就少。以单茎而言，最低分蘖节位和最高分蘖节位相差大的，则单株分蘖数就多。

稻株主茎上长出的分蘖为第一次分蘖，第一次分蘖上长出的分蘖为第二次分蘖，依次类推。同一稻株上可发生第三、第四次分蘖。分蘖发生的早迟、节位的高低，对分蘖的生长发育和成穗与否均有显著的影响。一般是分蘖出现越早，蘖位、蘖次越低，越容易成穗，穗部性状也越好；反之，分蘖出现越迟，蘖位、蘖次越高，其营养生长期越短，叶片数和发根量越少，成穗的可能性就越小，并且穗小粒少。

水稻分蘖发生是有规律的。但是也有一些情况下分蘖没有规律。如稀播的情况下，秧苗生长健壮，有时分蘖从不完全叶长出；播量密的情况下，秧苗生长细弱，形成病苗、弱苗，分蘖发生也没有规律，表现为蘖位高、分蘖晚或不分蘖。所以，分蘖发生部位是水稻生长健壮与否的标志。

51. 叶片与分蘖有什么关系？怎样根据叶位来推算分蘖位次？

腋芽（分蘖芽）的分化发育过程是与叶的分化进程相伴而行的，当其着生点的幼叶处于组织分化后期，已形成风雪帽状时，在叶缘基部下方分化出一个小突起，这就是分蘖原基。分蘖原基出现后，相继出现分蘖鞘原基和分蘖的第一、第二叶原基，这就具备了芽的形态，成为分蘖芽。此时正是同节位叶的抽出期。分蘖芽在母茎叶鞘内继续发育伸长，约经 3 个出叶周期，分蘖的第一叶即从同位叶鞘内抽出，发生分蘖。

分蘖芽的分化与母茎叶片发育保持着一定的关系，即在适宜的条件下，当母茎在抽第四片叶时，才能在其第一节抽出第一个第一次分蘖，即 N 叶抽出时，N－3 节位的分蘖芽伸出鞘外。分蘖的第一叶抽出后，其出叶速度也大体与主茎叶相同，即其第二叶与主茎的第五叶同伸。依次类推，第二次、第三次分蘖的出现和其母茎出叶的关系也是如此。这种分蘖发生与母茎出叶的 N－3 关系称为叶、蘖同伸规律。

了解水稻叶、蘖同伸关系以及分蘖发生位次后，应采取一切栽培措施，促使分蘖早发生、多发生，这样低位分蘖就多，形成的有效分蘖数和有效分蘖率也就高。

52. 什么叫分蘖力和分蘖势？在生产上有何意义？

分蘖力是指水稻单株的分蘖能力，分蘖力越强的品种，单株分蘖个数就越多。分蘖势是指水稻单株在单位时间内的分蘖个数，是反映水稻植株分蘖整齐度和分蘖活力的一个指标。分蘖势越强，说明分蘖越集中、越整齐，将来形成的穗头也越一致。

在生产上，品种分蘖力的强弱常用来确定栽插的适宜密度。分蘖力强的品种，插秧的基本苗数可适当少些，栽插的密度可适当稀些。分蘖势强的品种，在同样的条件下，比较容易快速达到高产要求的穗数，穗头也较整齐。因此，选用分蘖势强的品种利于获得高产。

53. 影响水稻分蘖的发生有哪些因素？

影响水稻分蘖发生的迟早、多少和分蘖质量高低的因素甚多，除品种本身的特性外，还有秧田和本田期的各种环境因素，如温度、光照、肥水管理以及移栽质量等。

温度：发生分蘖的最低气温为 15～16℃，最适气温为 30～32℃，最适水温为 32～34℃，最高水温为 40～42℃。对早、中稻而言，低温往往是阻碍分蘖发生的重要因素；而对晚稻而言，高温则是影响分蘖发生的重要因素。

光照：稻田群体内部的光照条件对分蘖发生影响很大。光照充足，光合产物增加，促进分蘖发生，叶鞘较短，植株生长健壮，分蘖多而快。反之则分蘖发生少而迟，如移栽后，遇阴雨太多，光照不足，光合产物少，叶鞘伸长，秧苗细瘦，则不利于分蘖的发生。

水分：水分过多、过少均会影响分蘖的发生。水分过少，分蘖期受旱，稻株体内各种生理功能受阻，光合能力下降，母茎供应分蘖芽的营养物质减少，分蘖不能发生。水分过多，稻株基部光照和氧气不足，也会抑制分蘖的发生。一般稻田土壤持水量在70％～80％时，有利于分蘖的发生。

养分：营养元素与分蘖的发生有着密切的关系。一般营养水平高，分蘖发生早而快，分蘖时间也较长；反之，营养水平低，分蘖发生迟缓，分蘖停止早。营养元素中氮、磷、钾三要素对分蘖的影响最为显著，其中以氮素影响最大。稻株生长必须具有一定的氮素水平，叶片含氮量高于2.5％时，新叶才能伸长，稻苗含氮量在2.5％以下，分蘖停止，只有超过3.0％时，分蘖才迅速生长。一般来说，分蘖期水稻叶片含氮量（而不是稻株含氮量）达到4％～5％时，稻株才可望获得高产。因此，速效氮肥供应充足及时，分蘖发生的就早而多，故应早施分蘖肥，使其早分蘖。

插秧的深线与分蘖发生的快慢也有密切关系。秧苗浅插，表层通气良好，地温也容易升高，有利于分蘖的发生。如果秧苗深插达7厘米时，地温要比3.5厘米的地温低1～2℃，而且分蘖节要达到地表后才能分蘖，分蘖节位升高。同时，每伸长一个节间约需时间5～7天，导致分蘖期延迟，有效分蘖大大减少。

54. 什么是有效分蘖和无效分蘖？在生产上有何意义？

有效分蘖是指后期形成有效穗的分蘖，不能形成有效穗或中途死亡的分蘖均为无效分蘖。有效分蘖决定最终的单位面积有效穗数，是构成产量的主要因素。在生产上应采取促进措施，争取更多的有效分蘖，减少无效分蘖。水稻有效分蘖临界期，一般在最高分蘖期前7～15天，此时的叶龄为一个品种的主茎总叶数减伸长节间数前后一个叶龄期。因此生产上应从两个方面采取措施。一方面，在生育前期要千方百计促进分蘖早生快发，使茎蘖数尽快达到预期要求，在有效分蘖临界叶龄期，全田总茎数应大体上和预期计划的穗数相近。另一方面，在分蘖中后期要适当控制分蘖，防止分蘖发得过头，一般到最高分蘖期，将总茎数控制在适宜穗数的1.3～1.5倍左右。

55. 什么时期发生的分蘖才能形成有效穗？在生产上有何意义？

什么样的分蘖才能成穗，主要决定于分蘖出现的时间和独立生活的能力。一个分蘖从其第一叶伸出母茎叶鞘到三叶期以前，没有自生根系，其生长发育所需的无机营养全部由母茎供应。此时的分蘖虽有一定的绿叶面积，但因叶面积较小，光合产物不多，有机营养也主要依靠母茎供应。分蘖抽出3片叶以后，开始发根，进而形成自身的根系，并且其叶面积也不断增大，光合能力逐步增强，最终由依靠母茎营养过渡到独立营养。

从母茎对分蘖的养分供应来看，在稻株拔节期前，母茎和大分蘖有较多的养分运往小分蘖，供小分蘖发生和生长的需要。但拔节期后，由于母茎和大分蘖的茎秆、穗、叶均迅速生长，需要大量的养分，对小分蘖的营养供应锐减。所以，一般情况下，母茎拔节时，其上着生的分蘖发生两极分化，已有3片以上叶片的较大分蘖继续生长，能独立自养，多数情况下能抽穗结实，成为有效分蘖；只有1～2片叶的较小分蘖，由于得不到足够的养分供应而停止生长直至死亡，成为无效分蘖。

一般主茎每长一片新叶约需 4～5 天，分蘖每长一片叶也要 4～5 天，这样便要求分蘖至少在拔节长穗前 12～15 天发生，才能长到 3 片叶子，成为有效分蘖，在此以后发生的分蘖，由于生长的时间不够，则多半成为无效分蘖。

一个分蘖能否成穗，还取决于当时所处的环境条件。如稻田前期施肥过量，分蘖过多，群体过大，田间郁蔽严重，处于稻株下层的分蘖，即使具有 4 片叶，也会因光照不足而成为无效分蘖。相反，插得较稀，群体较小，光照条件好，有些只有 2～3 片叶的小分蘖，有时也可能成为有效分蘖。施肥水平与分蘖能否成穗也有密切关系：肥料充足，有些小分蘖也可能成穗；肥料不足，有些大分蘖也可能死亡。所以，在生产上，合理密植，使群体和个体生长协调，是促进分蘖成穗、实现穗多穗大的重要措施。分蘖期田间管理的任务，除了促使秧苗早生快发争取尽可能多的低位次分蘖成穗外，还要创造有利于分蘖成穗的条件，力争较多的分蘖成穗。

56. 什么是叶蘖同伸规则？什么叫同伸蘖和同伸叶？有什么意义？

水稻 3 叶期以前一般不发生分蘖，在 4 叶期开始分蘖。分蘖的发生与叶的出生密切相关，第一次分蘖在主茎第 N 叶伸出时第 N－3 叶腋中出生，第二次、第三次也是这样。所以，分蘖与主茎的发生在时间上有同伸关系，即 N－3 同伸规则。例如 7 叶苗，有 3 个分蘖的第一张叶和主茎第七叶同时出伸称同伸蘖，其余的几个出生分蘖的第二、三张叶也和主茎第七叶同伸，称同伸叶。

在生产上，可以利用同伸蘖的规则，诊断分蘖期稻株生育期的好坏，并预估可能达到的分蘖数。在拔节期，分蘖停止后，可以利用同伸叶的规则，诊断分蘖的出叶是否和主茎继续保持同伸关系，来预测分蘖成穗情况。

57. 怎样确定水稻品种的有效分蘖临界叶龄期?

根据试验和实践，拔节期具有4叶以上的分蘖为有效分蘖。按叶蘖同伸规则，这一有效分蘖的发生期应为倒数拔节叶龄期加3的叶龄期。拔节叶龄期为伸长节间数减2的倒数叶龄期，则伸长节间数减2加3的倒数叶龄期就是有效分蘖临界叶龄期。例如17叶、5个伸长节间的杂交水稻，拔节叶龄期为倒3叶，则有效分蘖临界叶龄期为倒6叶（3+3）。又如18叶、6个伸长节间的常规品种，倒4叶为拔节期，则倒4+3即倒7叶为有效分蘖临界叶龄期。由于用倒数叶龄期较烦，可根据叶蘖同伸规则和出叶与节间伸长同伸规则确定。在主茎总叶数（N）减去伸长节间数（n）的叶龄期以前发生的分蘖到第一节间伸长，分蘖具有4片以上叶片，故把“N－n”叶龄期称为有效分蘖临界叶龄期。

例如：17叶、6个伸长节间的中稻有效分蘖临界叶龄期是11叶期。

58. 为什么说有效分蘖临界叶龄期及有效分蘖临界叶龄期前1个叶龄达到够穗苗数最利于获得高产?

（1）每667米^{2}穗数和有效分蘖临界叶龄期的总茎蘖数密切相关，而与最高茎蘖数相关不密切。对50块田的国际稻24和国际稻661（N－n=17－5）的统计分析，每667米^{2}穗数和12叶期的茎蘖数的相关系数r—0.862 7**，而与最高茎蘖数的相关系数r—0.355 0；对26块南粳35（N－n=17.5－5）统计分析，穗数和12.5叶期的茎蘖数间的相关系数r—0.755 2**，与最高茎蘖数的相关系数r—0.324 4。其他试验品种盐粳2号等也是同样结果。

（2）在有效分蘖临界叶龄期稍前够苗，是群体合理结构的一个综合反映。①基本苗适宜时，够穗苗叶龄和理论值稍前期一致。②N－n 叶龄期够苗，有利保证足穗和大穗。根据不同叶龄期发生的成穗分蘖的穗形分析，在有效分蘖临界叶龄期前发生的分蘖，成穗后穗大粒多，不管密度大小，比较稳定，而在 N－n 叶龄期以后发生的分蘖，成穗后，穗形小，随着密度的增加，变异系数极大，甚至只有几粒稻谷。因此，只有在 N－n 叶龄期或者稍前够苗，才既可保证穗数（足穗），又可达到穗大的要求。③N－n 叶龄期或稍前够苗，有利于增加总颖花量，又不使叶面积过多，粒叶比高，抽穗成熟期干物质积累量高。基本苗栽插过多，够穗苗期大大提早，9.3 叶龄就够苗，提早 2.2 叶龄，故穗较多些，但无效分蘖过多（增加 44%），穗形变小，群体总颖花量反而变小；中期叶面积过大，群体郁蔽，下部叶片加速死亡，光合产物减少，产量降低。

59. 怎样判断哪些分蘖能成穗？哪些分蘖不能成穗？

分蘖的发生和 1～3 叶期的分蘖生长，其所需养料是由母茎或母蘖供应的。没有独立生活的能力，母茎、蘖一旦减少养料供应，分蘖就会死去。当分蘖出第 3 叶时，自身开始发根，逐步向独立生活过渡。4 叶的分蘖，有了自己的比较健全的不定根系，可以不依赖母茎营养而独立生活。水稻开始拔节时，光合产物大量地向节间和幼穗转移，通常难以再给分蘖补充大量养料。因此，从分蘖发生的内在规律看，在母茎、蘖拔节时，只有 1～2 片叶的分蘖尚无发根，一般将成为无效分蘖，3 叶（2 叶 1 心）的分蘖有少量根系，有成穗的可能，一般为动摇分蘖，4 叶（3 叶 1 心）以上的分蘖，有较多的同生根系，能独立营养，在适宜的群体上，此蘖就有较大的成穗把握。分蘖叶片越多，独立生活的能力越强，成穗的把握越大。因此在主茎拔节时，具有 4 叶以上叶片和自生根系，进入“自养”阶段，就能成为有效分蘖。

上述的判断分蘖成穗与否还与群体有关，群体过大，群体内光照差，营养不足，蘖间竞争激烈，即使是 4 叶以上的大分蘖也不能成穗，反之群体小，群体内光照强，小分蘖获得的营养充足，4 叶以下的小分蘖也能成穗。

60. 拔节与幼穗分化有什么关系？在生产上有何意义？

水稻幼穗分化和稻株拔节有密切的关系，但两者并不一定同时开始。两者发生的先后，因品种生育期的不同而有差异。概括起来有三种，即重叠型、衔接型和分离型。

重叠型是指主茎基部第一个节间开始伸长时，幼穗分化早已开始。地上部分仅有 4 个伸长节间的早熟品种，属于这种类型。

衔接型是指主茎基部节间伸长时，幼穗刚好开始分化，两者同时开始。这种情况多在一些中熟品种中发生。

分离型是指主茎基部节间伸长时，幼穗分化尚未开始，拔节在幼穗分化之前，彼此分离。在晚熟品种中多出现这种情况。

上述三种类型并不是一成不变的，往往随栽培季节和栽培地区等条件和措施的改变而有变化。明确拔节和幼穗分化的关系，在生产上很有意义。在拔节前后，往往是搁田调节肥水的关键时期，而决定搁田轻重和搁田早晚的重要依据之一就是幼穗分化期的类型。对于分离型品种，搁田时期可以略为延迟，程度也可以稍重些。对于重叠型和衔接型品种，则搁田时期要有所提前，结束不能太晚，同时程度要轻，否则就会影响幼穗分化，严重时可导致颖花大量退化，对产量形成造成严重影响。因此，明确拔节和幼穗分化的关系，有利于协调控蘖减耗、壮秆防倒与保花保粒的矛盾，使营养生长顺利过渡到生殖生长期。

61. 水稻一般有几个伸长节间？为什么拔节前后要控制肥水？

水稻拔节的标志是茎秆基部第一个伸长节间长度达到 1 厘米至 2 厘米，茎秆由扁变圆。当全田有 50%的植株开始拔节时，即称为拔节期。水稻节间伸长，是自下而上逐个顺序进行的。早熟品种伸长节间一般3～4个，中熟品种5～6个，晚熟品种7～8个。

拔节期是水稻栽培管理上承前启后的重要时期，在拔节前后进行肥水调控，是实现对水稻平稳促进、使之稳健生长的有效措施。肥水调控至少有如下几个方面的积极作用：

（1）促进根系向纵深发展，白根和黄根数量增加。

（2）抑制后生分蘖发生，加速弱小分蘖死亡，提高成穗率。

（3）促使基部节间缩短增粗、机械组织加厚，提高植株抗倒伏能力。

（4）避免叶片过分伸长，改善中期群体结构。

（5）抑制稻株蛋白质合成，促进同化产物在茎鞘中的积累，为后期产量形成做好物质储备。

拔节期前后的肥水调控，在技术上主要是搁田（烤田、晒田）。搁田是通过排干田间水层、利用叶面蒸腾与株间蒸发，降低稻田土壤含水量的一种措施，其直接作用是控制土壤水分。由于搁田后土壤中含氧量增多，土壤氧化还原电位提高，铵态氮被氧化或逸失，磷由易溶性向难溶性转化，耕层土壤中有效养分含量暂时降低，说明搁田又具有间接控制养分的作用。所以，搁田技术不单是调控水分，而是同时调控肥水的技术措施。搁田技术关键要把握好搁田时期、搁日程度和搁田次数三方面。搁田时期应在全田总茎蘖数达到计划穗数的70%～90%（一般可在80%）时，立即开始搁田，使无效分蘖控制在更少的限度内。在搁田程度和次数上，应进行多次轻搁，即每次从搁田开始一直搁至土壤含水量达到田间最大持水量的80%左右（脚踏田土有印而不陷）时结束，然后复水，至自然落干后再搁，如此反复多次进行，直至倒三叶期施穗肥时再建立水层。

62. 水稻茎秆的形态构造是什么样的?

水稻茎秆呈圆筒形，中空，直立生长于地面上。节上着生叶和芽，节与节之间称为节间。单株茎秆的节间数、长度、粗度因品种的不同而有很大差异，少的9～10个，多的19～20个或以上。一般生长期短、成熟早的水稻品种节数少，反之则多。基部茎节密集，通称分蘖节，地表面有拔长节间4～7个。茎节在生育初期伸长很慢，到幼穗形成时才急剧伸长。基部茎秆伸长称为拔节。从拔节开始茎秆基部由扁变圆，俗称“圆秆”。到开花期，茎秆穗下节间伸长达到最大的高度。通常稻穗完全抽出剑叶叶鞘，穗颈节可露出在剑叶叶枕的上面。但是，水稻抽穗时遇低温等原因稻穗常不能完全伸出剑叶叶鞘，这种现象称“包颈”。

节的内部充实，表面隆起。节的薄壁细胞充满原生质，生活力旺盛，比其他部分富含糖分和淀粉，使节部成为出叶、发根、分蘖的活力中心。

63. 稻穗的形态构造是什么样的？

稻穗为圆锥花序。穗的中轴为主梗，即穗轴。轴上有穗节，节上着生枝梗，称为第一次枝梗。第一次枝梗上再分出的枝梗，称为第二次枝梗。由第一次枝梗和第二次枝梗分生出小枝梗，末端着生小穗，即颖花。一般每个一次枝梗上有6～9个颖花，每个二次技梗上有3～5个颖花。每个穗轴上有一次枝梗6～15个、二次枝梗12～30个，杂交水稻颖花一般明显多于常规稻。通常每个穗节有1个枝梗，是互生的，近穗轴基部的穗节则常有2～3个枝梗，为轮生排列。

64. 为什么说水稻节和节间分化形成期在有效分蘖期？

节与节间分化形成期为分化形成节间内各种组织的时期，如节间分化形成大、小维管束个数，机械组织（厚壁细胞壁的厚度和厚壁细胞的层数）、薄壁组织层数等。基部第一节间内大维管束的多少，是壮秆的基础，也是大穗的基础。

基部节间内大维管束数的决定时间，据研究，N叶（心叶）

抽出时，N叶叶鞘所包的节间内大维管束已形成，数目已确定；心叶内1叶（n+1叶）叶鞘所包的节间开始组织分化，因此：

具有5个伸长节间的稻株，当倒5叶抽出时，倒5叶叶鞘所包节间即基部第一节间内的大维管束数已被确定，倒4叶叶鞘所包的节间即基部第二节间正进行活跃的组织分化，所以，基部第一节间的大维管束的分化是在倒6叶出生期。

具有6个伸长节间的稻株，当倒6中抽出时，倒6叶叶鞘所包18节间内的大维管束数已被确定；当倒7叶出生时，倒6叶所包的节间进行着活跃的组织分化。所以，6个伸长节间基部第一节间组织分化时，正为倒7叶出生时。不同伸长节间的植株，可依次类推。

可见，决定基部第一伸长节间的大维管束数是在分蘖期前就已决定了，也正好是在主茎总叶数（N）－伸长节间数（n）的叶龄期，如17叶、5个伸长节间的品种在17－5－12叶成之前，而影响基部第一节间大维管束数的时间，至少在N－n－1叶龄期之前。

例如南京11号和南粳34作营养和疏苗试验结果证明：南京11号总叶数13叶，5个伸长节间，7叶之前的营养条件变化，能影响基部第二节间的大维管束数，7叶后则不发生变化。南粳34具有15叶或16叶，5个伸长节间，9叶期以前的营养条件发生变化，对基部第一节间内大维管束发生明显影响，9叶后无影响，这一结果证明，要促进基部节间内大维管束数增加，有关措施必须在有效分蘖临界叶龄期前进行。

65. 怎样确定水稻品种的拔节叶龄期?

在栽培上主要确定基部第一、二节间伸长时期，也就是拔节叶龄期，可以正确确定栽培技术措施，指导水稻生产，以获得高产。

生产上常把基部第一个节间伸长达1厘米以上，节间上方节上无着生不定根定为生物学拔节，此时主茎的叶龄为拔节叶龄期，全田有50%以上的稻株拔节为拔节期。

高产栽培要求茎基部第一节间粗短，上部节间长一些，这要知道何时拔节才能有的放矢地采用控肥控水措施，以控制基部第一节间的长度，改善株型。根据出叶与节间伸长的同伸关系：心叶（N）抽出＝（N－1）～（N－2）叶之间的伸长，如17叶、5个伸长节间的杂交稻，当15叶出生，其13～14叶之节间伸长，也可简化为：N叶露尖＝N－2叶叶鞘所包的节间伸长，即符合心叶（N）抽出，在其下方第二叶叶鞘所包的节间在伸长的同伸规则。例如17叶5个节间的杂交水稻，基部第一节间伸长时（13叶叶鞘所包的节间），正是15叶露尖时。余类推。

由于不同品种的伸长节间数不同，变异在3～7个节间之间，叶片数也不同，用顺数叶片不便记忆，用倒数叶龄期来表示拔节叶龄期则比较简便，即倒N叶抽出（心叶）＝倒N＋2叶叶鞘所包的节间在伸长（开始拔节）。例如，5个伸长节间的品种为：倒3叶抽出＝倒5叶叶鞘所包节间伸长。余类推。

这样，出叶与节间伸长总是相差2个叶位。由此不论伸长节间数多少，拔节叶龄期都为伸长节间数（N）－2的倒数叶龄期。例如，5个伸长节间数的品种，其拔节叶龄期为5－2的倒数叶龄期。余类推。

那末，这“2”是什么呢？我们发现，孕穗期为倒1节伸长期，抽穗期为穗下节间迅速伸长期，穗是这个节间伸长顶出来的，所以这个“2”，就是最上面的2个节间，它和叶龄无对应关系，因为叶片全都出来了，所以用“伸长节间数－2”的倒数叶龄期来诊断拔节简单准确。

66. 为什么基部1、2节间进入物质充实期时开始封行为好？

节间充实是指茎内机械组织内细胞壁明显增厚，进行纤维化、木质化的过程，同时又是薄壁细胞内大量积累贮藏淀粉，茎的单位长度的重量明显增加，茎进一步加粗、硬化、巩固的过程，是各个节间抗折断强度的形成期。

节间的充实进程与叶出生的关系为：

5个伸长节间的品种，倒2叶抽出时，基部第一节间开始充实，倒1叶抽出时，基部第一节间充实完成；4个伸长节间品种，倒1叶抽出，基部第一节间开始充实，孕穗期时，基部第一节间充实完成；6个伸长节间品种，倒2叶抽出时，基部第一节间充实完成，倒1叶抽出时，基部第二节间充实完成。

由于节间充实的内容首先是光合产物积累形成的淀粉，充实到薄壁细胞内，所以要淀粉积累多，必须提高光合作用强度，延迟封行期到剑叶露尖时。因此，剑叶（倒1叶）露出时，倒3叶所包的节间开始伸长，倒4叶所包的节间开始充实，倒5、6叶所包的节间充实基本已稳固。例如，5个节间的中稻和6个节间的晚稻，此时封行基部第一节间基本上定长和充实，已没有多大的影响了。

4个节间的早稻，虽然基部第一节间还未充实完毕，第二节间开始伸长，但早稻一般较矮，穗低，茎秆负荷比中、晚稻小得多，此时封行的危险性极小，因此，剑叶露出时为封行适期。

67. 怎样确定稻穗分化进程的叶龄期？

据研究，不管品种的总叶数多少，穗分化开始（苞原基分化）的叶龄余数值都是在3.5左右，亦即在倒4叶出生后半期；枝梗分化期（包括1、2次枝梗分化），叶龄余数为2.1～3.0，即倒3叶出生过程；颖花分化期（包括颖花原基及雌雄蕊分化），叶龄余数为0.8～2.0，即倒2叶出生过程；花粉母细胞形成及减数分裂期，叶龄余数为0～0.8，即剑叶出生的中后期；花粉粒充实完成期为孕穗期。所以，不同类型品种的倒数叶龄总是上、下对齐的。只要当人们知道了品种的主茎总叶数以后，就可以知道穗分化各期所处的叶龄期。

68. 什么是穗分化简易分期?

松岛省三开始将稻穗分化过程划分为21期，以后简化合并为7期，丁颖将稻穗分化形成划分为8期的划分法以后，根据我们的观察结果，从穗分化各期在穗部性状形成中的作用，以及叶龄诊断上应用方便出发，把稻穗分化合并简化为5期，即：

第一期，苞分化期。分化穗轴节，倒4叶出生后半期，经历半个出叶期。

第二期，枝梗分化期。先后分化形成一次及二次枝梗，处于倒3叶出生期，经历1个出叶周期。

第三期，颖花分化期。分化形成花器，即颖、稃以及雌雄蕊；倒2叶出生至倒1叶露尖期，经历1、2个左右出叶期。

第四期，花粉母细胞形成及减数分裂期。分化形成性细胞；倒1叶出生中、后期，经历0.8个左右出叶期。

第五期，花粉料充实完成期。配子体进一步发育成熟；外形上孕穗，相当于1个出叶周期加2天。

上述5期，和最后4片叶有关，经历约4.5个出叶周期。从倒4叶出生开始，约每出1片叶（或每经一个出叶周期），穗分化向前推进1期。这种分期和诊断的方法，从栽培的角度看是适合的，应用简便。

69. 准确判断水稻幼穗的发育时期和进度有何意义?

准确地判断水稻穗发育和进程，对水稻生产尤其是杂交水稻制种非常重要。为了准确地预测花期，以采取相应的栽培措施，掌握穗发育进度的方法主要为田间间接检查法，即根据水稻植株内部发育与外部形态的相关关系进行判断，常用叶龄余数法，就是根据叶龄和穗分化的关系判断幼穗发育进程。也可以根据水稻拔节后，自上而下第五个节间开始伸长时，幼穗开始分化这个规律来判断。但早熟品种，具有3或4个伸长节间，拔节时已处于幼穗分化期；中熟品种，具有5个伸长节间，拔节时正是处于幼穗开始分化的时候；而晚熟品种，具有6～7个伸长节间，则第二或第三个节间拔节时，幼穗才开始分化。

70. 在生产上怎样才能使水稻抽穗整齐?

在水稻的产量构成中，单位面积的有效穗数和平均每穗粒数是两个重要因素。在协调两者的关系时，一般穗数容易保证，而穗的大小则不易把握。由于穗数是由主茎和分蘖共同组成的。分蘖的多少和大小往往决定着每穗粒数的多少，小穗过多是不利于提高平均每穗粒数的。从光能利用的角度来说，无效分蘖在一定程度上是光能和地力的浪费，而小穗也是一种浪费。从这个意义上说，提高抽穗整齐度和提高成穗率（有效分蘖率）是同等重要的。如果穗数过多而穗头大小不一，单产同样很难提高。因此，在水稻高产栽培中，既要尽量控制无效分蘖，提高成穗率，又要努力抑制小穗的形成，提高抽穗整齐度。这样，才能既保证单位面积的有效穗数，又能保证平均每穗粒数，最终夺取高产。要使水稻抽穗整齐，可以从以下几个方面入手：

一是适期浅栽，争取低节位、低位次的分蘖，为获取大穗奠定基础。二是合理密植，提高主茎和早期低节位、低位次分蘖在最终成穗数中的比例。三是在水稻生长前期，要加强水肥管理，促进植株早生快发，在有效分蘖临界叶龄期，要及时排水、多次搁田，以抑制无效分蘖的发生。四是控到施氮总量特别是基蘖肥的用量，防止分蘖肥迟和多，滋生无效分蘖。五是生育中期肥水控制使抽穗前叶色适度褪淡。

71. 水稻的颖花形态构造是什么样的?

水稻的颖花由内颖、外颖、鳞片、雄蕊和雌蕊各部分组成。内、外颖互相勾合而成稻壳，保护花的内部和米粒。外颖先端尖锐，称为颖尖，或伸长成芒。芒的长短是品种特征。颖壳内有 6 个雄蕊，3 个排成 1 列。花药有 4 室，每室成为 1 个花粉囊，内含很多黄色球形的花粉粒。花丝细长，开花时迅速伸长，可达开花前的 5 倍。雌蕊 1 个，位于颖花的中央，柱头分叉为二，各呈羽毛状。花柱极短，子房呈棍棒状、1 室，内含胚珠，子房与外颖间有 2 个无色的肉质鳞片，中有 1 个螺纹导管，开花时鳞片吸收水分，使细胞膨胀，约达原来体积的 3 倍，推动外颖张开。水稻雄性不育系因雄蕊失去作用，花药瘦小、乳白色或淡黄色，内无花粉或花粉畸形，呈多角状或圆形，体积比正常花粉小，内无精子。必须靠保持系和恢复系等的花粉传授，才能结实。

72. 水稻一般在什么时候开花？有什么规律？

在正常情况下，水稻在抽穗后（穗顶露出剑叶叶枕 1 厘米即为抽穗）当天或稍后 1～2 天就开花。一个稻穗顶端最先抽出，穗顶端枝梗上的颖花先开花，然后伴随穗子的抽出自上而下，依次开花，基部枝梗上的颖花最后开花。一次枝梗上的开花顺序和整穗开花顺序不同，首先是顶端第一粒颖花开花，然后是基部颖花，再顺序向上，最后是顶端第二粒颖花开花。二次枝梗也遵循这一规律。同一穗上所有颖花完成开花约需 7～10 天，其中大部分颖花在 5 天内完成开花。一天中的开花动态在正常晴好天气下，则是上午 9～10 时开始开花，11～12 时最盛，下午 2～3 时停止。每个颖花开花均经过开颖、抽丝、散粉、闭颖的过程，全过程需 1～2.5 小时。雨天或低温下午也会有极少开花。由于同一田块的植株间和同一植株的分蘖间都是一个连续的抽穗过程，同一田块完成抽穗约需 10 天左右，所以对一块田来说，所有颖花完成开花约需 15 天左右。

掌握水稻开花规律，在杂交水稻制种上有很大作用。掌握好花期，一是可以使父母本花期和花时相遇，提高母本异交结实率，从而提高种子产量；二是可以准确把握操作时间，及时进行喷施激素和人工辅助授粉；三是利于对亲本去杂去劣，提高种子纯度。

73. 水稻米粒是如何发育的？何时才具有发芽能力？

水稻开花、受精以后，子房逐步发育成米粒（俗称糙米，与颖壳合称谷粒）。受精后的卵细胞发育是非常迅速的，一般在开花后 8～10 小时便开始细胞分裂。开花后 8～10 天，胚部便分化出胚芽、胚根、盾片及其他器官，这时便已具备了发芽能力从此后胚进一步发育，完成生理上的成熟。在胚发育的同时，胚乳也迅速发育。开花后胚乳细胞便开始分裂，开花后 5 天胚乳细胞可填满整个胚囊，9～10 天胚乳细胞分裂完毕。由于胚乳细胞发育较快，米粒在开花后 3 天就达颖壳全长的一半，5～7 天即可伸到颖壳的顶部达到最大长度。以后米粒向两侧加宽加厚，开花后 12 天左右接近最大宽度，13～14 天接近最大厚度。米粒的充实除主要依靠积累淀粉外，脂肪、蛋白质的积累也起一定作用。

74. 水稻籽粒成熟过程一般可分为哪几个时期？生产上应注意什么？

根据稻谷成熟的生理过程和谷壳颜色变化等，可将水稻成熟过程分为 4 个时期：

（1）乳熟期：水稻开花后 3～5 天即开始灌浆。灌浆后籽粒内容物呈白色乳浆状，淀粉不断积累，干、鲜重持续增加，在乳熟始期，鲜重迅速增加，在乳熟中期，干重迅速增加，到乳熟末期，鲜重达最大，米粒逐渐变硬变白，背部仍为绿色。该期手压穗中部籽粒有硬物感觉，持续时间为 7～10 天。

（2）蜡熟期：该期籽粒内容物浓黏，无乳状物出现，手压穗中部籽粒有坚硬感，鲜重开始下降，干重接近最大。米粒背部绿色逐渐消失，谷壳稍微变黄。此期约经历 7～9 天。

（3）完熟期：谷壳变黄，米粒水分减少，干物重达固定值，籽粒变硬，不易破碎。此期是收获适期。

（4）枯黄期：谷壳黄色褪淡，枝梗干枯，顶端枝梗易折断，米粒偶尔有横断痕迹，影响米质。

水稻成熟期的长短因气候和品种不同而有差异，气温高，成熟期短，气温低，成熟期延长。籼稻、早稻成熟期短，粳稻、晚稻成熟期较长。

在生产上，要注意水稻成熟期的栽培管理，特别是水分的管理，一些地区常因后期断水过早而影响籽粒饱满度。水稻在灌浆结实期合理用水，可以达到养根保叶、青秆活熟、浆足粒饱的目的。为此，一般在成熟前7～10天左右灌一次水，具体时间可根据土壤含水量及天气和籽粒成熟情况灵活掌握。

75．水稻籽粒的休眠期有什么意义？

种子休眠期是指形态上成熟的种子（生理上尚未成熟），在适宜的环境条件下，发芽率很低，需要经过一定时期贮藏作用（生理上成熟），才能正常发芽。这一定时期就是种子的休眠期。种子休眠期，在成熟过程中可以抵御不良环境条件影响，如遇雨，防止稻粒在穗发芽，保持米质。

三、水稻超高产生产条件

76. 南方稻田肥力状况怎样？

南方水稻主要分布湖南、江西、四川、福建、安徽、江苏、浙江、广西、广东等13省（直辖市、自治区）。稻田肥力是指土壤稳、匀、足、适的满足水稻生长需要的营养和生长环境的能力。水稻土作为水田熟化过程中形成的特殊土壤，肥力高低主要受成土母质、气候、水文、地形、耕种熟化以及社会经济与科学技术发展的影响。肥力只是生产力的基础，而不是生产力的全部。因此，水稻要高产，就必须十分强调农田基本建设，改善土壤环境，最大限度发挥稻田土壤的潜在肥力在生产力上得以表现，以获得较高产量。南方稻田的成土母质多且十分复杂，肥力高低不尽相同。一般而言，南方稻区农田养分平衡状况是氮磷有余而钾不足。

总体说来，由于南方水稻生产中氮肥投入量的增加，超过了由于产量带走的氮量，水稻土的全氮含量总体上有了明显提高，但仍有15%的土壤全氮含量处于中低水平。在水稻氮肥施用管理中必须按照土壤氮素含量水平分类指导，对高氮水平水稻需严格控制氮肥的用量，以免造成资源浪费和过量氮肥对环境的污染。近20多年来南方稻田磷肥投入比较大，在水稻土中磷的积累已相当可观，水稻上速效钾含量水平总体上变化不大，全钾含量呈下降趋势，在水稻磷钾肥管理中，除中、低磷含量土壤仍需继续加大磷肥投入外，其余水稻土应适当控制磷肥投入。而水稻特别是超级稻高产栽培必须重视钾肥的投入。

77. 为什么超高产稻田土壤的耕作层要深厚?

由于超高产水稻的品种的全生育期较长，一般达 145～165 天，齐穗至成熟长达 45～55 天，要求“前期长得起、中期稳得住、后期保得牢”。产量对土壤的依赖性达 60%以上，特别是中后期生长主要依靠土壤的持续供肥能力。因此，土层深厚，以土壤作肥库，才能使根系深扎，活力旺盛，不早衰，有后劲，地上与地下部分生长协调，能承载超高产负荷，并经得起各种逆境的考验（如高温干旱、骤冷骤热、急风暴雨等）。

78. 肥沃水稻土的特征是什么?

（1）适度的土壤渗漏。对水稻田来说，水是影响土壤的养分、空气、温度等状况的极重要的物质条件。农民群众根据田面水是否易于落干，把水稻土的水分状况分为“爽水”、“漏水”和“囊水”三种，以区别土壤的好坏。

爽水田具有适当的渗漏量，通气爽水，保水保肥；既可更新土壤环境，改善土壤营养条件，又可为土壤补充氧气，将施入的肥料带入根际。土壤爽水性受孔隙状况的影响，如江苏无锡等地的爽水田非毛管孔隙平均达 7.7%左右，囊水田在 3%以下，而毛管孔隙则较前者约高 5%，珠江三角洲肥沃水稻土，所谓泥肉田淹水时耕层非毛管孔隙达 14%。而低肥田块只有 3.6%，水、气矛盾大。可见，土壤毛管孔隙与非毛管孔隙的适宜比例是水稻土渗漏性适度的一个重要前提。

（2）良好的土体构造。肥沃的水稻土具有良好剖面结构，一般应有深厚的耕作层，较为发育的犁底层，垂直分布有明显的心土层和保水性较好的底土层。耕作层是养分的富集，水稻根系的主要活动层，这层深度约为 18～22 厘米，耕性良好，软而不烂，深而不陷，干耕时土垡易松散。肥沃水稻土的犁底层较为发达，厚达 5～7 厘米，坚实，灌水时有良好的保水保肥作用，但不利于根系下扎。心土层透水性良好，对调节水气矛盾起着重要作用，是肥沃稻田土壤水的必备条件。底土层土粒重，保水性强，但也有一定的透水性。肥沃水稻土的上述四层相互依存、构成有机整体，既有利于根系活动，也有利于养分的释放和供应，发小苗也发老苗，高产稳产。

（3）适量协调的土壤养分。肥沃土壤的养分要求在数量上达到一定水平，并不是越多越好，而是适量协调。肥沃水稻土的有机质含量应为2%～4%，全氮量为0.13%～0.23%，磷和全钾分别在0.1%和1.5%以上。适量的土壤养分为夺取高产提供了必要的物质基础。

79. 为什么实现超高产目标必须选用具高产潜力的稻田？

实现超高产目标宜选用具超高产潜力的稻田，山区、丘陵区冲积盆地、江河流域之滨及湖区平原的肥沃中壤质稻田，土壤要求土层深厚、肥沃、通气、透水性良好，蓄肥、供肥、保肥能力强，并要求稻田开阔，周围无工矿企业污染，生态保护较好。

不具备超高产稻田条件的，需采取以下措施建设高标准农田：搞好沟、渠、田、林、路的配套，防止水土流失，防污染，确保排灌畅通，达到引得进、灌得上、降得下，地下水控制在距地面1.5米以下。土地平整，旱涝保收；秋（或冬）耕翻晒垡，逐年加深耕作层，客土掺沙，改良质地等；水旱轮作，种植豆科绿肥，搞好秸秆还田，施用土杂肥、生物菌肥，改善土壤理化性状，等等。达到较高的肥力和良好的结构，耕作层深厚、结构良好，有机质丰富，养分充足，通气与保水性能良好。一般土壤容重在1.2克/厘米^{3}左右，土壤耕作层孔隙度在50%以上，有机质含量大于1%。使其产量潜力增至667米^2 800千克左右。

80. 超高产稻田土壤养分含量特点是什么？

水稻土壤必须具备可持续的生产能力，稻田土壤耕层深厚、肥沃，通透性能好。土壤中养分含量充足而协调，有机质含量2.5%～4.5%，全氮0.15%～0.41%，全磷（P_2O_5）0.05%～0.15%，全钾（K_2O）1.5%～3.0%，速效氮≥100毫克/千克、速效磷≥15毫克/千克、速效钾≥100毫克/千克，保水、保肥能力较强；具有较高的阳离子代换量（每100克土不低于20毫克当量*）和较高的盐基饱和度（60%～80%），主要营养元素充足，又不缺微量元素。既要有较多的活性有效养分，还要有大量的非活性有效养分，才能保证在整个生长期间源源不断地供应，不致缺素脱肥，确保稻株健壮的生长发育。

要使土壤养分丰富而平衡，就必须不断培肥土壤，关键是大量施用有机肥，改善土壤的理化性状。施用化肥要注意配合与补充土壤中相对缺乏的营养元素。为超高产优质水稻生产打下一个良好的土壤基础。

81. 超高产稻田土壤结构特点是什么？

水稻土壤必须具备可持续的生产能力，超高产稻田土壤耕层深厚、肥沃，通透性能好。土质中壤（泥沙比适中，干不板结，湿不黏，耕性良好）。土壤孔隙度63%～67%，土壤通气孔隙度12%～15%，淹水期地下水位70厘米以下；不存在因冷浸、硫化氢、亚铁危害或缺素（如锌、镁）等明显障碍因子，水、肥、气、热协调；稻田土壤中有益微生物活动旺盛，对创造和调节土壤肥力起着重要的作用。高产稻田中的有益微生物数量较多，稻田土壤结构面上出现的鳝血斑块就是土壤有益微生物活动旺盛的直接反映。

82. 水稻土壤剖面的特征是什么？

从地面垂直向下一直到母质的土体断面叫土壤剖面。在剖面

* 毫克当量为非许用单位。

中因土壤颜色、土质粗细、土壤结构、土层松紧等形态特征的不同显现出一定的层次，土壤剖面各层次有规律的组合排列关系称为土壤层次构造。土壤的层次构造反应了土壤的性质及肥力状况。水稻土壤的层次排列可分为4层：

（1）*表土层（耕作层）* 是土体的最上层，一般厚度为20厘米左右，耕作层经常受到耕作、施肥、灌溉等生产活动和表土生物、气候条件的影响，故疏松多孔，通透性好，微生物活跃，有机质含量高，土色较深，养分转化快，含速效养分多。水稻的根系也主要分布在这一层。表土层的构造状态和土壤肥力由水稻生长的关系甚为密切，是土体中最重要的层次。

（2）*犁底层* 位于表土层以下，厚度约为6～8厘米。此层由于经常受到犁的压力和降雨、灌溉时黏粒随水沉积，故土层紧实，结构成片状或块状，孔隙度小，非毛管孔隙较少，以致通透性差。此层中分布有相当数量的根系，对整个土体中的水分、养分和空气的移动，起着承上启下的作用，故紧实的犁底层阻碍了根系的下伸和耕作层与心土层之间的物质转移。深耕虽能破除犁底层，加厚耕作层，但对水稻田仍需保持松紧适度的犁底层，以利保水保肥。

（3）*心土层* 位于犁底层以下，一般厚20～40厘米，分布有少量的根系，对水稻所需水分、养分起着蓄、保、供的作用，尤其对水稻生育后期的供肥起着重要作用。这一层受地表气候影响较小，温湿度变化较小，由于比较紧实，通透性差，微生物活动强，物质转化和移动都比较慢。

（4）*底土层* 是心土层以下的土层，一般在土表50～60厘米以下，称为“生土”。土层紧实、较黏，与水稻生长的关系不如以上几层密切，但对整个土体的肥力因素仍有一定影响。

83. 超高产田的土壤剖面特征是什么？

土壤整体构造良好，土壤剖面层次鲜明，这是水、肥、气、热协调的标志。耕作层松软肥厚，深 20～25 厘米（沙壤土可深达 30 厘米），质地适中，结构和通透性良好，耕性适宜，富含植物养分；犁底层发育良好并较紧实，8 厘米左右为宜，有保水、保肥能力和一定的渗水能力；斑纹层（潴育层）厚 50 厘米以上，节理明显，爽而不漏；青土层在离表层 70 厘米以下。

84. 老稻田土壤的特点是什么？

稻田土壤结构及理化性状的优劣，主要与地下水、耕作方法、施肥影响等有密切关系。地下水位高，土壤通透性差；地下水位低，通气性强，保水肥能力差，地下水位以介于两者之间最为适宜。多施有机肥，有利于改善土壤的通透性和结构性。老稻田有机质含量降低，土壤结构性差。

土壤理化性状主要表现土壤氧化还原性和土壤结构性。土壤氧化还原性。土壤通气好，氧化还原性良好，通气性差则还原性加强，衡量氧化还原性质的标准叫氧化还原电位，用 Eh 表示，单位为毫伏（mV）。氧化还原数值大小表示其强弱的指标，一般以 Eh300 毫伏为分界线，<1 以下可达到负值，还原层其还原性强可呈负值。土层下部青灰色氧化还原电位低于 250 毫伏，还原性强称还原层，上边一层通透性强，氧化还原电位在 350 毫伏以上，为氧化层。

氧化还原层变化大小对稻田土壤养分的变化影响极大。氧化层带氧化合物如 Fe_2O_3 很稳定。如施硝态氮（NO_3^-）呈黄色，因含有氧，故稳定，易溶于水，可渗漏到还原层；如施铵态氮（NH_4^+），因不含氧，故易被好氧硝化细菌的作用成为硝酸，可随水淋溶到还原层，叫硝化作用。

氧化层带氧化合物 Fe_2O_3 还原层失去氧，由 3 价铁（Fe^{3+}）变成 2 价铁（Fe^{2+}），即 $Fe_2O_3 \rightarrow 2FeO_2 + O_2$，其 2 价铁为亚铁，呈青灰色。而硝态氮经过脱氮失去氧，即 $NO_3^- \rightarrow NO_2$，叫反硝化作用。这是稻田氮素损失的主要途径。

稻田通透性不良所产生的还原作用，还会产生一些有毒物质，其中主要是硫化氢（H_2S），毒害稻根，发生黑根现象。再是产生亚铁毒，特别是在排水不良的稻田，由于铁离子浓度过大，使水稻发生赤枯病。

土壤结构性，如疏松程度，以孔隙率表示，如果土壤发生板结，孔隙率低，通气性差，氧化还原性不协调，使土壤过度还原而变劣，影响水稻根系下扎，活力减弱，使深层根量比例减少，其吸收力和范围缩小，容易引起早衰。不仅影响产量的提高，而且直接影响稻米品质。

85. 稻田耕作方法有几种？各自的优缺点是什么？

（1）翻耕法　翻地、耙地（包括旱耙、水耙）、平地是常规的耕作方法，这种耕作法，耕层较深，但有漏耕、土块破碎程度差，田面不够平整，会给本田管理带来不便；耕翻的好处是，可以把稻根和杂草种子翻到下边，有利于减轻病虫草害，有利于充分疏松土壤。

（2）免、少耕法　一是少耕法，使耕整地作业程序大为简化，整地作业质量好，便于田间管理，省工、省时、省水，降低耕整地成本。二是旋耕法，在旋耕前，可以将底肥均匀撒施到全田，边施边旋耕，通过细土作业，将肥料搅拌到土壤耕层里，做到全层施肥。免少耕法最大的好处可以达到田面平坦，有利于使全田保持肥力均匀。高产优质无公害稻田，施用有机肥料多，耕翻整地时结合施用基肥同时进行，常采用的耕作方法是免少耕，这样既可以将有机肥料翻入土中，达到土肥相融，又达到田面平整的要求。栽秧前还要灌水泡田，然后旋耕耙田，要求来回耱田，使地面平整，田面高低不超过 1.7 厘米。

86. 大田耕作整地有哪些要求？

大田耕作整地的目的是通过犁、耙、耱等各种耕作手段，为水稻的根系生长发育创造一个良好的土壤环境，使水稻栽插后扎根迅速，能很快地吸收水分和养分，活棵快，分蘖早，很快地搭成丰产苗架。我国稻作分布范围广，土壤类型众多，大田耕作整地的方法也多。但不管采取哪种方法耕作整地，都要精耕细整田，使田面达到细软平整，一块田高低相差不超过 3 厘米左右。为水稻的正常生长发育创造一个良好的土壤环境，为夺取优质高产打好基础。

87. 为什么要提倡水稻插秧前除草？水稻插秧前怎样进行除草？

水稻栽插前除草有很多好处：一是田间施药简单方便，速度快。二是药剂不与秧苗直接接触，能避开或减轻药害。三是能给施药创造最佳条件，有利于提高除草效果。四是把杂草封闭在萌发期，能有效地控制危害。所以，在茬口不是太紧张的田块，提倡栽插前防除杂草。栽秧前除草要针对稻田杂草种类，选用高效低毒除草剂或配方，使一次施药达到水稻整个生长期间基本不受杂草危害且无农药污染，也无残毒影响稻米的品质。栽秧前常用的除草剂及其使用方法有：

（1）丁草胺　每公顷用 60%丁草胺乳油 1.5～2.25 升，对 4～5 倍水，在整平田面最后一道工序时均匀洒入田间水面，施药 3 天以后栽插。持效期 30～40 天，可有效防除田间稗草和其他禾本科杂草及其他一年生杂草和一些阔叶杂草。

（2）农思它　药效期 30～40 天，对萌发至三叶期的稗草、牛毛毡、禾茨藻等永生杂草有较高的防效，对扁秆藨草有较强的抑制作用。用量为每公顷用 12%农思它乳油 2.25～3.0 升，使用方法同丁草胺。施药后第二天即可栽插。

（3）丁草胺加西草净　该配方对种草、眼子菜、野慈姑、鸭舌草等阔叶杂草和水绵等均有特效，药效期 35～45 天。使用方法是每公顷用 60%丁草胺乳油 1.5 升加西草净可湿性粉剂 1.5

千克，对水225～300千克，保持田水层5～7厘米，均匀喷洒，隔7天后插秧。

(4) 丁草胺加农得时　该配方对种草、水生阔叶杂草和莎草等有较好的效果，药效期35～45天。方法是每公顷用60%丁草胺乳油15升加10%农得时可湿性粉剂300克混合，对水225～300千克均匀喷洒，隔3天后栽插。

88. 无公害稻田的土壤环境质量标准是什么？

土壤pH不同，对一些重金属含量有差异，如在土壤pH 6.5～7.5情况下，镉的含量为≤0.3毫克/千克，汞的含量为≤0.5毫克/千克，砷的含量为≤25毫克/千克，铅和铬的含量均为≤300毫克/千克；在土壤pH＜6.5情况下，汞的含量仅为≤0.3毫克/千克，砷的含量上升到≤30毫克/千克，铅和铬的含量减少为≤250毫克/千克。因此，对农田要进行环境监测，达到国家允许范围内，才能为无公害优质水稻生产基地。一旦选定，要求在生产过程中坚持定时定点监测、监控，保持、优化种植基地环境。

89. 稻田灌溉水质量指标是什么？

稻田用水一定要控制污染源，对附近工厂、医院等排放出来的废水必须经过处理，并符合农田灌溉水质GB5084—2002标准后，才能灌入稻田。另外，无公害水稻产地应选择水源条件好、排灌方便、旱涝保收的农田，以促进无公害生产和提高生产水平，提高生产效益。

90. 水稻种子萌发及幼苗期要求怎样的环境条件？

稻种萌发及幼苗生长需要适当的水分、温度、氧气、光照和营养等条件。

(1) 水分　种子萌发从吸水开始。水分能促进各种酶的活动，从而使胚乳中贮藏的养分分解，以满足幼根、幼芽生长发育时的养分需要。一般晒干种子含水量为11%～14%。种子吸水饱和时，籼稻的吸水量约为重量的25%，粳稻为30%。种子吸水量为饱和吸水量的60%时虽也能发芽，但发芽慢且不整齐，只有吸水达饱和程度时发芽最适宜。稻种吸水速度与温度有关，在一定范围内，温度越高，种子吸水速度越快。因此，浸种时间的长短，应根据气温条件来定。一般气温为10℃时，浸种90小时以上；气温15℃时，浸种约75小时；气温20℃以上时，浸种时间60小时即可。

（2）温度　稻种发芽最低温度为10～12℃，在此范围内，籼稻要求的温度偏高，粳稻偏低。发芽最适温度28～32℃，最高温度约40℃。温度高达42℃以上，且维持的时间较长，则种芽细胞原生质停止流动，以至种芽焦黄。温度不仅影响发芽的快慢，而且还对发芽整齐度有影响，低于20℃或高于40℃，发芽延迟且极不整齐。幼苗生长的最低温度，粳稻为12℃，籼稻为14℃。温度在16℃以上，各类型品种幼苗均能顺利生长；10℃下则均不能出苗。幼苗生长的最适温度为26～32℃，但较低适温条件下，有利于培育壮苗。

（3）氧气　空气中的氧含量约为21%，完全可以满足种子萌发及幼苗生长对氧气的需要，种子萌发时，幼根和芽鞘各具不同的特性：幼根的生长，主要靠根尖端分生组织细胞的分裂，需要充足的能量和供应中间产物，才能生长；而芽鞘的生长，依靠体内早已形成的细胞数目，在缺氧条件下，进行无氧呼吸，获得较少的能量，不需要中间产物就可伸长生长。实践中有干长根、湿长芽和有氧长根、缺氧长芽的说法，道理就在这里。

幼苗在三叶期以前，植株本身通气组织尚不完善，氧气来源主要靠土壤环境供给。如果此时田土水分过多，氧气不足，不利于扎根扶针，这是幼苗期引起烂秧的主要原因之一。

91. 水稻分蘖期要求怎样的环境条件?

水稻分蘖期要求的环境条件是:

温度:分蘖发生的最适气温为30~32℃,水温32~34℃;最高气温是38~40℃,水温32~34℃;最低气温是15~16℃,水温是16~17℃;气温低于20℃,水温低于22℃或气温高于38℃,水温高于40℃,分蘖发生十分缓慢甚至受到抑制。

光照:光照充足,叶片光合强度高,光合产物增多,促进分蘖发生和生长,反之阴雨天多,光照不足,分蘖发生迟而少。据研究,在自然光照下移栽返青后3天开始分蘖;若只有50%的自然光照时,返青后13天,才开始分蘖,若只有5%的自然光照时,返青后不仅不能产生分蘖,还会产生死苗现象。

水分:分蘖期是对水敏感的时期,稻田土壤含水饱和至浅水层有利于分蘖,在较高温条件下(26~36℃),土壤持水量在80%时分蘖发生量最多。灌深水(水层超过8厘米),使分蘖节处在光照弱、氧气不足、温度低的条件下,可以抑制分蘖;若土壤水分小于最大田间持水量70%时,对分蘖也有抑制作用。生产上常用搁田(晒田)来控制无效分蘖的发生。

营养:正常情况下,营养水平高,分蘖早生快发、持续时间长,反之分蘖发生迟、结束早。在各种营养元素中,以氮、磷、钾对分蘖影响最显著,特别是氮素影响最大。据测定,当叶片含氮量大于3.5%时分蘖旺盛,2.5%以下则分蘖减少,1.6%以下不能分蘖,甚至死亡;叶片含磷0.2%以上有利于分蘖,小于0.03%分蘖减少,甚至死亡;叶片含钾1.5%以上,有利于分蘖,小于1.5%分蘖减少,甚至死亡。氮、磷、钾三种营养元素配合施用,对促进分蘖发生效果明显。

92. 水稻拔节长穗期要求怎样的气候条件?

水稻拔节长穗期要求的环境条件是:

温度：幼穗分化的最适温度为26～30℃，而以昼温35℃、夜温25℃更有利于成大穗。幼穗分化的临界低温是15～18℃，最敏感的时期是减数分裂期。稻穗发育的最高温度为40～42℃，高温对稻穗发育影响最为严重的时期也是减数分裂期。因此，减数分裂期低温和高温为害都将引起颖花的大量退化和不孕。

光照：光照强度对幼穗分化关系密切，光照强有利于幼穗分化。据研究，在幼穗分化期，用两层纱布遮光（透光率约为自然光的1/6～1/8），颖花退化比对照多30%。因此，在穗分化期低温阴雨、日照少，或群体封行过早、田间郁闭，都会造成枝梗及颖花的退化。增强光照和延长日照时间，能提高光合效率，满足穗分化过程中有机养分的需要。

营养：幼穗分化过程中，稻株根量不断增加，最后3片叶相继长出，是营养生长和生殖生长并进时期，也是碳、氮代谢两旺的时期。此期叶片含氮量达3.5%左右，如氮营养不足，将对幼穗分化产生不利影响。根据研究，水稻倒3.5叶期开始穗分化，此期应施促花肥，促进颖花分化、枝梗增加；倒1.5叶期时（抽穗前15天左右）施保花肥，防止颖花败育退化，确保多粒。

水分：幼穗分化开始到抽穗，是水稻一生生理需水最多的时期，尤其以花粉母细胞减数分裂期对水分最敏感。因此，幼穗分化期要求田间最大持水量保持在90%以上。如果田间缺水受旱，会影响水稻正常生理活动，不利于颖花发育。相反，如果水稻受淹，稻穗也会出现畸形，受害程度与淹水时间和稻株浸水程度、受淹部位有关。此期浅水勤灌有利于水稻对氮磷钾的吸收。

93. 环境条件对水稻拔节长穗时期的根、茎、叶、穗生长发育有哪些影响？

（1）对根的影响　光照对根系的影响是间接的，光照不足，光合产物减少，根系呼吸作用的能源不足，活力下降，也降低了对养分的吸收。土壤通气不良，不仅影响根系生长，同时影响根的吸收功能。拔节后地上部节间伸长，输氧的距离变远，上部1、2个节间不具备通气组织，氧气主要靠下部叶、节间输送到根部，因而供氧条件逐渐变差，当下位叶早衰时，供氧条件恶化，所以土壤通气良好显得更为重要。稻根生长的最适温度是30～32℃，超过35℃，对根生长不利，低于15℃，根的生长活动微弱。温度过高或过低，都会使稻根吸收无机营养能力下降。肥料中氮素对根的生长和养分吸收影响最大，茎秆基部含氮量在1%以下时，新根不发生，含氮量降到0.75%以下时生长停止，氮过多，植株徒长，相互遮阴，下部叶光合产物减少，供根所需养分少，也影响根系生长。施磷肥可促进根系发育，使根系分布加深。磷、钾结合使用，可以增加根数和根量。

（2）对茎的影响　壮秆是高产的必要条件，壮秆和大穗密切相关，茎基部第一节间越粗壮，穗粒数越多，而且抗倒伏能力也越强。在拔节长穗期控制封行时期，改善光照条件。在拔节初期控氮素水平，增加钾、硅元素，是促进壮秆的重要措施。

（3）对穗分化发育的影响　幼穗分化最适宜的温度约为26～30℃，而以昼温35℃、夜温25℃更为有利。幼穗分化的临界低温是15～18℃，低温引起不育的最敏感时期是减数分裂期结束后小孢子初期。因此，早稻的安全孕穗期是日平均气温稳定在20℃，双季晚稻的安全齐穗期是日平均气温稳定在22℃（粳稻20℃）。穗发育的最高温度是40～42℃，其危害也是在减数分裂期最严重，引起败育和不孕。穗分化开始到抽穗，是水稻一生生理需水最多的时期，而花粉母细胞减数分裂期对水分最敏感，干旱缺水，会造成颖花败育。空壳率大量增加。当土壤持水量在45%～50%之间，就影响水稻正常的生理活动，当土壤的持水量达90%以上时，就能满足长穗的需求。孕穗期间受大水淹没2天以上，会出现畸形穗和花，减产程度随受淹时间、淹水深度的增加而加重。土壤中各种综合因素对长穗都有影响，但以氮素营养水平对穗分化发育的影响最大，氮素影响穗分化发育主要有两个时期：一是枝梗和颖花分化期，氮不足则颖花分化数少，穗子不大；另一是花粉母细胞减数分裂期，氮不足则颖花退化多，结实率低，穗子也变小。氮素配合磷、钾供给，对促进颖花分化发育效果更好。磷、钾能促进光合作用和呼吸作用，钾还有利于壮秆，增强抗倒伏、抗病能力。增强光照和延长日照时数，能提高光合作用的效果和强度，满足水稻发育对有机养分的需要。由此可见，如果穗分化发育时期遇低温阴雨、日照少或者封行过早，田间郁闭，都会影响枝梗及颖花的分化，引起花粉败育，使穗粒数减少。

94. 水稻抽穗扬花期要求怎样的气候条件？

水稻幼穗分化完成后1～2天，稻穗从剑叶的叶鞘中抽出，叫抽穗，通常有10%的稻穗露出剑叶叶鞘为始穗期，露出剑叶叶鞘50%为抽穗期，露出剑叶叶鞘80%为齐穗期。抽穗顺序为先主茎、后分率，先低位分蘖、后高位分蘖。正常情况下，一个稻穗从穗顶露出剑叶叶鞘到整个穗子全部抽出为3～5天。全田自始穗到齐穗期一般7～10天。水稻抽穗扬花期，对最高温度反应比较敏感，开花受精适宜温度为日均温24～29℃，日温度低于20～23℃时，水稻开花明显延迟，开花零散，裂药不良，花粉管伸长受阻，不孕花明显增加，一般日温度低于20～23℃时是完全开花受精的最低温度。生产上将秋季连续2或3天低于这个温度的始日为安全齐花期，向前推5天为安全齐穗期。日均温高于30℃为开花受精伤害的临界温度。

95. 水稻灌浆结实期要求怎样的气候条件？

灌浆结实期的气候条件对产量和品质影响较大。主要是光、温、水和营养因素。

（1）光照　光照强度和光照时间，影响稻叶光合作用和碳水化合物向谷粒的运转。高产水稻谷粒充实的物质，90%以上靠抽穗后叶片光合作用所制造的碳水化合物供给，灌浆期的光合效率直接影响水稻产量。

（2）温度　温度对灌浆结实关系密切，一般最适灌浆的气温为20～22℃，且灌浆前15天以昼温29℃、夜温19℃、日均温24℃为宜，灌浆后15天以昼温20℃、夜温16℃、日均温18℃为好，结实率高。适宜的灌浆温度，有利于延长积累营养物质的时间，细胞老化慢，呼吸消耗少，米质好。低温和高温不利于水稻籽粒正常灌浆，影响稻米品质。

（3）水分　灌浆期对水分的要求，仅次于拔节长穗期和分蘖期，此期水分不足，会影响叶片同化能力和灌浆物质运输，灌浆不足造成减产。灌浆期水分不足，影响光合作用，降低物质运转效率，缩短正常灌浆时间，稻米品质变劣。

（4）营养　灌浆期间要防止叶片早衰，提高根系活力，满足籽粒灌浆物质的需要，为此，此期要保持叶片一定的含氮量：乳熟期>3%，蜡熟期2%～2.5%，以保持叶片有较高的光合生产水平。因此生产上常采用根外施肥。在齐穗期看苗补肥，采取补施磷、钾肥等手段，以确保灌浆过程的正常进行。

96. 什么是水稻的强势花和弱势花？

水稻一般在出穗的当天或第二天开花，一穗开花的全过程约5～7天，同一个一次枝梗的颖花，先开直接着生的颖花，后开该枝梗上的二次枝梗上的颖花。同一枝梗上的颖花，先开第一朵花，后从基部向上，顶部第二朵花最迟。

所谓花势是指穗轴上颖花着生的位置，开花先后有差异，而产生的颖花开花受精后获得灌浆物质能力的差异。

一般先开的颖花，受精后，获得的灌浆物质多，灌浆早而快，称强势花。迟开的颖花，受精后，获得的灌浆物质少，灌浆迟且慢，称弱势花。一般秕粒的多少与强弱势花关系密切，强势花大多数能充实为实粒，弱势花易造成秕粒。

四、水稻超高产品种及选用与引进

97. 什么是超级稻?

超级稻一般是指产量潜力得到大幅度提高、米质和抗性也明显改善的品种或组合，但对超高产的具体含义与指标，迄今提法不尽一致。1981 年日本提出的水稻超级稻是通过籼粳稻杂交的方法育成比当时生产上推广的秋光品种增产 50%或每公顷生产 10 吨糙米的超高产品种。1994 年国际水稻研究所超高产育种计划提出了超级稻的名词。中国农业部 1998 年提出一季籼、粳稻常规稻品种的产量目标为 2000 年每公顷为 9.75 吨，2005 年为 11.25 吨；一季杂交稻、粳稻分别是每公顷 10.5 吨和 12 吨。能达到这些指标的品种或组合就是超级稻。现在已育成一些超级稻新品种或新组合通过审定，并推广应用，对我国水稻增产作出了重大贡献。

98. 杂交稻和常规稻有什么差别?

水稻是雌雄同花的自花授粉作物。杂交稻有明显的杂种优势，但杂交稻是利用杂交一代来进行水稻生产的，由于它的遗传基础是杂合体，杂种个体间遗传型相同，从外观上看，群体整体一致。可以作为生产用种，但从第二代起就会产生很大的性状分离，优势大幅减退，产量明显下降，不能继续作种子使用。因此，杂交稻必须进行经过严格生产性制种，产生的杂交种子才能用，所以杂交稻种子成本高，出售价更高。常规稻是通过若干代自交达到基因纯合的品种，个体遗传型相同，从外观上看，群体整齐一致，上下代的长相也一样，产量也不会下降。因此，常规稻不需年年换种，可通过人工去杂留种，提纯复壮，有利于良种加速繁育，成本较低。

99. 如何区分籼稻和粳稻?

籼稻和粳稻是亚洲栽培稻的两个亚种，两者在形态特征、生理功能以及栽培特点等方面均有较大的区别。

籼稻一般分蘖力较强，第一穗节较短，叶色较淡，叶片上茸毛较多，谷粒细长，其长宽比例多在1.9：1.0以上，稃毛短、硬、直，抽穗时壳色绿白，容易脱粒，籼米的直链淀粉含量一般较高，煮饭胀性大，黏性小。粳稻一般分蘖力不如籼稻，第一穗节较长，叶色较深，叶片上无茸毛，谷粒短圆，其长宽比例为1.6～1.8：1.0之间，稃毛长、乱、软，抽穗时壳色较绿，不容易脱粒，粳米的直链淀粉含量较低，米饭黏性大、胀性小。

籼稻耐肥性较差而吸肥性强，耐寒性较差，日平均温度在12℃以上时才能发芽，籼稻对土壤的适应性较好，适于低纬度、低海拔的湿热地区种植。粳稻耐肥性较强而吸肥性差，耐寒性较强，日平均温度达10℃即可发芽，粳稻对土壤的适应性较差，粳稻则适于高纬度、高海拔地区种植。在温度适宜的情况下，籼稻叶片的光合速率高于粳稻，繁茂性好，易早生快发。

100. 如何区分糯稻和粘稻?

糯稻是由粘（粘）稻发生基因突变而形成的变异类型，其胚乳的糯性是由1对隐性基因控制的，糯稻和粘稻在农艺形态性状上无明显差异。籼稻和粳稻、早稻和晚稻都有糯性的变异，一般粳糯的黏性强于籼糯。糯米未干时呈半透明状，干燥后呈乳白色。糯米的胶稠度极软，米的胀性小，煮出的米饭黏结成团。糯米胚乳遇1%碘—碘化钾溶液仅呈红褐色反应。

粘稻是相对于糯稻而言的，米粒的胚乳中含有较多直链淀粉的水稻类型。粘稻的米饭黏性较弱，其中粳稻的黏性强于籼稻。大多数粘稻的胚乳中含有15%～30%的直链淀粉和70%～80%的支链淀粉，而糯稻中则只有支链淀粉，不含或很少含直链淀粉（$<2\%$）。籼稻、粳稻都有粘稻和糯稻之分，粳型粘稻的直链淀粉含量一般为12%～20%，籼型粘稻一般为14%～30%。粘稻米粒因含有一定量的直链淀粉，煮出的米饭质地干、胀性大，饭粒不易黏结成团。直链淀粉含量过高的粘稻米，食用口感往往不好，超过25%时，米饭的口感差。粘稻的米粒多为半透明状，遇1%的碘—碘化钾溶液，因吸碘量较多而呈蓝紫色反应。

101. 什么是水稻的感光性？什么是水稻的感温性？什么是水稻的基本营养生长期？

水稻的感光性，是指水稻生育转变对日照长度的反应特性。有些水稻品种感光性强，只有在日照长度短于一定的临界值时，才能进行幼穗分化和抽穗。缩短光照可提早这一进程，延长日照则延迟这一进程。有些水稻品种感光性弱，缩短和延长日照对水稻的幼穗分化和抽穗影响较小。

水稻的感温性，是指水稻的生育转变（营养生长转为生殖生长）受温度条件显著影响的特性。水稻是喜温作物，高温可以促进其生育转变，使生育期缩短。有些水稻品种感温性强，有些水稻品种感温性弱，我国大部分水稻品种都是感温性较强的，感温性较弱的水稻品种较少。

水稻的基本营养生长期，是指水稻在充分满足温度（高温）和光照（短日照）等条件下进行生育转变所需的最短的营养生长期。水稻的基本营养生长期一般为16～60天，其中，感光性强的水稻品种基本营养生长期较短。而感光性弱或迟钝的品种基本营养生长期较长。

102. 水稻的感光性和感温性在生产上有什么意义?

水稻的感光性、感温性和基本营养生长期在生产上可以指导水稻的科学引种、育种目标和科学栽培，如南方的品种向北方引种时，往往随北方气温降低和日照时数加长使生育期延长，甚至不抽穗。相反北方或高海拔的品种向南方或低海拔引种时，往往随南方气温相对升高和日照时数缩短而生育期缩短，生长矮小。因此，引种通常在同纬度、同海拔地区之间进行。南北方之间进行引种时要特别注意根据情况选择不同的熟期类型或温光反应类型，以确保在引种后能够正常生长发育。

为了培育适宜种植的范围大，就必须培育感光性较弱、基本营养生长期中等的育种目标。根据水稻感温性和感光性的强弱在生产上还可以指导合理地选择品种，确定合适的播期和秧龄，制定合理的栽培措施。另外，应用感光性强的晚稻品种和感温性弱的早稻品种进行杂交，可解决生育期不同水稻品种花期相遇问题，提高制种产量。

103. 水稻引种有什么意义?

新品种具有广泛的生产优势，生产上通过培育新品种和引种来使当地的落后品种不断更新。水稻引种系指从外地区和外国引进水稻新品种或新品系，通过适应性试验，直接在本地区或本国推广种植。这项工作是解决当前生产发展上更新品种的迅速有效的途径。

104. 如何进行水稻引种?

引种时必须了解原产地的生态条件、品种本身的特征特性、引入地的生态条件、两地生态环境的差异以及这些差异会导致品种发生什么改变等问题。原产地与引入地主要生态条件的差异，表现为纬度和海拔的差异，并由此导致日照长度、日照强度和温度的差异、土质和雨量的差异以及品种栽培技术的改变等。因此，引种时要掌握以下几个原则：

（1）南种北引　即高纬度地区从低纬度地区引种，遇日照变长、温度变低环境，表现抽穗推迟、生育期延长。南种北引，品种生育期随纬度升高，日照时数加长，其生育期相应延长。若引入低纬度地区的早稻早、中熟品种和中稻早熟品种，或感光性弱、对纬度适应范围较宽的品种，引种较易成功。但晚稻品种北引，因其感光性强、遇长日条件不能抽穗，或抽穗过迟，后期遇低温，不能正常灌浆结实。因此，华南地区的感光晚籼品种不能引至长江流域；长江流域的晚稻品种不能引至华北种植；热带地区品种不能引入东北地区栽培。

（2）北种南引　即低纬度地区从高纬度地区引种，遇短日照和高温环境，会出现抽穗提早、生育期缩短的现象，北种南引，则品种的生育期随日照时数缩短而其生育期将缩短。因为北种南引由于水稻品种生育期缩短，其生物产量低，植株变矮，发生早穗，致使减产；因此，应选择生育期较长的中迟熟品种。作早稻栽培，应早播；作晚稻栽培，宜迟播。

（3）同纬度、同海拔地区间的引种　由于光温条件相近，生育期和性状变化不大，引种较易成功。原产于日本南部的农垦58和原产于韩国的密阳46，引至我国长江流域各省，均获成功。浙江省的二九青、浙733等品种引进江西和湖南等省做早稻种植，获得了较好的效果。通常，由东亚和欧洲地区引进的粳稻品种，适宜在我国的黑龙江省和吉林省种植；日本东北和北部地区品种，适宜引入我国华北和辽宁省南部种植；日本关东地区的品种适宜引入我国山东、河南省和陕西省中南部种植；日本南部地区和韩国的水稻品种，适宜引入长江流域做中、晚稻种植。

（4）纬度相近、不同海拔地区间的引种　海拔越高，温度越低，一般海拔每升高100米，日平均气温降低0.6℃。同一品种由低海拔地区引至高海拔地区的水稻品种，生育期延长，不同类型品种其生育日数延长也不同。一般感温性强的品种其延长的日数多些。而且，株高、穗大小、穗粒数、千粒重都要发生变化。感温性敏感程度差的品种变化较小。所以，宜引入低海拔地区的早熟品种。由高海拔地区引至低海拔地区的水稻品种，生育期缩短，宜引入高海拔地区的迟熟品种。

（5）温度与引种　在通常情况下，籼粳杂交育成的品种多喜偏高温。即在高温条件下，生长发育进程加快；生育时间缩短；相反，在低温条件下，水稻生育期延缓。所以，引进品种要考虑一个地区无霜期的长短及其临界期，以便确保水稻品种在安全期内正常成熟。引进早、中、晚熟品种，一定要以感光性与感温性为依据。由于品种不同，对感温性和感光性敏感程度亦不相同。有的感光性强，有的感温性强。所以，引种一定要了解该品种感温性的强弱。只有掌握了品种对光温反应的特性，才能取得品种引进成功。

105. 选择水稻品种应坚持哪几个原则？

品种选择是水稻高产优质生产的关键措施，由于各地生产上应用的水稻品种很多，而且又是在不断更新，故很难指某一个或一些品种，在实际操作中，选择高产优质水稻品种必须坚持以下几个原则：

（1）稻米品质要达到国标优质稻谷三级以上。

（2）要有较好的综合性状等生产优势。

（3）要通过审定定名或进入生产试验。

（4）要有较强的适应性能。

符合上述条件的品种，再通过合理播栽期和栽培技术，以充分发挥高产优质稻品种潜力，才能确定为当地的推广品种，才是适宜的高产优质品种。

106. 水稻良种为什么要更新或更换？

优良品种之所以能够大幅度地增产，是由于它们对于一定的外界条件（光、温、气、热、水、肥等）具有比一般品种更大的利用效率，可以更快地积累较多的有机物质，或具有更高的经济系数和出米率。在某些情况下则是由于它们具有抗病、特殊抗逆能力，具有较广泛的适应性。优良水稻品种具有强大的增产优势，一般来说品种的增产幅度占增产的30%以上。

但是，良种的“良”又是相对的，是相对于当时、当地的一般品种而言的。这就是说，一方面，当有更优良的品种育成后，原有的良种也就成为一般品种或淘汰品种；另一方面，一个良种又只能在一定地区的一定历史时期内发挥其作用。所以，我们既要充分注意水稻新品种的选育，在品种上不断地推陈出新以推进水稻生产向更高的水平发展，又要充分注意搞好水稻良种的种子生产，使良种在一定的历史时期内充分发挥其增产潜力。

所以优良水稻品种在生产中，常因机械混杂、天然杂交等发生混杂退化，通过提纯复壮以纯度高、质量好的优良种子供应生产代替已经混杂退化的种子，称为“品种更新”。长期使用某一品种，其增产优势会降低，因此，培育出新的优良品种和生产大量优质种子，迅速代替生产上原有品种谓为“品种更换”。

107. 为什么选用水稻品种要搭配与合理布局?

在选用高产优质水稻品种的基础上，一要做好作物品种的搭配与布局，力争年年增效增收。目前我国大多数农户种植水稻的规模不大，必须因地制宜做好优质稻米前作后茬的作物搭配、品种布局和品质安排，才能达到增产增效，提高收益。

从一个生态区的范围考虑，要坚持因地选择适宜品种，在优质稻品种的定向方面，既不能过多又不能过于单一。特别是一个生产经营单位，如果品种过多，一方面不利于栽培管理，容易造成不同品种之间的机械混杂，直接影响稻米的纯度；另一方面，对脱谷、加工、包装带来诸多不便。品种过分单一，则不利于缓解和应变对于自然灾害的抵御，不利于防止病虫害的发生，也不利于市场需求的调节。

主栽品种应以充分利用本地光热资源为前提，以便有利于本品种增产潜力的发挥。因此，对一个地区品种布局的合理性，应建立在掌握全局综合因素的稳定性和信息准确性程度的基础上。既要有充分的预测和超前性，又不能带有更多的盲目性。坚持当地优质水稻主栽品种 1～2 个，适当搭配 1～2 个辅助品种，主栽和辅助品种不宜超过 2～3 个。

108. 水稻优良品种应具备哪些条件？

水稻优良品种除具备水稻新品种的基本条件外，还应具有以下几方面条件：

（1）产量高　高产是优良品种最基本的条件，水稻产量是由单位面积有效穗数、每穗总粒数、结实率和千粒重共同决定的。

（2）适应性广　是指大面积生产上，在不同的土壤、气候和栽培条件下，以及同一地区不同年份栽培下，都能生长良好并获高产。

（3）品质好　要求一要加工出米率高，二要外观好看，三要好吃；在评价米质优劣的诸多指标中，整精米率、垩白率垩白度、直链淀粉含量和食味最为重要。

（4）抗逆性强　包括生物抗性（如抗稻瘟病、白叶枯病、稻飞虱等）和非生物抗性（包括耐旱、寒、涝和高温等）。

109. 水稻优良种子应包括哪些内容？

优良种子首先要求其在遗传特性上具备优良品种的条件，其次要求其种子本身质量要好。种子质量广义上指的是种子的品种品质和播种品质。前者包括种子的真实性和品种纯度；后者包括种子是否清洁干净、有无其他作物种子，是否充实饱满，是否出苗正常、整齐，是否感染病虫害，是否干燥耐贮等。狭义上的种子质量主要包括种子的净度、发芽率、水分和纯度 4 项指标。

110. 为什么水稻同一品种要连片种植?

同一水稻品种种植在一起，由于其生育特性基本相同，肥水管理可以得到统一，便于管理。同时，由于育秧及地力关系会造成一定的差异，要达到平衡高产，必须因苗管理。如果不同水稻品种相互插花，如杂交稻中夹杂粳稻，由于品种特性上差异较大，即使生育期相同，它们对肥、水、光、热等的要求也不一致，肥水管理不好统一，特别是水，不能有效地防治病、虫害；不利于统一耕种。

111. 水稻种子质量标准是什么?

选用水稻品种，不仅对提高水稻产量水平关系重大，而且对稻米品质有直接影响，并对控制无公害生产起着重要作用。

一般生产中种子质量要严格按 GB4404.1—1996（表 4）的水稻良种标准执行，即：常规稻种子纯度不低于 98%、净度不低于 98%，发芽率不低于 85%，水分常规籼稻不高于 13.0%、粳稻不高于 14.5%；杂交种纯度不低于 96%、净度不低于 98%、发芽率不低于 80%，水分不高于 13.0%。并且尽量选用已精选、加工和包装好的种子。

表 4　水稻种子质量标准（GB4404.1—1996）

种子类别	级别	纯度不低于%	净度不低于%	发芽率不低于%	水分不高于%
常规种	原种	99.9	98.0	85	13.0（籼）
	良种	98.0			14.5（粳）
不育系 保持系 恢复系	原种	99.9	98.0	80	13.0
	良种	99.0	98.0		
杂交种	一级	98.0	98.0	80.0	13.0
	二级	96.0	98.0		

112. 判定水稻种子质量的方法有哪些?

判定水稻种子质量常用下列三种方法:

视觉检验法:利用眼力判断水稻种子的品质,如种子籽粒的饱满度、均匀度、杂质和不完整粒的多少,色泽是否正常,有无虫容或霉变等情况。看时既要集中于一点又要兼顾全面。先把种子摊在手上、桌面或平板上,把视线先集中在一点上仔细观察,再慢慢地放大视野观察,同时进行比较。如杂交种子在外观上有其固有的特征,对这些特征的观察可大致鉴别出种子的真伪。

嗅觉检验法:嗅觉检验是利用鼻子的嗅觉判断种子有无霉烂、变质及异味的一种方法。正常新鲜的水稻种子都具有该品种子特殊的稻清香味,凡发霉变质种子一般都带有异味。如发过芽的种子带有甜味,发过霉的种子带有酸味或酒味。

齿觉检验法:优质稻种含水量在11%~13.5%以内。齿觉检验是用牙咬判断种子水分的一种方法。简易的查验种子干湿度一般用牙咬种子籽粒,听其响声,声音"嘣嘣"响而清脆,断面茬口光滑者,为优质种。

113. 如何选择适宜的良种?

由于各地的气候条件、地理条件和地势情况、土壤肥力和质地、雨水的多少等条件的不同,形成了生态条件的多样性,所以要选择适宜本地区生态环境条件,耐肥、抗病、抗倒伏、高产稳产、品质优良,并能够安全成熟的品种。特殊地区应注意选择适应能力强的水稻品种,如抗病性、耐盐碱性等强的品种。生产上应用的品种,应保持相对稳定,不要轻易求新和更换品种,更换新品种一定要谨慎,要选择经过试验、示范和多年的考验,经过省级品种审定委员会审定或专家认定的品种,在稳产的基础上求高产,实现安全生产、增产增收的目的。

同时还要注意提高稻米的品质,不但要有良好的营养品质、食味品质、蒸煮品质，还应具有良好的加工品质、外观品质，增加水稻产品的附加值。

114. 水稻栽培品种按水稻的栽培季节分哪几类及在生产上的利用？

水稻一生，从生产上是从播种到成熟。根据水稻栽培季节将水稻品种分为早稻（105～125 天左右）、中稻（126～150 天左右）和晚稻（155～165 天以上）三类，每个类别中还可以区分早熟、中熟、迟熟三级，有些地区只有早熟、晚熟之分。各地可以根据当地生长期选用品种类型，并指导品种合理布局和确定正确的播栽期具有重要作用。

115. 水稻栽培品种按形态特征分哪几类及在生产上的利用？

根据株高、穗型和分蘖特性之间性状的相关性，将品种分为高秆大穗型、矮秆多穗型及中间类型。矮秆多穗型品种较抗倒，但穗小，在栽培上应注意增穗；高秆大穗型品种应注意适当降低栽培密度（和矮秆品种比较而言），以壮秧攻大穗取胜。近年来，培育出了中秆、大穗、分蘖力强的杂交水稻，探索出以超稀播（培育壮秧）、适当稀植（和传统密度相比较而言），充分利用分蘖成穗来培育壮秆大穗的新栽培法。

116. 水稻栽培品种按穗枝梗和着粒密度分哪几类及在生产上的利用？

枝梗和着粒密度分为疏穗型和密穗型品种。密穗型的品种穗形较直立，叶片一般短而挺，分蘖力弱，株型紧凑，但地上部伸长节间配置上，较多品种基部节间常较疏穗型品种长，茎壁较薄，抗倒性差。栽培上既要注意栽足基本苗数保增加穗数，但又要防止过密，防止倒伏，是栽植密度较小的品种类型。

117. 水稻栽培品种按植株在穗期前后积累的干物质对产量的贡献分哪几类及在生产上的利用?

籽粒产量来自抽穗前暂时贮藏在茎鞘内的干物质和抽穗后叶片光合产物两部分，按植株抽穗前暂时积累在茎鞘内的物质转化和抽穗后的光合产物，对产量贡献大小，将品种划分为光合作用依存型和蓄积淀粉依存型（又称前期积累型）两种类型。所谓光合作用依存型，籽粒产量的绝大部分（一般占 85%～90%）来自抽穗以后的光合产物，而源于抽穗前贮藏在茎和叶鞘的很少(一般只占 10%～15%)，较多粳型的品种一般属此特性。蓄积淀粉依存型品种，籽粒产量中来自抽穗前贮藏干物质积累较多，一般达 15%～30%，高的达 30%～40%以上，籼型较多的品种一般具此特性。

由于上述特性上的差异，籼型品种对肥力具有较广的适应性，尤其是对低肥的适应性。在低肥下，植株可较多地利用前期积累的贮藏物质充实籽粒，比粳稻更能显示其较好的丰产性；但在高肥下，由于个体和群体积累量大，茎秆的负荷量过大，过多地分解茎秆和叶鞘的贮藏物质（有一部分是结构物质），会使茎秆的抗倒伏强度减弱，易导致倒伏。因此在高肥下，要特别注意改善群体的受光条件，提高抽穗以后的光合生产力，使籽粒灌浆尽量多地利用直接的光合产物，尽量减少茎、鞘贮藏物质的分解，利于抗倒高产。粳型品种相对来说，茎秆贮藏物质要少些，抗倒性能要强些；但与之相对立的是更多地依靠抽穗后的光合产物充实籽粒。如果抽穗后群体受光条件恶化，或发生倒伏，其减产的程度将大于籼稻。

118. 水稻栽培品种按主茎总叶数和伸长节间数分哪几类及在生产上的利用?

按主茎总叶数和伸长节间数分为比例型和稳定型两类。一般常规稻为比例型，即伸长节间数为总叶数的 1/3，而杂交稻伸长节间数不随总叶数变化而变化，比较稳定为稳定型。

水稻品种的有效分蘖临界叶龄期和拔节叶龄期，均与主茎的总叶数及伸长节间数有严格的关系，穗分化叶龄期和最后几片叶的叶龄余数有严格的同步关系。不同总叶数的品种，同一叶龄期的生育进程和各部器官的生长状况是不同的；总叶数相同的品种，同一叶龄值时的生育进程和各器官建成情况，甚为接近，但其有效分蘖临界叶龄期、拔节叶龄期，因伸长节间数不同而有差异。只有主茎总叶数和伸长节间数均相同的品种，各个叶龄值时反映的生育进程和器官建成状况才完全相同。用主茎总叶数和伸长节间数，将品种作生育类型的分类，为各类品种的生育进程用叶龄指标确定其器官建成和产量形成创造了条件。这种分类法对指导品种正确应用栽培调控措施有重要意义。

119. 水稻栽培品种按品种源库特征分哪几类及在生产上的利用?

一般可将品种分为源限制型、库限制型和库源互作型三类。源限制型这类品种的总库容量充足，限制产量提高的主要因素是源的光合生产。一般大穗型品种多属此类型。在栽培策略上，以增加抽穗后的光合生产为主攻目标；库限制型这类品种的库源特征和源限制型品种相反，一般小穗型品种多属此类型。在栽培策略上，以增加群体的总颖花量为主攻目标；源库互作型这类品种库容量大、结实率也高，源、库共同制约其产量形成，增源和增库都可增产。栽培策略上应特别注意因条件而定。

120. 水稻种子质量如何检验?

种子质量检验主要分为田间检验和室内检验两部分。田间检验是在水稻生育期间，检查品种纯度，杂草及病株感染度，检验耕作栽培措施是否符合良种繁育的要求，并确定繁殖、制种田是否可以作为留种田。

室内检验是在种子销售前，根据种子的形态特征等，通过物理的和化学的方法对其净度、发芽率、发芽势、水分、千粒重和病虫害等进行检测，确定是否可以使用。室内检验主要分三个步骤：

（1）扦取样品　按照GB/T3543—1995种子检验规程要求，抽取具有代表性的种子样品。

（2）样品检验　严格按照GB/T3543—1995种子检验规程操作，确保数据准确无误。

（3）出具检验报告　将所检验的各个单项结果填人检验报告单，对照国家质量标准，提出质量判定意见。根据检验结果将其种子按照国家规定标准划分等级，决定种子的使用。

121. 水稻品种混杂退化的原因有哪些？

水稻品种混杂退化的主要原因有以下几个方面：

（1）机械混杂　在种子处理、播种、收割到脱粒、晒种运输、贮藏等过程中，由于条件所限或因注意不够致使其他水稻品种种子混入，导致混杂。

（2）自然杂交　水稻虽为自花授粉作物，但仍有一定的自然杂交率，一旦发生自然杂交，其后代就会产生分离、变异，失去原有品种的典型性状和优点而造成退化。

（3）品种遗传特性发生变化和自然突变　一个良种基本上是一个纯系，但不是绝对的，个体间遗传性上会有些差异，尤其杂交种后代分离。使用杂交（尤其是籼粳杂交）方法育成的品种；因出圃过早或遗传背景复杂，造成后代性状变异和分离。

（4）栽培条件不良　优良品种的特征特性是在一定的栽培和自然条件下形成的，在种植时，各优良性状的发育都要求一定的环境条件，若这些条件长期得不到满足，就会产生变异，导致品种退化。

（5）不正确的选择　如果在选择时未能根据良种本身的优良性状选择，就可能使一些优良性状受到削弱，这也是品种退化的重要原因。如选留品种时，只注意品种的典型性，而忽视生活力的强弱，片面追求穗大、粒多、粒重，对其他性状诸如分蘖力、植株高矮、耐肥力和抗病虫强弱等考虑得少，会很快出现变异退化现象。品种一旦混杂退化后，其产量、品质、抗性和适应性等方面都可能变劣，就会给生产带来损失。

122. 如何防止常规水稻良种的混杂退化？

防止常规水稻品种的混杂退化，需把好以下关键环节：

（1）种源质量关　用于繁殖的种源一定要纯真、可靠，生产原种的种必须是育种单位的种子或株（穗）行系种子，生产良种的种子田种源最好每年用原种更新，这是确保种子质量的重要环节。

（2）播种关　严防错播混播，造成人为种子混杂。

（3）隔离关　要采用空间隔离、时间隔离、高秆作物隔离和自然屏障隔离等措施，防止串粉而造成生物学混杂。

（4）去杂关　根据原品种的典型性状、株叶形态、生育期、穗形、粒形等，在苗期、分蘖期、抽穗期和成熟期分 4 次严格去杂去劣。

（5）收获关　收获时，分品种单收、单运、单打、单晒、单藏，防止机械混杂。

123. 如何进行常规水稻品种的提纯复壮？

对于使用时间较长、发生混杂退化的优良品种，要及时进行提纯复壮，以提高种子纯度，增强种子生活力，进而提高产量。

提纯复壮：一要建立严格的良种繁育规程。从种子准备、播种、田间管理以及收获贮藏过程的各个环节，都严格按照操作规程进行，有专人负责对各种机械设备等工具及贮存设备进行认真调理。田间要注意去杂异花授粉作物的种子田要有隔离措施。

二要加强人工选择。通过人工选择去杂去劣，对提高种子纯度和巩固优良特性有良好效果，目前主要采用单株培育选择圃、株（穗）系鉴定圃和混合繁殖圃的方法生产原种。

（1）单株培育选择圃　将所需进行提纯复壮的水稻品种，选用纯度比较高的种子，单本种植在一块田里，以便从中选择具原品种典型性状的优良单株（或单穗）。

（2）株（穗）系鉴定圃　将上年入选的单株（或单穗），分别种在同一块田里，一个单株（或单穗）的种子种成一个小区，成为一个株（穗）系，每隔 9 个小区以原品种作对照，进行观察比较，选择性状整齐一致、与原品种相似、无病虫害、产量表现好的株（穗）系，混合人选的株（穗）系种子供第二年繁殖使用。

（3）混合繁殖圃　将上年人选株（穗）系的混合种子种在同一块田里，繁殖原种。为提高繁殖系数，宜采用单本种植。

三要用原种定期更新繁殖区的普通种子。繁育纯度高和质量好的原种，每隔一定年限将繁殖区使用的种子进行更新、是防止混杂退化和长期保持品种纯度和种性的一项重要措施。

124. 如何加快水稻良种的繁殖速度？

新育成或新引进的优良品种，或提纯复壮生产的原种，种子数量有限，需要采取有效措施，提高繁殖系数，加快繁殖速度，满足生产需要。主要方法有：

（1）稀播稀植、单本栽插　在优良的栽培条件下进行稀播单本种植和宽行稀植，充分利用水稻的分蘖特性，增加单株的分蘖数、有效穗数和每穗粒数，使少量种子在较大的营养面积上繁殖较多的种于。

（2）剥蘖繁殖　利用水稻分蘖特性，进行分株，以加速繁殖。对剥蘖繁殖的品种，要提前播种，稀播在肥水条件好的田块，当秧苗出现3个以上蘖、每个分蘖3～4片真叶时，将分蘖带根从主茎剥下，插到本田。主茎和分蘖分别栽插，以后还可在本田再剥1～2次。每次剥蘖时，必须增施氮肥，适当施用磷肥，促进分蘖和健壮生长。

（3）*异季繁殖*　一是早稻翻秋，将早稻品种经春种夏收后在晚季再种一次，即俗称“倒种春”或“早翻早”。二是晚稻翻春，将晚稻放在早季种植，在分蘖盛期用黑罩或暗室人工遮光，每天只给8～10小时光照，处理20天左右，促使晚稻幼穗分化，正常抽穗灌浆结实。

（4）*异地繁殖*　将水稻品种在冬季到海南南繁，加代繁殖。

125. 超级稻两优培九号的特性及其栽培要点是什么？

两优培九号是由江苏省农科院以矮64S为母本，扬稻6号（9311）为父本配制选育而成。

（1）*产量水平与适应范围*　在国家南方稻区生产试验中，平均每667米^{2}产量525.8～576.9千克，与对照汕优63相近。在江苏省生产试验中，平均每667米^{2}产量625.5千克。两优培九高产稳产，适宜在长江中下游地区作一季中稻栽培；也可在双季稻地区作早或晚季稻栽培。

（2）*特征特性*　属中熟中籼两系新品种，全生育期150天左右，分蘖力强，株型前期较松散，中后期株型紧凑，株型较好，叶片较长，叶色深，叶片坚挺，与茎秆夹角小，上部三张功能叶长且宽、叶面积大；茎秆粗壮，株高115～125厘米；穗长25厘米左右，每667米^{2}有效穗17万左右，每穗粒数190粒左右，结实率82%左右，千粒重26～27克；中感白叶枯病，感稻瘟病，抗倒性强；稻米品质经农业部稻米及制品质量监督检验测试中心测定，糙米率、精米率、碱消值、胶稠度、直链淀粉含量、蛋白质含量6项指标达国家优质米一级标准，整精米率、米粒长宽比和透明度3项指标达部颁优质米二级标准。

（3）栽培要点

①适期播种，适当稀播，培育多蘖壮秧。长江下游以南地区5月10～15日播种为宜，秧田播种量8～10千克/667米^2，移栽秧龄30～35天，株高17～20厘米，单株带蘖3～4个。②合理密植，适时移栽。每667米^{2}栽插1.6万～2.0万穴，株行距以13.3厘米×26.7厘米为宜，单株栽插，基本茎蘖数5万～6万/667米^2，栽后15～18天667米^{2}茎蘖数达到15万～17万，栽后28～30天达最高茎蘖苗22万～23万，667米^{2}成穗数控制在15万～17万。③肥水管理。总施氮量控制在17～18千克/667米^2，肥力高的块可适当少施，前中期用肥量与后期用肥量以6～7∶4～3为宜。要施足基肥，早施分蘖肥，促花肥和粒肥要重施，并注意磷钾肥的配合施用。水浆管理上要注意当茎蘖苗达到预定穗数时分多次轻搁田，中后期采取以湿为主，干湿交潜灌溉，切忌断水过早，在收割前5～6天才能断水。④病虫草害防治。在抓住大田化学除草、播前药剂浸种、秧田防病治虫及栽培避螟的基础上，要狠抓二化螟一代的防治、三代三化螟及稻曲病和稻粒黑粉病的防治。

126. Ⅱ优084的特性及其栽培要点是什么？

Ⅱ优084是以亲本Ⅱ-32A/镇恢084配组，由江苏省镇江农业科学研究所选育而成。

（1）产量水平与适应范围　2001年审定合格。2001年，参加长江中下游中籼迟熟优质组区域试验，平均每667米^{2}产量648.4千克，比对照汕优63增产6.89%。2002年，参加长江中下游中籼迟熟优质组生产试验，平均每667米^{2}产量583.1千克，比对照汕优63增产4.98%。适宜在长江流域的江西、福建、安徽、浙江、江苏、湖北、湖南等省（武陵山区除外），以及河南省信阳地区作一季中稻种植。

（2）特征特性　属中熟三系杂交中籼稻，全生育期145天左右，株高120厘米左右，株叶形态好，茎秆粗壮，抗倒性强。每667米^{2}有效穗数16万左右，每穗实粒数150粒左右，结实率83%左右，千粒重27～28克；抗病虫性：叶瘟5级，穗瘟9级，穗瘟损失率9.3%，白叶枯病7级，褐飞虱9级。据2000年农业部稻米及制品质量监督检验测试中心检测，米质理化指标为：糙米率82.4%，整精米率67.7%，长宽比2.6∶1，垩白粒率57%，垩白度15.7%，胶稠度44毫米，直链淀粉含量21.4%。

（3）栽培技术要点

① 适期播种，培育多蘖壮秧。5月上旬播种，秧龄30～35天，每667米^{2}秧田播种量10～15千克。肥床旱育每667米^{2}播种量为30千克左右，每667米^{2}大田用种量1千克左右。② 适时移栽，提高栽插质量。6月上旬移栽，中上等肥力田块667米^{2}栽1.6万～1.8万穴。株行距以12厘米×26.5～30厘米，每667米^{2}基本茎蘖苗5万左右，肥力差的田块每667米^{2}栽插2.0万穴，基本茎蘖苗7万左右，旱育秧基本茎蘖苗可适当减少。③ 合理肥水。Ⅱ优084需肥水平较高，一般667米^{2}施纯氮15千克左右。肥水运筹应掌握前促、中控、后稳的原则，施足基肥，早施重施促蘖肥，促早发，早够苗，在中控的基础上，施足穗肥，促保兼顾，水浆管理上，后期要干湿交替，注意不要断水过早，以保活熟到老，高产优质。④注意防治稻瘟病、白叶枯病及稻飞虱等病虫的危害。

127. Ⅱ优明86的特性及其栽培要点是什么？

Ⅱ优明86是以不育系Ⅱ-32A为母本，明恢86配组杂交，由福建省三明市农业科学研究所选育而成的。

（1）产量水平与适应范围　1999年参加全国南方稻区中籼迟熟组区域试验，平均每667米^{2}产量632.2千克，比对照汕优63增产8.19%，达极显著水平；2000年续试，平均每667米^{2}产量565.4千克，比汕优63增产3.2%，达极显著；2000年生产试验，平均每 667 米^2 产量 581.2 千克，比汕优 63 增产 3.0%。2002 年国家 863 杂交水稻海南研发基地进行的全国杂交水稻 108 个品种的品种试验中，该组合 667 米^2 产最高，达 858.33 千克。适宜在长江流域的贵州、云南、四川、重庆、湖南、湖北、浙江、安徽、江苏、上海等省、直辖市种植，也可在河南省南部、陕西汉中地区作一季中稻种植。

（2）特征特性　全生育期，作中稻为 150～155 天；作双季晚稻为 128～135 天。株高 100～115 厘米，茎秆粗壮抗倒，株型集散适中，分蘖力中等，后期转色佳。总叶片数 17～18 片，剑叶长 35～38 厘米，每 667 米^2 有效穗 16 万～17 万，穗长 25～28 厘米，每穗粒数 160～170 粒，结实率 81%～83%，千粒重28～29 克。经农业部稻米与制品质量检测中心测试：整精米率 56.2%，垩白率 78.8%，垩白度 18.9%，胶稠度 46 毫米，直链淀粉含量 22.5%。抗性：中感稻瘟病、感白叶枯病，稻瘟病 4.5 级，白叶枯病 8 级，稻飞虱 7 级。

（3）栽培要点　①稀播育壮秧，秧龄控制在 35 天以内。②合理密植，插足基本苗。插植密度 20.0 厘米×23.3 厘米，每丛插 2 粒谷秧，每 667 米^2 插足 2.9 万基本苗。③力争早插早管，施足基肥，早施分蘖肥，兼顾穗肥。④其他栽培措施可参照汕优 63。

128. Ⅱ优航 1 号的特性及其栽培要点是什么？

Ⅱ优航 1 号为三系籼型杂交水稻，亲本为Ⅱ-32A/航 1 号。由福建省农业科学院选育而成。

（1）产量表现、适宜区域　2003 年参加长江中下游中籼迟熟高产组区域试验，平均每 667 米^2 产量 505.3 千克，比对照汕优 63 增产 2.8%（达极显著水平），2004 年续试，平均每 667 米^2 产量 606.0 千克，比对照汕优 63 增产 7.5%（达极显著水平），2 年区域试验，平均每 667 米^2 产量 555.6 千克，比对照汕优63增产5.1%。2004年生产试验平均每667米^{2}产量563.3千克，比对照汕优63增产14.5%。适宜在长江中下流域稻区，以及河南省南部的白叶枯病轻发区，作一季中稻种植。

（2）特征特性　在长江中下游地区作一季中稻，全生育期平均为135.8天，比对照汕优63迟熟2.7天。株高127.5厘米，株型适中，茎秆粗壮，分蘖较强，长势繁茂，剑叶长而宽。每667米^{2}有效穗数16.6万穗，穗长26.2厘米，每穗粒数165.4粒，结实率77.9%，千粒重27.8克。米质主要指标：整精米率64.7%，长宽比2.5，垩白率52%，垩白度12.4%，胶稠度70毫米，直链淀粉含量21.3%。抗病虫性：稻瘟病平均3.6级，最高级5级；白叶枯病7级；褐飞虱9级。

（3）栽培要点　①适时播种，适当稀播，秧田每667米^{2}播种量12千克左右，大田每667米^{2}用种量1.0～1.5千克。②秧龄25～30天移栽，栽插密度28厘米×16～20厘米；每穴栽插2粒谷苗。③每667米^{2}施肥：纯氮10千克、五氧化二磷7千克、氧化钾10千克；氮肥中基肥占50%～60%，追肥占30%～40%，穗肥占10%。栽插后5天左右，结合一次追肥进行化学除草，施穗肥在幼穗分化2～3期时进行。水浆管理上，要薄水浅插，够苗轻搁，湿润稳长，孕穗期开始复水，后期湿润灌溉。④及时防治自叶枯病、稻瘟病、褐飞虱等病虫害。

129. 准两优527的特性及其栽培要点是什么？

两系籼型杂交水稻，亲本为准S/蜀恢527。由湖南省杂交水稻研究中心和四川农业大学共同选育。

（1）产量水平与适应范围　2003—2004年，参加长江中下游中籼迟熟优质A组区域试验，2年区域试验，平均每667米^{2}产量为568.6千克，比对照汕优63增产7.1%；2004年生产试验，平均每667米^{2}产量538.3千克，比对照汕优63增产9.3%。在武陵山区，2003—2004年参加中籼组区域试验，2年区域试验，平均每 667 米^2 产量为 591.4 千克，比对照 11 优 58 增产 7.0%。2004 年生产试验，平均每 667 米^2 产量为 572.7 千克，比对照Ⅱ优 58 增产 12.2%。

适宜在贵州省、湖南省、湖北省、重庆市的武陵山区稻区海拔 800 米以下的稻瘟病轻发区作一季中稻种植。

（2）特征特性　属迟熟中籼大穗大粒型组合，全生育期 136 天，主茎叶片数为 16 叶，株高 127 厘米左右，分蘖力较强，叶色淡绿，剑叶挺直宽大，茎秆弹性一般。每穗粒数 150 粒左右，千粒重较高（达 33 克），结实率达 90%以上，着粒密度较稀，稻米品质较好，白叶枯病抗性比汕优 63 略强。稻瘟病抗性检测鉴定，抗叶瘟，中抗穗茎瘟。抗性强于对照汕优 63。

经农业部稻米及制品质量监督检验测试中心测定，糙米率 80.4%，精米率 72.2%，整精米率 52.7%，粒长 7.2 毫米，长宽比 3.4∶1，垩白粒率 27%，垩白度 4.4%，透明度 1 级，碱消值 5.1 级，胶稠度 77.0 毫米，直链淀粉含量为 21.0%，蛋白质 8.7%。达到 NY/593－2Z《食用稻品种品质》三级。

（3）栽培要点

①适时播种，秧田每 667 米^2 播种量 15 千克。②每 667 米^2 插 1.1 万～1.3 万穴，基本茎蘖苗 6 万～7 万苗。③适宜在中等肥力水平下栽培，施肥以基肥和有机肥为主，前期重施，早施追肥，后期看苗施肥。在水浆管理上，做到前期浅水，中期轻搁，后期采用干干湿湿灌溉，断水不宜过早。④注意及时防治稻瘟病、白叶枯病等病虫害。

130. 协优 9308 的特性及其栽培要点是什么？

协优 9308 是由中国水稻研究所于 1995 年育成的籼粳亚种间三系杂交组合。不育系为协青早 A，恢复系 9308 为 C57（粳）//300号（粳）/IR26（籼）复交组合选育的株系 h84 系选的后代。

（1）产量水平与适应范围　2000 年至 2002 年在浙江省多点百亩方种植经省级专家实地验收平均 667 米^2 产 701.5～796.5 千克。适宜长江中下游稻区作单季稻，也可在部分双季稻区作连作晚稻种植。

（2）特征特性　协优 9308 具有感光性。在浙北地区作单季晚稻种植，浙南地区作连作晚稻种植，作单季晚稻种植时，播种至齐穗期为 102 天。如提早播种，生育期会延长，一般比汕优 63 长 6～8 天。作连作晚稻种植时，生育期明显缩短，播种至齐穗期为 83～90 天。单株有效穗数 12～15 穗，株高 120～135 厘米。叶片挺立、微内卷。穗长 26～28 厘米，着粒密度中等，后期根系活力强，上三叶光合能力强，青秆黄熟不早衰。连作晚稻或单季晚稻种植时，一般平均每穗粒数均可达 170～190 粒，每穗实粒数可达 150～170 粒，平均结实率最高可达 90%左右。千粒重作单季晚稻为 28 克，连作晚稻为 27 克左右。据农业部稻米及制品质量检测中心 1998 年米质分析结果，协优 9308 的糙米率、精米率、整精米率、碱消值和直链淀粉含量 5 项指标均达优质米一级标准，粒型、胶稠度等 3 项指标均达优质米二级标准。感稻瘟病和褐稻虱，中抗白叶枯病和白背稻虱。

（3）栽培要点　①适宜播种期 5 月 15～30 日，播种过迟，生育缩短，穗型变小。②稀播育壮秧，每 667 米^2 秧田播种量 7～8 千克，秧本比 1∶10。③合理密植，每 667 米^2 栽插 1.3 万穴（行株距 26 厘米×20 厘米），单本栽插。④科学施肥，中等地力土壤，一般要施足基肥（每 667 米^2 施有机肥 750 千克和过磷酸钙 20～25 千克、氯化钾 10～15 千克、碳酸氢氨 30 千克）基础上，少施分蘖肥，看苗施接力肥和穗肥，每次 667 米^2 控制在纯氮 1.5 千克以内。⑤水浆管理，要在茎蘖苗达到预定穗数 80%时，开始多次轻搁田，中后期间歇灌溉。⑥综合防治，重点防治螟虫、稻飞虱和稻纵卷叶虫。

131. 常优1号的特性及其栽培要点是什么?

常优1号由常熟市农科所以武运粳7号A/R254配组，于1998年育成。

(1) 产量水平与适应范围　2000年参加江苏省晚杂粳组区试及苏、锡、常三市品比试验，三市品比每公顷产量依次为8.58、9.51、9.80吨，分别比对照增产6.77%（泗优422）、8.0%（武运粳7号）、1.74%（武运粳7号）。省区试产量8.92吨/公顷，产量水平与八优161基本相仿。2001年全国南方稻区单季晚粳区试结果，10个试点平均8.77吨/公顷，比对照秀水63增产6.16%。适宜在江苏太湖稻区中上等肥力条件下种植。

(2) 特征特性　属中熟杂交晚粳稻，全生育期160天左右，5月中旬播种，6月中旬移栽，9月初齐穗，10月下旬成熟。株高110厘米左右，基部节间粗短，基部第一、二节间长分别为3厘米左右和5厘米左右。主茎总叶片数18叶，伸长节间数6个，穗长18～19厘米。有效穗数18万～19万/667米^2，每穗粒数150～160粒，结实率85%以上，千粒重27～28克。据中国水稻研究所进行理化指标测定，糙米率85.5%，精米率76.8%，整精米率73.9%，垩白米率17%，垩白度2%，透明度2级，碱消值7级，胶稠度92毫米，直链淀粉17.1%，蛋白质7.5%，均达到国家优质米二级标准。

据江苏省农科院植保所2000年抗性鉴定结果，对稻瘟病所接种6个生理小种（中B5、中C15、中D1、中E3、中F1、中G1）反应型均为0级，表现高抗稻瘟病。对白叶枯病4个生理小种，3个（K566、P×079、J5496）为1级，1个（浙173）为3级，表现抗至中抗。对纹枯病抗性为抗，有稻曲病。

(3) 栽培要点

①适时播种，培育多蘖壮秧。适宜播种期为5月20～25日左右，秧龄30天左右。湿润育秧，每667米^{2}秧田播净种10～

12.5千克，秧大田比例为1∶10为宜。②适时移栽，合理密植。6月20日左右移栽，株行距13～17厘米×25～27厘米，每667米^{2}1.6万～1.8万穴，每穴1苗，基本茎蘖苗2万～3万/667米^2。③科学用肥，合理灌水。中等肥力田块上每667米^{2}施纯氮用量15～18千克，增加磷、钾肥施用量，N∶P∶K以1∶0.4∶0.5为宜。水浆管理上，要求达到预期茎蘖数时进行搁田，坚持轻搁、多次搁田。抽穗期保持浅水层，后期保持田间湿润，收获前一周断水。④立足综防，控制病虫害。病虫防治重点为稻曲病、二化螟和三化螟。

132. 淮稻9号的特性及其栽培要点是什么?

淮稻9号原名“淮68”，由江苏省淮阴农业科学研究所用淮9712（扬稻3号/02428//IR26///中国45/连粳1号）系统选育于2000年育成。

（1）品种来源、产量水平与适应范围　2003—2004年，2年参加江苏省区域试验，2年平均每667米^{2}产量586.0千克，较对照武育粳3号增产11.6%，2年增产均达极显著水平。2005年生产试验，平均每667米^{2}产量556.3千克，较对照增产8.5%。适宜在江苏省苏中及宁镇扬丘陵地区中上等肥力条件下种植。

（2）特征特性　属迟熟中粳常规稻，全生育期152天左右与对照武育粳3号相当。株高100厘米左右，株型紧凑，长势旺，穗型中等，分蘖力较强，叶挺色深，群体整齐度好，后期熟色较好，较难落粒。每667米^{2}有效穗数20万穗左右，每穗实粒数100粒左右，结实率85%左右，千粒重27克左右。米质：据农业部食品质量检测中心2003—2005年检测，整精米率63.5%，垩白粒率14.3%，垩白度1.8%，胶稠度73.0毫米，直链淀粉含量18.0%，米质理化指标达到国标三级优质米标准。中感白叶枯病、穗颈瘟。

（3）栽培要点

①适期播种，培育壮秧：湿润秧宜在5月上中旬播种。机插秧5月底至6月上旬播种。②适时移栽，合理密植：手插秧龄30～35天，机插秧龄18～20天，行株距26.7厘米×11.7厘米，每667米^{2}2万穴左右，每穴3～4株苗，基本苗6万～8万。③肥水管理：每667米^{2}需纯氮18～20千克，配合施用磷、钾肥。基蘖肥与穗粒肥之比以6∶4为宜。穗肥以促为主，促保兼顾。④水浆管理：要坚持浅水促蘖，够苗后分次适度搁田。孕穗及扬花阶段，保持浅水层，后期干干湿湿，成熟前7天断水。⑤防治病虫害：使用恶线清浸种，防治恶苗病、干尖线虫病；抓好条纹叶枯病、螟虫、穗颈瘟、枝梗瘟的防治。

133. 武粳15的特性及其栽培要点是什么？

武粳15是常规粳稻，亲本为早丰9号/春江03//9522。由江苏省常州市武进区稻麦育种场于1999年选育而成。

（1）产量水平与适应范围　2年区试，平均每667米^{2}产量651.3千克，与对照武运粳7号相当。适宜江苏省沿江及苏南地区中上等肥力条件下种植。

（2）特征特性　属早熟晚粳稻品种，在江苏省种植全生育期156天左右，较武运粳7号短1～2天。株型较紧凑，生长清秀，叶片挺举，叶色淡绿，穗型较大，分蘖性较强，抗倒性较好，株高100厘米左右，后期熟相好，较易落粒。每667米^{2}有效穗数15万穗左右，每穗实粒数120粒左右，结实率93%左右，千粒重27.5克。米质理化指标达到国标3级优质稻谷标准。接种鉴定显示：抗穗颈瘟和白叶枯病，感纹枯病。

（3）栽培要点

① 适期播种，培育适龄多蘖壮秧：5月20日前后播种，秧田667米^{2}播种量30千克左右，每667米^{2}大田用种量3千克左右。② 适时移栽，合理密植：一般6月20日前后移栽，秧龄30

天左右，移栽时要求单株带蘖 1～2 个。大田 667 米^2 栽 1.5 万～2.0 万穴，每 667 米^2 基本苗 6 万～8 万。③ 科学肥水管理：每 667 米^2 施纯氮 18 千克左右，注意配合施用磷钾肥，氮磷钾比以 1∶0.3∶0.5 为宜，磷钾肥以基肥施入，氮肥前中后期比例以 5.5∶1∶3.5 为宜，穗肥可在 8 月上中旬施用。栽后 20 天总茎蘖数达到 20 万～21 万时及时搁田，多次轻搁，将最高茎蘖苗控制在 26 万～28 万。后期浅湿灌溉。④ 病虫害防治：播种前药剂浸种防恶苗病，秧田期防治好稻飞虱和稻蓟马，并防止虫害由秧田传入大田，在分蘖盛期和孕穗期做好纵卷叶螟等虫害及纹枯病的防治，破口期防好三化螟和稻瘟病。

134. Ⅲ优 98 的特性及其栽培要点是什么？

Ⅲ优 98 为三系籼型杂交稻，亲本为 MH30083A/18。由安徽省农业科学院水稻研究所、中国种子集团公司和日本三井化学株式会社共同选育而成。

(1) 产量水平与适应范围　2003—2004 年参加豫粳 6 号组品种区域试验，2 年区域试验，平均每 667 米^2 产量 513.8 千克，比对照豫粳 6 号增产 3.7％。2005 年生产试验，平均每 667 米^2 产量 548 千克，比对照豫粳 6 号增产 9.2％。适宜在安徽、江苏、河南和湖北等省作一季中稻栽培，也适宜在沿江地区作晚稻栽培。

(2) 特征特性　在黄淮地区种植，全生育期为 160.4 天。株高 120.3 厘米，穗长 23.1 厘米，每穗粒数 152.1 粒，结实率 75％，千粒重 23.7 克。米质主要指标：整精米率 66.1％，垩白率 14.5％，垩白度 2.8％，胶稠度 82 毫米，直链淀粉含量 15.9％，达到国家《优质稻谷》标准 2 级。抗稻瘟病，中抗白叶枯病，田间纹枯病和稻曲病较轻。

(3) 栽培要点

①稀播育壮秧：在黄淮麦茬稻区，根据当地生产情况适时播

种，每 667 米^2 播种量湿润育秧控制在 12.5 千克以内；旱育秧苗床播量不超过 25 千克，大田每 667 米^2 用种量一般 1.5 千克。②移栽密度：秧龄 30 天左右移栽，株行距 25.0～30.0 厘米×13.3～16.7 厘米，每 667 米^2 栽 1.5 万～1.8 万丛，每 667 米^2 茎蘖苗 6 万～8 万苗。③肥水管理：高产田块，每 667 米^2 施纯氮 15 千克，其中基肥占 70%，分蘖肥占 15%，穗肥占 15%，提倡增施有机肥，氮、磷、钾肥配合施用。水浆管理上采用浅水栽秧，适时烤田，后期田间保持干干湿湿。④病虫害防治：注意对恶苗病、稻曲病、二化螟、三化螟、稻纵卷叶螟的防治。

135. 宁粳 1 号的特性及其栽培要点是什么？

宁粳 1 号为常规粳稻，亲本为武运粳 8 号/W3668。由南京农业大学水稻研究所选育而成。

（1）产量水平、适宜区域　2002—2003 年，2 年参加江苏省单季稻区域试验，二年平均每 667 米^2 产量 639.9 千克。2003 年在区域试验同时组织生产试验，平均每 667 米^2 产量 593.6 千克，较对照武运粳 7 号增产 1.8%。适宜在江苏省沿江及苏南地区的中等偏上肥力条件下种植。

（2）特征特性　作单季稻种植，全生育期 156 天左右，较武运粳 7 号早 1～2 天。株高 97 厘米左右，株型集散适中，生长清秀，叶片挺举，叶色较淡，穗型中等，分蘖性较强。每 667 米^2 有效穗数 21 万左右，每穗实粒数 113 粒左右，结实率 91%左右，千粒重 28 克左右。后期熟相好，较易落粒。米质理化指标，达到国家 3 级优质稻谷标准。接种鉴定表现：中抗穗茎瘟，抗白叶枯病，感纹枯病。抗倒性较好。

（3）栽培要点

①适期播种，培育适龄壮秧：5 月中旬播种，播前用药剂浸种，防治条纹叶枯病、恶苗病。秧田每 667 米^2 播种量 25～30 千克。秧田应施足基肥，早施断奶肥，增施接力肥。②适时移

栽，合理密植：6月中下旬移栽，每667米^{2}栽1.8万～2.0万穴，基本苗每667米^{2}6万～8万。③肥水管理：大田每667米^{2}施纯氮18～20千克，注重磷、钾肥的配合施用。基蘖肥、穗粒肥的比例以7∶3为宜。水分管理，深水活棵后，前期浅水勤灌促早发，中期适时分次轻搁，后期干湿交替，收获前一周断水。④病虫草害防治：使用恶线清药剂浸种，预防恶菌病、干尖线虫病。秧田期防治好条纹叶枯病、稻蓟马和稻飞虱；大田期仍要注意防治条纹叶枯病、稻蓟马，适时防治螟虫、稻瘟病等。

136. 徐稻3号的特性及其栽培要点是什么？

徐稻3号原名“徐91069”，由江苏徐淮地区徐州农科所以镇稻88/台湾稻C杂交，于1999年育成。

(1) 产量水平与适应范围　2001—2002年参加省区域试验，两年平均667米^{2}产663.71千克，比泗稻9号和镇稻88分别增产19.88%和4.75%。适宜在江苏省淮北地区中上等肥力条件下种植。

(2) 特征特性　属中熟中粳稻品种，全生育期152天左右。株高96厘米，株型集散适中，长势旺盛，茎秆粗壮，抗倒性强，叶色深，剑叶挺举，穗半直立，分蘖性较好。每667米^{2}有效穗20万左右，每穗实粒数120粒左右，结实率90%左右，千粒重27克。品种产量水平高，稳产性好，米质优，易脱粒。据2002年农业部稻米及制品质检测中心检测：糙米率83.2%，整精米率68.7%，垩白率18%，垩白度1.9%，胶稠度60毫米，直链淀粉含量18.4%，米质理化指标达到国标三级优质稻谷标准。接种鉴定中抗白叶枯病、中感叶稻瘟，感穗颈瘟、纹枯病。

(3) 栽培要点

①适期播种，培育壮秧。5月上旬播种。每667米^{2}湿润育秧净秧板播量20千克左右，旱育秧净秧板播量40千克左右。

②适时移栽，合理密植。6月上中旬移栽，秧龄控制在30～35天，每667米^{2}栽插2万穴，基本苗6万～8万。③科学肥水。每667米^{2}施纯氮15～17千克。肥料施用采用前促、中控、后补的策略。施足基肥，早施分蘖肥，控制中期氮肥施用，后期适量施用穗肥。水浆管理上，栽插后当全田茎蘖数达到够穗苗80%时，及时搁田。抽穗后灌浅水层，灌浆结实期干干湿湿。④病虫草害防治。综合防治纹枯病、三化螟、纵卷叶螟、稻飞虱等。特别要注意对白叶枯病的防治。

137. 新两优6380的特性及其栽培要点是什么？

新两优6380为两系籼型杂交稻，亲本为035/D20。由南京农业大学和江苏中江种业股份有限公司选育。

（1）产量表现、适宜区域　该品种2年参加江苏省区试，平均每667米^{2}产量562.4千克，较对照汕优63增产16.5%。生产试验，平均每667米^{2}产量611.7千克，较对照增产18.2%。适宜在长江中下游肥水条件较好地区作单季中稻栽培。

（2）特征特性　作单季稻种植，全生育期140天左右，与汕优63相当。株高124厘米左右，株型较紧凑，长势旺，株高较高，穗型较大，分蘖力中等，叶色中绿，群体整齐度较好，后期熟色好，抗倒性较强。每667米^{2}有效穗数14万左右，每穗实粒数148粒左右，结实率84%左右，千粒重29克左右。据农业部食品质量检测中心检测，该品种米质理化指标达到国家3级优质稻谷标准，长宽比3.1∶1，整精米率52.3%，垩白率25.0%，垩白度3.8%，胶稠度66.0毫米，直链淀粉含量22.4%。接种鉴定：中感白叶枯病，中抗穗颈瘟，抗纹枯病。

（3）栽培要点

①适期播种，5月上旬播种。每667米^{2}湿润育秧净秧板播量10千克左右，旱育秧净秧板播量20千克左右。②适时移栽，6月上中旬移栽，秧龄控制在30～35天，合理密植，每667米^2

栽插1.8万～2万穴，基本茎蘖苗7万～8万。③肥水管理。每667米^{2}施纯氮15千克。肥料施用采用前促、中控、后补的策略。施足基肥，早施分亲肥，控制中期氮肥施用，后期适量施用穗肥。水浆管理上，栽插后当田间茎蘖数达到够穗苗90%时，及时搁田；早发的田块应适当提前搁田，分次轻搁。灌浆结实期干干湿湿。④病虫害防治。播前用药剂浸种，防治恶苗病和干尖线虫病等种传病害。秧田期和大田期注意防治灰飞虱、稻蓟马。中后期要综合防治纹枯病、三化螟、纵卷叶螟、稻飞虱等。特别要注意对白叶枯病的防治。

138. 丰两优4号的特性及其栽培要点是什么?

丰两优4号是两系籼型杂交稻。合肥丰乐种业股份有限公司选育而成。

(1) 产量水平与适应范围　2004年参加安徽省中籼品种区域试验，平均每667米^{2}产量636.4千克，比汕优63增产8.9%，达极显著水平。2005年平均每667米^{2}产量572.4千克，比汕优63增产9.0%，达极显著水平。一般大田每667米^{2}产量650千克以上；肥力水平较好田块，每667米^{2}产量可达800千克以上。适宜在安徽、河南、湖北、湖南、江苏及浙江等省作一季中稻种植。

(2) 特征特性　该品种生育期适中，在长江中下游作中稻种植，全生育期为138天左右，与汕优63相近。株叶形态好。该组合株型紧凑，株高115厘米左右，植株整齐一致，倒三叶直立，分蘖力较强。熟期落色好，秆青籽黄。结实率80%以上。米质优良，经农业部稻米及制品质量监督检验测试中心检测，除直链淀粉外，其他各项指标都达2级以上标准。经安徽省农业科学院植物保护研究所统一检测，白叶枯病1级，稻瘟病5级。

(3) 栽培要点

①适期播种，培育适龄壮秧：在安徽省作中稻栽培，4月下

旬至 5 月上旬播种，采取旱秧或湿润育秧。②适时移栽，合理密植：秧龄 30 天为宜，上等肥力田块，栽插规格 26.7 厘米×16.7 厘米，每 667 米^2 栽足 1.5 万穴；中等及肥力偏下的田块，适当增加密度。③肥水调控：每 667 米^2 总施用纯氮 14～18 千克，普钙 40～50 千克，钾肥 15 千克；总用氮量的 60%作基面肥。每 667 米^2 移栽活棵后追 5～8 千克尿素促分蘖；烤田结束复水时追穗肥尿素 3～5 千克；破口期追粒肥尿素 3～5 千克。水浆管理上，采取浅水分蘖，当 667 米^2 茎蘖数达 18 万～20 万苗时，须及时晒田，深水抽穗，后期干干湿湿的灌溉方式。④综合防治病虫害：根据当地植保部门病虫害预报及时防治，在抽穗期防治 1 次稻曲病效果十分显著。

五、超高产水稻群体特征与途径

139. 为什么在获得适宜穗数前提下，提高成穗率是合理培育超高产群体途径?

各地高产群体的实践资料证明，在适宜穗数的基础上，尽量减少无效分蘖，压缩高峰苗数，提高茎蘖成穗率（粳稻 80%～90%，籼稻 70%～80%）是全面提高群体质量的一项最直接、易掌握诊断的综合性指标。因为提高茎蘖成穗率，是提高有效叶面积率、粒/叶（厘米^2）和总颖花量的一个直接的因素。控制无效分蘖必然同时控制基部低效叶的生长，为提高上部高效叶面积率奠定基础。无效蘖和低效叶被控制生长，改善了拔节至抽穗期的群体光强条件，有利于促进高效叶的生长，相伴的是大穗的形成、单茎茎鞘重增加和颖花根活量的提高。最终是完成适当穗数的适宜 LAI，提高粒重（毫克）/叶（厘米^2）比和总结实粒数，提高后期的光合生产力和产量。

140. 为什么水稻超高产要扩大 667 米^2 总颖花量? 其途径怎样?

水稻高产必须有足够的总库容量，即颖花量，这是高产的基础。扩大总颖花量是提高单产的重要前提。首先要选用生产力高的品种，高产品种每 667 米^2 颖花量高。其次，要在适宜穗数的基础上，主攻大穗，才能高产更高产。如武育粳 3 号，667 米^2 颖花数由 2 400 万朵，扩大到 3 000 万朵，667 米^2 产由 494 千克增加到 706 千克以上，增长 42.91%。其他品种一样。从总颖花量与产量相关分析表明，水稻单产与总颖花量呈极显著正相关关系，因而，颖花量增长是实现高产的重要指标。

扩大颖花量有两种途径，一是增加穗数增加总颖花量，往往是穗数多了，穗粒数减少了，更高产量上不去。因为水稻分蘖的产谷阈值，通常为单茎干重 0.5 克，单茎干重≤0.5 克时，将成为无效分蘖，当其>0.5 克时才能形成稻谷，并随着超这阈值以上干重的增长而产谷量递增，经济系数也随着提高。据作者测定，汕优 63 单茎茎鞘干重由 1.61 克递增到 2.68 克，经济系数由 0.432 递增到 0.557，即水稻群体同样合成 100 千克生物产量，产谷量由 43.2 千克上升到 55.7 千克，壮个体较弱个体增产 28.9%，这好比 150 千克一头肥猪，较三只各 50 千克毛重相等的猪出肉率更高得多的道理一样。所以，通过增穗来扩大总颖花量来实现超高产是不大可能的。二是在稳定穗数的基础上，健壮个体，主攻大穗粒多，增加 667 米^2 总颖花量，才能实现高产超高产。

实践已证明，生产上一些田块穗数多而穗粒数少，另一些田块穗数少而每穗颖花数多，但 667 米^2 颖花量都不高。只有在该品种获得适宜穗数范围内的上限穗数，并获取大穗的田块，总库容量（颖花量）才有可能最大，产量最高。

141. 为什么在总颖花量相当的情况下，提高结实率和粒重是高产超高产的关键？

水稻产量是由总颖花量和高结实率和粒重决定的，总颖花量是仓库，而结实率和粒重是仓库内容物，仓库大，内容物多才能产量高。在总颖花量一定条件下，水稻产量决定结实率高低和粒重大小。结实率高低决定空、秕粒多少。空、秕粒多结实率低，空、秕粒少结实率高。因而一般空粒的形成，是由发育完全的颖花，因抽穗后温度过高或过低、暴雨、强风和农药等影响，致使其不能正常授粉。秕粒则是因结实障碍，灌浆中途停止所致。而粒重决定抽穗后灌浆物质的多少、运转速度快慢等因素，影响胚乳的充实度。归根结底，总颖花量是抽穗期形成的，粒重和结实率是抽穗后形成的，因此，粒重和结实率的高低决定实际产量。所以在水稻总颖花量高的情况下，提高结实率和粒重是高产超高产的关键。

142. 为什么说抽穗期的干物质量过高不易高产？

一是抽穗期的干物质产量与稻谷产量相关分析表明，无论籼稻还是粳稻抽穗期的干物质重量过低过高反映了抽穗群体数量的不足或群体过大，群体质量降低，都不利于促进抽穗谷的光合生产，难以提高产量，只有群体干物质重适宜，才能实现高产。

二是生产上常发现高肥条件下往往得不到高产，其因是中期群体过多，株型变劣，导致抽穗期群体干物质重量远远超过适宜值，进而降低了抽穗后的光合生产量。但抽穗至成熟期的干物质量过低也不能取得高产。说明抽穗期生物产量是一个基础。只有此期群体干物质重量适宜，才有可能提高抽穗后的干物质量，才能高产。

143. 水稻抽穗期超高产株型的特征是什么？

(1) 株高较高，穗下节间较长，基部节间短粗　高产实践表明，株高高的，穗下节间占秆长的比例越大，基部 1、2 两个节间长度占秆长的比例越小，产量高。因为这样的株高相对较高，穗下节间相对较长，有利于叶层配置，提高上部叶片的光合生产力。所以培育以短壮的基部节间与较长的穗下节间配置成高度适中的茎秆，是高产超高产茎秆的重要特征。

(2) 茎秆粗壮、单茎茎鞘重高　抽穗期有效茎蘖干重包括叶、茎鞘两大部分，茎鞘干重大小直接决定了穗的大小和茎秆的粗壮程度。单茎茎鞘重的大小与壮秆、扩库、强源关系密切。研究表明，叶片的比叶重与叶片的直立性、光合速率以及群体的净光合率均呈显著正相关，单茎茎鞘重与茎生上 3 叶的比叶重呈极显著的正相关，其相关密切程度顺序为剑叶＞倒 2 叶＞倒 3 叶。可见，增加茎鞘重有利于提高茎叶重以及改善叶片的直立性和群体光合性能。

高产水稻生育期抽穗期群体叶面积适宜，个体发育健壮，茎鞘中的积累物质增加而增重，增加群体平均单茎茎鞘重，从而使叶面积衰减较慢，最适叶面积指数稳定较长的时间，积累较多的干物质，产量高。这主要是单茎茎鞘重高的群体叶片功能期长，叶片衰减度低之故。同时茎鞘内物质转运率也高，其茎鞘干重的相对比例减少，而穗部干重比率却明显增大，经济系数提高。

(3) *抽穗叶片挺拔、保持较多的绿叶片*　高产水稻抽穗期单茎绿叶片数与伸长节间相当，同时保持叶片挺立，长度配置合理的株型群体。高产群体抽穗期茎生 5 叶的配置叶序为 3、2、1、4、5 或 3、2、4、1、5。这种茎生叶叶长配置有利于扩大上部 3 叶的叶面积，同时也反映了抽穗前植株和群体生长状况。

(4) *根系深广，活力强*　稻根是地上部健壮生长的物质基础，根群的发育状况与植株地上部的生长发育和产量高低有着密切的关系。提高根系活力，延长地上部叶片寿命，降低叶片的衰减率，才能提高地上部植株的光合生产力，增加灌浆物质量，提高结实率和千粒重，而获高产超高产。

144. 提高抽穗期后谷粒灌浆物质量的途径是什么？

提高抽穗期后谷粒灌浆物质量必须提高抽穗到成熟期叶片的光合生产力。

一是保证有较多的有效绿叶片数，抽穗期叶面积由有效茎蘖的叶面积和无效蘖的叶面积组成，而有效茎的单茎叶面积由抽穗期顶部 3 张叶片和下部 2～3 张叶的叶面积组成，抽穗后的灌浆物质主要靠上部几张光合叶片制造的光合产物。提高上三叶叶面积在有效叶面积中的比例与茎秆基部的2～3张叶有关，茎秆基部低效叶片过大，其叶面积在茎生叶中所占的比例高，往往伴生的无效分蘖多，茎基部节间过于伸长，中期群体过大，封行早，群体的光合速率下降，导致穗小，总颖花量及结实率均低，甚至出现倒伏的不良后果。因而高产质量栽培应控制下部叶面积的比例，提高有效叶面积的比例，但基部叶片必须保持适当的比例。上部三叶面积的比例为4个节间的品种达到80%；5个伸长节间的品种达到70%～75%；6个伸长节间的品种达到65%～70%；但基部叶片对根系和上部片寿命有作用。在保持抽穗期单茎具备和伸长节间相等绿叶片数的同时，才能保持高效叶面积比率。

二是延长叶片寿命。一般抽穗期保待与伸长节间数相等的绿叶数；绿叶面积下降速度要慢，成熟期绿叶片数约1.5叶。

通过培育壮秧基础上，造当降低基本苗，在有效分蘖临界期达够穗苗数，拔节期茎蘖数达到适宜穗数的1.3倍左右，抽穗期茎蘖数为穗数的1.05倍，提高成穗率，健壮个体，就能较多的有效叶面积，提高抽穗期后叶片的光合生产力，从而提高谷粒灌浆物质量。

145. 怎样增强抽穗前贮藏在植株茎中的物质向谷粒转化？

（1）调整播期，使稻株在最佳抽穗期温光等气候条件下抽穗开花，并在日平均温度适宜，昼夜温差较大的条件灌浆结实，有利于将抽穗前贮藏在植株茎的中的物质向谷粒转化，增加籽粒淀粉充实。

（2）建立合理的茎蘖动态，控制最高茎蘖数，提高成穗率，提高单茎茎鞘重。杂交稻的最高茎蘖数控制在适宜穗数的1.3～1.4倍，成穗率75%～80%；粳稻的最高茎蘖数控制在适宜穗数的1.2～1.3倍，成穗率80%～85%。这样有利健壮个体，不仅增加茎鞘中物质的积累，提高抗逆能力，而且有利增加向抽穗后籽粒的运转量。

146. 水稻超高产茎蘖群体发展动态特征是怎样?

在合理基本苗的基础上，促进分蘖于N－n叶叶龄期初适时够苗；N－n＋1叶龄期起，至拔节叶龄期（N－n＋3），通过控肥搁田，及时控制无效分蘖和低效叶的生长，把拔节叶龄期的高峰苗控制在预期穗数的1.2～1.3倍（粳）或1.3～1.4倍（籼），群体LAI控制在4左右，尔后保持较长时间，慢慢下降，以后通过肥水调节，倒4叶～倒2叶通过施用穗肥，以促进分蘖成穗形成，使有效分蘖充分发育、抽穗期略超过适宜穗数和适宜LAI指标，成熟期完成预期穗数，抽穗至成熟期叶片光合旺盛，LAI衰减缓慢，成熟期仍保留有2片以上绿叶。

147. 水稻超高产群体叶色变化特征是怎样?

水稻叶色深称“黑”，叶色褪淡称“黄”，水稻高产群体的“黑”、“黄”变化都是有规律的。“黄”都出现在生长的转折时期，在形态上、生理上均有明显的特征。总之，“黑”必需能积极促进水稻的有效生长，而不能助长无效生长，“黄”必需有效地控制水稻的无效生长，而不能阻碍有效生长。水稻超高产一生群体叶色变化特征表现为：

（1）在N－n叶龄期以前，群体叶色应“黑”，顶4叶叶色＞顶3叶（由心叶下数），有利于促进有效分蘖发生，形成壮苗。

（2）N－n叶龄期，叶色开始褪淡，顶4叶＝顶3叶（两叶叶色相等），分蘖速度明显减慢。

（3）无效分蘖始期（N－n＋1）至拔节始期（N－n＋3），叶色要明显“落黄”，顶4叶浅于顶3叶（4＜3），新分蘖停止发生，无效分蘖和茎基部叶片及节间的生长均受到有效控制。为中期稳长打好基础。

（4）倒2叶期（颖花分化）开始直至抽穗后15～20天，叶色应回升显“黑”（二黑），顶4叶叶色＝顶3叶，有利于促进穗分化形成大穗，并提高结实率。

（5）抽穗后15～20天以后，叶色逐渐褪淡，至成熟期能保持2片以上绿叶，有利于提高结实率和粒重。

148. 高产群体叶色黑黄变化的基本模式是什么？它有什么意义？

高产水稻群体叶色变化的基本模式是：

（1）有效分蘖发生的叶龄期内，稻体内必须具备较高的氮代谢水平，叶色应该深而显黑，以利于促进分蘖早生快发和茎内维管束网络的充分分化与形成。

（2）当群体够苗进入无效分蘖期后，叶色褪淡显黄，不但有利于控制无效分蘖生长，有利于叶片的挺立、株型的改善，而且可增进根的扩展。

（3）拔节叶龄期前后叶色转黄（但4个伸长节间类型品种进入拔节期后一般不宜转黄），能有效地控制基部节间生长，改善叶姿，对防止倒伏、提高结实率也甚为有利。

（4）倒2叶期到孕穗期叶色显黑，利于促进颖花发育，减少枝梗与颖花的退化，形成大穗。

（5）破口期叶色轻度转黄，可增加茎、叶、鞘内的淀粉积累，为抽穗后提高结实率创造条件。

（6）抽穗后保持有较深叶色，并到结实后期转色正常，能提高灌浆结实期的光合生产能力，增加粒重。

149. 什么是超高产水稻的栽培途径？

目前各地高产实践表明，产量为600～700千克/667米^{2}的田块，每667米^{2}颖花数为2 400万～3 000万左右；产量为700～800千克/667米^{2}的田块，每667米^{2}颖花数为2 800万～

3 800 万；而江苏、福建、云南等地出现的 900～1 000 千克/667 米^2 甚至更高的田块，每 667 米^2 颖花数达到 4 000 万～4 500 万左右，可见产量随颖花量增加而增加。

据在江苏 60 多个水稻千亩方的验收结果，其中 16 个千亩试验方均产达 700 千克/667 米^2 以上，并出现 3 个 800 千克/667 米^2 超高产试验攻关方（每个连片 15 个 667 米^2）。以其中武粳 15、常优 1 号来分析得知不同产量等级间差异主要在于 667 米^2 的颖花量。在安全结实条件下，群体总颖花量与产量的关系是极显著正相关，表明颖花量越高产量越高。在增加颖花量的两个因素中，理论上增穗或增粒均可超高产，但均以二者协同增长较易实现。

超高产水稻的基本栽培途径是以适量的群体穗数与较大的穗型协调产出足够的群体总颖花量，并保持正常的结实率与粒重。

150. 水稻超高产栽培的技术总思路应遵序什么原则？

水稻超高产栽培是一个系统工程，其技术必须遵循以下思路：各项措施都要为扩大群体总颖花量、构建抽穗至成熟期的高光效群体服务；以超高产群体生育各阶段的生育指标为依据，通过各叶龄期的生育诊断，采用适当措施，对各器官生长和群体发展作定向、定量的调控；用充分发展壮大个体，构建合理群体的方法，走“精苗稳前—控蘖攻中—大穗强后”的超高产栽培途径；肥、水等促控技术的应用，遵循有利于促进有效和高效生长，控制减少无效和低效生长的原则；对各项技术进行精确定量，以最经济的投入，保证水稻高产优质群体的形成，获得最大的经济和生态效益。

151. 水稻超高产栽培关键技术程序是什么？

第一是培育壮秧，适当提早移栽叶龄，扩行窄株稀植，以促早发，延长有效分蘖生长时间、增加生长量（形成大穗）。

第二是通过秸秆还田保持高土壤生产力。

第三是栽插适宜的基本苗，提高移栽质量，特别是移栽深度。

第四是适当减少生育前中期的氮肥使用量，以减少无效分蘖（控制拔节期群体过大）。

第五是提前轻搁田，控制无效分蘖和低效叶（茎倒4倒5叶的）的伸长（控制群体叶面积）。

第六是适当增加穗肥的使用比例，以促进大穗和提高冠层叶片的光合功能。

第七是结实期干湿交替灌溉，提高根系活力（养根保叶提高结实率）。

152. 水稻超高产栽培关键技术是什么？

一是精确育苗：就是通过适时播种，精播匀播，培育叶蘖同伸的适龄壮秧。

二是精苗精栽：以精良的秧苗实施扩行稀植，来改善群体的空间结构，以利于有效、高效的器官充分发育，无效、低效的器官得到适当的控制，以足量的健壮分蘖构建安全性高的强支撑系，有效防治倒伏。

三是精确施肥：在超高产栽培时，要做到有机肥与无机肥兼用，有机肥的用量占总氮量的20%～30%；氮磷钾硅等配合施用，应因土确定其施用配比；同时特别要注意氮肥的精确化施用，在合理确定施氮量的前提下，基蘖肥与穗肥的比例一般以6∶4～5∶5为宜，穗肥的施用重点在倒4叶，这是优中超高产途径的关键所在。

四是精确灌溉：切实实施“浅—搁—湿”灌溉技术。

153. 水稻超高产栽培技术增产的主要原因是什么？

首先，个体生长发育充分。水稻超高产栽培技术采取中小苗移栽，既能减轻叶和根系损伤，又能节约苗床地，还能够减少植株间对温、光、水、肥的竞争，促进秧苗早生快发，低位分蘖早而多，易形成大穗。应用水稻超高产栽培技术的中稻田块平均穗着粒数比常规栽培多10%以上；平均穗实粒数比常规栽培多11%以上。

第二，通风透光良好。严格科学晒田（搁田），优化植株形态，叶片直立，使田间封行推迟到近孕穗期，中下部叶片保绿期长，植株生长健壮。

第三，地下部分和地上部分相互促进，群体结构好。水稻超高产栽培技术严格控制水分，适时搁田，水稻根系特别发达，地上部分特别健壮，后期无早衰现象。同时，前期植株生长空间大，加之根系发达，无效分蘖得到了有效控制，植株健壮生长，全田整齐同时，由于中稻全生育期保持了合理的绿叶面积，后期光合强度提高，积累了大量的光合产物，保证水稻籽粒充实。

154. 水稻“适宜群体、健壮个体、高积累”涵义是什么？

“适宜群体、健壮个体、高积累”高产栽培途径是水稻超高产的核心，是设计超高产栽培技术方案与具体技术决策的指导思想及重要依据。

所谓“适宜群体”是指水稻群体茎蘖动态中每667米^{2}基本苗、高峰苗、最终有效蘖数的值均属于超高产适宜范围内的偏低值，即群体适宜，从而为个体创造优越的生育条件；“健壮个体”是说群体内的各个体都能得到较平衡的生育与扩展，各个体在生育前、中、后三期形成协调生育优势，单株能形成较多的穗数，器官间生育较协同而平衡，形成理想的高产株型。在“适宜群体、健壮个体”的基础上，既改善了群体内的生态环境，特别是通风透光条件好，肥水供应较充裕，同时更提高了群体内在的素质，既有地上部合理的冠层结构，又有地下部相对发达而吸收力强的根系，使“源、流、库”三者得到平衡增强，群体一生前、中、后三期物质生产量相对均较大而协调，最终生物产量也较高，其中突出的表现是群体抽穗后具有较强的光合生产力，抽穗至成熟期间净积累的干物量相对较高，故经济系数大，形成了生育后期“高积累”的特征。综上所述，这三方面不是相互割离分立的，而是一个相互联系、互为条件、协同发展的整体，它们综合统一于高光效的群体。

155. 群体有哪些矛盾？超高产栽培途径是如何协调的？

水稻的个体和群体相互依存，又相互影响和相互制约。在水稻超高产的实现过程中，群体与个体的矛盾主要表现为群体数量和个体质量的矛盾，其矛盾一方面表现在茎蘖数量与成穗率之间的矛盾，即茎蘖数量较低时，成穗率提高；茎蘖数量增大时，成穗率降低。而成穗率降低，意味着茎蘖个体质量的下降和浪费性生长的增加。另一方面，水稻群体与个体的矛盾也表现为穗数和穗重（穗多与穗大）的矛盾。穗数和穗重是决定单位面积产量高低的两个基本方面。为了高产，首先必须要有适宜的穗数。在一定范围内，增加穗数可以有效地提高水稻产量，但随着穗数的增加，穗重将逐渐下降。只有当穗数和穗重都处于适宜的水平，即二者乘积达到最大时，才能得到产量的最大值。超高产栽培途径，则是利用在水稻生产条件进一步改善时，这二者存在以新的方式于较高水平上得到协调统一的可能性，依据不同栽培条件与品种特性，在适当降低基本苗与高峰苗的前提下，尽可能多的早生分蘖有利于限制过高的群体数量，从而改善稻田环境条件，形成健壮的植株个体。而由健壮个体组成的群体必然优于由弱小个体组成的群体，其成穗率提高和浪费性生长减少，这样既可以在较低的苗蘖数量基础上获得适宜的有效穗数，拿到超高产所需的适宜穗数，在此基础上主攻壮秆大穗的形成，促使个体与群体生产力得到协同的高度发挥，从而实现群体的高光效、高积累。又能在适宜的有效穗数基础上改善穗部性状，形成大穗，较好地协调穗多与穗大的矛盾，获得高产或超高产。

156. 什么是群体结构？超高产栽培途径在这方面有何要求？

依据水稻群体纵向的层次与功能的关系，可把群体的构造划分为上、中、下三个互相交叉的基本层次。上层即光合层，包括所有的绿叶、绿色叶鞘、嫩茎、穗，其主要功能是吸收光能与CO_2，进行光合作用，生产有机物质，中层是支持层，主要由茎秆和叶鞘所组成，它们一方面支撑着光合层，另一方面上、下运输传导水分、无机营养与有机营养，地下部分的根系是下层，就是所谓吸收层，它的主要作用在于吸收水分与养分，并具有一定的代谢和合成功能。

这三层是二个互相紧密联系的有机整体，存在着既矛盾又统一的复杂关系。首先，一个群体在不同时期各层的结构与关系有差异。比如，光合层生长前期接近地面，与支持层交叉在一起很难区分。可见支持层是中后期随着光合层的逐渐上升而发展成为一个明显的层次的。其次，在各生育期由于群体结构的不同，对环境的反应也不一样，栽培上须采取相应的对策，否则这三个层次就不能协调发展，反而形成结构畸形的群体。再次，从生产角度看，这三层中光合层是制造、积累有机物质的所在地，是主体。支持层与吸收层是为光合层服务的体系，它们本身制造的有机物质很少，养料必须由光合层供应。因此，这三层在不同的生育期应有合理的动态配置，机能上要有协调的动态配合。

超高产栽培途径就是以此作为调控群体动态结构的出发点，促使个体这三个得到较充分的发展，从而提高和增强群体这三个层次的质量以及这三者的协调性。从规模上看，要求这三个层次发展适度而不过大；从结构上看，一生动态尤其是中、后期动态要合理，从而使三层的内在机能得到平衡的增强。

157. 什么是群体自动调节？超高产栽培途径是如何利用自动调节作用的？

在一定栽培条件与密度范围内，水稻群体结构的发展过程中，存在着自动调节机制。例如，不同栽插密度的群体，尽管基本苗存在着显著差异，但最后每 667 米^2 穗数、总粒数及产量均甚为相近。这就是群体生育上自动调节的结果。群体结构上的自动调节，是通过反馈作用来实现的。所谓反馈作用，是说事物变化的效果又回过来影响变化的本身。例如，水稻分蘖，增加了光合面积与根系，在光照、营养等满足的条件下，有利于促进分蘖的不断增加，这是正反馈效应。当分蘖增加到一定程度再继续增加时，结果恶化了光照条件与茎蘖的营养条件，使茎蘖基部叶片提早死亡，加快与增多了分蘖的消亡，这就形成了负反馈效应。可见，反馈作用是群体与个体发展中既矛盾又统一的体现。

此外，群体的自动调节作用是有限度与有条件的，其调节能力大小是通过个体生产潜力来体现的。而个体的生产力则受到品种特性、栽培环境的优劣以及栽培技术水平高低的直接影响，因此它们是决定群体自动调节能力的基本因素。例如强优势杂交稻，个体生产力大，调节能力强；相反，分蘖性较弱的穗数型常规品种，个体小，调节能力便弱。再如在较高栽培条件下，个体生产力得到充分挖掘，其群体的调节能力强；反之，在较差的栽培条件下，调节能力则小。超高产栽培途径，是在适当改善栽培条件的基础上，通过不同叶龄期的调控，适当延长分蘖、绿叶、颖花等方面正反馈效应的时间，并保持合理的正效应强度，使分蘖、绿叶、颖花在预定叶龄期出现适宜的数量，而勿使它们过量或不足，从而较恰当地利用了群体的自动调节能力。

158. 超高产栽培群体不同生育阶段的光合生产特点是什么?

水稻光合生产力的构成，在不同的生育阶段是有差别的。首先，生育前期光合能力与受光效率最大。光合能力以分蘖期为最高，每 100 厘米^2 绿叶面积上每小时最高可同化吸收 CO_2 量为 30～40 毫克，往后便徐徐降低，这一变化趋势大体与叶片含 N 率相一致。通常在分蘖盛期叶的含 N 量最高，因而光合能力峰值也同时出现。此后因干物质生产的增加快于 N 素的吸收，到结实期叶片中的 N 还需运向穗部，故使叶片含 N 率下降，光合能力也随之趋小。受光效率在叶面积指数约为 2 时最高，超过这一范围，受光效率则一般与叶面积指数呈负相关，因而分蘖期群体受光率也是最高。但由于前期群体小，群体光合生产力，即物质生产速度并不高，所以，超高产栽培途径十分强调培育叶蘖基本保持的壮秧，以提高本田群体起点的素质，并促使分蘖早生快发，达到按期够苗。其次，孕穗期叶面积指数达到最大值，也是受光效率最低的时期。为提高光合生产力，超高产栽培途径在不同叶龄期实行有效的措施，及时控制无效与低效生长量，使群体茎蘖动态模式轨道发展，塑造挺直叶型的群体，较好地改善了中后期群体的受光条件。保持后期群体的高光效，其实质在于保持群体抽穗后具有较高的物质生产速度。通过肥水结合、加强病虫防治的综合措施，既保持抽穗后叶片具有合适的含 N 量动态，增强土壤通气性，养根保叶，防止了叶面积下降过快，又提高了叶片光合效率，且避免了贪青迟熟的发生。

159. 产量构成因素变化的基本规律是什么? 超高产栽培途径是如何利用这一规律优化产量构成的?

水稻产量构成中的每 667 米^2 穗数是群体茎蘖动态的终点；

产量构成因素中的每穗总粒数、结实率与粒重这三者可以归为每穗粒重，它是个体发育的结果。这二者的多少或协调状况直接制约了产量的高低。一般在低、中产变高产的阶段，群体规模较小，稻株对光能等资源的利用处于低效率的状态，所以产量与每667米^{2}穗数关系呈显著的正相关，而与穗重的相关则不明显。这种情况下穗数对产量起主导作用，是矛盾的主要方面。因此适当增加密度，促进群体发展，增加受光叶面积，可提高光能利用率。相反，在高产或更高产阶段，群体规模较大，植株间互相交叉，叶片被叠较多，若调控不当，群体内对光能的利用便处于激烈的竞争状态，郁蔽严重，光照恶化，单株受光面积锐减，直接制约了个体生产力，因此产量与穗重的相关比较明显，而与穗数的关系不甚明显，穗数已不再是增产的主导因素，穗重则变成矛盾的主要方面。所以栽培上重点要正确处理好群体与个体之间的矛盾，建立利于透光的群体结构，改善个体生育的环境条件，主攻穗重，即在争得每穗具有适量颖花的基础上，再大力提高结实率与千粒重。

超高产栽培途径在产量构成的策略上，是在保证达到高产所需适宜穗数的前提下，主攻大穗。即根据实际生产条件与技术水平，适当基本苗，较充分地利用分蘖成穗，保持适当较大的生育前、中期的群体规模，减少无效分蘖与低效叶量，改善群体的受光条件，促使个体发育健壮，增加有效茎蘖的干物质积累，塑造穗大叶挺的株型。这样，不但提高了群体的总颖花量，而且叶面积指数又不过大，粒叶比值高，源库关系协调，因此抽穗后光合效率高，总光合生产量大，可以较稳定地获得高产。

160. 超高产栽培途径为什么要求群体具有足够的颖花量?

稻谷的产量是由单位面积总颖花量、结实率与千粒重这三因素所决定的。在一般情况下，千粒重较为稳定或变化较小。因此高产与否取决于总颖花量和结实率二因素乘积的大小。为了获得高产，首先必须以足够的总颖花数为基础，因为如果总颖花量不足，即使结实率很高，也不可能获得理想的高产。

同时，由于稻穗上的颖花并不仅是光合产物被动的受容仓库，它们是生命力很强的活体，其内部激素活动旺盛，具有主动向叶片等光合器官汲取光合产物的能力，形成了一种"主动拉力"，因此足够的颖花量可有效地促进群体叶片的光合生产率，增加抽穗后的物质生产量。然而在实践中，随着总颖花量的提高，同时也伴随着群体叶面积的增大，当叶面积指数超过一定限度的时候，群体的受光条件严重恶化，会引起一系列生理失调现象，致使抽穗后的光合生产能力明显下降，造成"库"大（总颖花量过多）而"源"不足的尖锐矛盾，引起结实率与千粒重的严重下降，从而减产。这是一个规模大、产出少的低效能群体，它在抽穗前生长过度旺盛，并过多积累了结构性物质，形成了相当比重的无效生长与低效积累。所以，只有在不使叶面积指数过度增加的前提下，积极地提高每667米^{2}总颖花量，才是超高产栽培途径培育高光效群体的特点。

161. 超高产栽培途径培育的群体根系具有什么特征？

首先是个体发根力强。一般说来，水稻除几个明显伸长的节外，其余各节都具有发根能力。从根的发育来看，节上下的发根部位一开始就分化充满了根原基，以后各根原基能否继续生长形成根，受到养分供应与环境条件的制约，其中群体密度是一个重要的影响因素，密度过大，使根原基之间发生竞争，进而出现退化、萎缩和部分根原基变得弱小等。因此根原基的数目与壮弱，即所谓发根力直接受到植株健壮程度与节粗度的支配。栽插密度越大，越加剧了个体间的互相对抗，各节上的根原基少而细，甚至使一些高节位的根不能发生。而超高产栽培途径，栽插密度适宜，且适当控制了高峰苗，改善了个体生长条件，在促进了个体分蘖力的同时，也同时促进了发根力。

其次，根系发达，上层根比重增加，且根系分布趋于合理。由于个体一生发育较好，因此下层根、上层根均能较正常地发生，因而单株根条数多，不但粗壮，而且分枝多。同时既有较多下层根系扎入较深土层，利用下层土肥水，又有较强大的上层根系分布于耕作层，充分利用耕层土肥水，发挥了根系分布合理的作用。

再次，生育后期仍保持较强的根系活力。超高产栽培途径注重塑造高产株型，改善群体光照，使水稻抽穗至成熟的各个时期，均能保持适当较多的绿叶数与青秀健壮的叶鞘。由于不同叶位叶片的光合产物，除了优先供给各个时期生长中心需要外，还就近供应附近器官，因而后期根系得到较多的有机养料，而能保持较强的活力，避免早衰。根系强大、活力旺盛的这种优势，又可促进地上部叶姿的改善，延长叶片功能期，增加叶片的叶绿素含量，提高光合效率，因此便形成了一个地上部与地下部相互协调的养根保叶的内在机制。

162. 超高产栽培途径培育的群体茎秆具有什么特征?

水稻茎秆节间长、粗与充实，机械组织的强化，决定于拔节到抽穗期间植株基部的受光强度、基部叶片的功能及整个稻体的碳素营养水平。改善光强与增强碳氮营养水平，对形成粗壮坚实的壮秆是重要的。“适宜群体”条件下，个体发育的光照与营养条件均得到明显改善，同时，根据目标高产株型指标进行肥水管理，并结合一定的化学调控措施，因此形成的茎秆具有以下特征：植株高度适中，伸长节间长度的配置上，基部节间短而穗下节间长，有效地降低了植株的重心；粗壮而机械组织发达，抗折弯力大，抗倒力强；具备发达的输导组织，为大穗的形成提供了组织结构基础。据江苏农学院 1975 年的观察分析，茎秆基部第一节间内的大维管束和穗部一次枝梗数之间呈极显著的正相关，与每穗穗花数之间存在着指数增长关系，这从一个方面证明了壮秆在大穗形成上的重要作用；茎秆健秀而衰老枯黄慢，在后期着生的绿色叶鞘数多，而且病斑少，增强了茎秆强度，茎秆的充实度高，单位长度的干重大，因而弹性大，在外力作用下倾弯后恢复直立的能力强。

163. 超高产栽培途径确定的群体分蘖动态模式是什么？

一般说来，无论是一次分蘖，还是二、三次分蘖，都是按照N—3 的同伸规则发生的。密插的群体理论上的有效总蘖数大大多于高产所需的穗数，再加上前期的大力促进，因此够苗期早，使相当有效分蘖生育减退而转化为无效分蘖，因此无效分蘖愈多，高峰苗量大，带来控制上的困难。相反，“适宜群体”主要依靠分蘖成穗，提高了有效分蘖位的利用率，有效分蘖期长，且高峰苗量较小，增加了调控的余地。

密插群体为控制无效分蘖，往往中期采取严格的控氮与较重的搁田措施。但从分蘖死亡来看，密插群体还主要是因为高峰苗量大，叶量多，光照条件差，营养不足而使较多的无效死亡的。“适宜群体”的叶面积指数变化较为平稳，达到最大值的时间推迟，且其绝对值有时也小些，因而高峰苗期以后的分蘖消亡速度也相对较缓慢，分蘖成穗率高，减少了肥料与光合产物的浪费，促进了分蘖的长粗长壮，有利于形成大穗。

根据分蘖的以上特点，“适、壮、高”超高产栽培途径提出的茎蘖群体茎蘖动态特征是：在以壮秧栽插适宜基本苗的基础上，积极促进分蘖早生快发，能在有效分蘖临界叶龄期达适宜穗数值，此后无效分蘖增长平缓，至拔节期高峰苗数量为适宜穗数的1.2～1.4 倍，此后平缓下降，至抽穗期实现预期高产穗数，成穗率 80%左右。这一模式，使群体的实际够苗期与理论够苗期较多一致，协调了足穗与大穗之间的矛盾，既控制了叶面积的不适当增大，又有效地增加了每 667 米^2 载花量，利于形成后期高光效的群体。

164. 超高产栽培途径培育的群体在“源、流、库”上具有哪些特征？

在群体“源、流、库”上具有以下两方面的基本特征：

(1) 源强库大，秆壮流畅　从水稻产量形成而言，所谓“源”一般指进行光合作用的叶片，“库”是指贮存养分的器官，例如稻谷。秆壮流畅是使植株茎秆粗壮无病，输导组织发达，养分运输能力强。“适宜群体”培育的壮个体，茎秆、叶片、穗部等器官间联络的维管束系统发达，而且维管束直径大，加上茎秆病害轻，运输阻碍少，因而“流畅”。由于秆壮，因而穗型大，谷壳容库大，尽管每 667 米^2 穗数略少，但仍能达到高产所需的足够颖花量，所以单位面积上形成的稻谷库容总量较大。同时，“适宜群体”不但因起点低，而且适当控制了无效分蘖与低效叶片，虽最大叶面积指数不过高，但改善了叶姿与叶量的组成，延长了寿命，提高了净同化率，中后期较大的叶面积指数的持续期长，增大了总光合势，从而使总光合产物较高，表现为“源”强。

(2) “源、流、库”三者关系较为协调　据研究，绿色叶片中制造的养分向外输导的动力即“推力”，与器官之间的糖分浓度差有关，这好比水由高向低流动的“推力”。结实期间测定表明，可溶性糖分含量叶身 8.4%→叶鞘 5.5%→茎秆 5.4%→穗 4.3%，逐渐推向稻谷中去，此期间叶片的光合功能强，制造的养分多，糖分浓度高，这种“推力”便越大，越利于稻谷的充实。同时稻谷中的糖在酶的作用下又迅速合成淀粉，降低了可溶性糖的含量，降低了浓度，使“流”顺畅，所以“源”足有利于高产。再说，稻谷不是一个被动的养分贮存仓库，它本身也有一种主动吸收的能力，即所谓“拉力”。只有这种“推力”与“拉力”的相互配合，稻谷才可能有较高的结实率和成熟率。在高产栽培中，往往出现两种配合不良的情况，一种是前、中期群体十分茂盛，后期中下部叶早枯，虽有较多的颖花量而得不到应有的充实。另一种是后期植株生长仍很繁茂，表现贪青迟熟，使生长中心不能及时转向籽粒灌浆，绿叶本身消耗养分太多，“推力”小，故谷粒所得到的养分少，形成大量空瘪粒。

群体分蘖动态模式前期增长快而适中，至拔节期 LAI 达到 4.0 左右；中期增量高，孕穗期 LAI 高达 8.0 以上；以后消减缓慢，不早衰，至成熟期 LAI 仍在 3.5 左右。

超高产群体之所以能超高产，主要是通过精良的壮秧，建立相对适宜的高质量群体起点，以合理群体叶、蘖动态，调控水稻不同生育时期的光合物质生产及其积累，在生育中、后期形成足够多而适量的源，于足穗形成的同时培育大穗，构建群体协调的穗粒结构，产生足够大的库容，并能使源足、库大，两者在高水平上达到协调。

165. 为什么“适宜群体、健壮个体、高积累”栽培途径可以改善群体质量?

首先，“适、壮、高”栽培途径减少了无效分蘖。“适、壮、高”栽培途径的基本特点之一，就是根据水稻品种的分蘖发生、成穗规律，划定有效分蘖的界限，在此基础上依据高产所需穗数与有效分蘖的成穗规律，精确设计各种栽培条件下的应有的理论有效分蘖数量与栽插的株数，因此在本田生长期对于分蘖无须硬性的控制，而是利用分蘖的规律，在确定基本苗时得到根本性的解决，使栽插密度合理减少。栽后使分蘖顺乎自然地发生而数量适宜，群体发展平稳。而常规栽培法，基本苗偏多，有效分蘖发生的潜力远远大于适宜穗数，这就意味着将有许多本来属于有效分蘖而被迫转化为无效。为此常以重烤田为主要手段来加以控制，但它的效果受到品种特性、季节、天气、土壤性质等多方面的限制。例如遇到连阴天，烤田往往无效。再如最高分蘖期的出现，除晚稻品种在幼穗分化开始以前外，不同水稻品种则分别处于穗分化以后或同时，用烤田方法抑制无效分蘖，也同时影响了幼穗分化。

其次，“适、壮、高”栽培途径较好地协调了个体与群体之间发展的矛盾。水稻产量是由产量能力与产量内容物生产两个因素决定的，其产量能力是指每667米^{2}的穗数每穗颖花数，及颖壳大小的三者乘积，到抽穗期产量能力就已决定了，产量内容物生产主要是由产量形成期的叶面积大小和叶片的光合效率决定的，最终通过结实率与千粒重来体现。“群体”在适当减少基本苗的基础上，依靠提高个体健壮程度来增穗，因此在促进分蘖成数的同时也随之促进了大穗大粒，从穗数、每穗颖花数及颖壳大小三方面提高了群体产量能力。

再次，适宜群体，使得叶面积发展平稳，叶层分布合理，减少了低效叶量，延长了叶片的光合寿命，根系活力高，构成了较好产量内容物生产力的物质基础，在后期显示出明显的优势，故光合效率高，干物质积累快而多。

166. 确立适宜群体起点的原则是什么？

“适宜群体”的起点是根据不同栽培条件下栽插密度、分蘖成穗粒重与产量之间的变化规律来灵活确定的。大量试验的结果表明，在基本苗数相似的情况下，每667米^{2}穗相对多的群体产量高；在穗数相似情况下，基本苗较少的群体产量高。因此在确保群体达到高产所需适宜穗数的前提下，应适当降低基本苗，较充分地利用分蘖成穗，这是确定基本苗起点的基本原则。

“适宜群体”是个相对概念，它是相对生产上以往常出现的“大密度、大群体”“小密度、小群体”而提出的，因此每667米^{2}栽插苗数并没有机械地规定一个具体范围。因为不同稻区、不同的品种，在地力、秧苗素质以及栽培技术不同的情况下，群体的起点值均应有所区别，有一个相对应的具体合理值。实践表明，在确定群体起点上应用基本苗经验公式计算最为精确。因为这一公式较好地应用了群体条件下分蘖发生与成穗的规律，可以具体解决各种栽培条件下主茎与分蘖各自应占多少比重的问题。

167. 适宜群体为什么利于实现“壮个体”？

在常规的高产栽培中，栽插密度较大，穴内的个体之间以及穴与穴之间的矛盾较大，互相干扰的时间长，强度大，因此个体发育不健壮。相反，适宜群体，将穴内矛盾减小到最低限度，同时也使穴间矛盾的发生推迟，而且矛盾的程度得到缓和，使每穴及每株水稻在前、中、后期均有较适的生育环境，因而生育健壮。

同时，适宜群体的促进与控制时间及强度，是根据水稻个体与群体协调发育的关系来确定的，比较符合水稻生育的内在规律，顺乎自然，使水稻各时期的器官建成与干物质量的增长比较平衡，所以形成了一生健壮的生育动态，不致于像常规栽培上的“大促大控、大起大落”，而使器官间生育失调，造成个体与群体之间矛盾的恶化。

其次，适宜群体下强调通过有目标的促控来塑造高效栽培株型，提高物质生产的有效性，使水稻在一生的总时空条件下形成的干物质得到有序的合理分配，使有限的生产物质以较大比例用于高效器官，而耗于无效分蘖、低效叶与空瘪率的物质较少，个体健壮。

此外，由于群体内环境的改善与调控技术上的优越性，也使水稻的综合抗逆性强，病虫为害较轻，这也是个体表现健壮的一个原因。

168. “壮个体”为什么利于达到群体后期的高积累？

水稻群体后期的高积累，形态上表现为足够的颖花量与较高的结实率以及籽粒饱满相对统一，在生理上表现为“源”、“流”、“库”协调，群体具有较强的光合生产力，抽穗至成熟期间增加的干物质较多，且主要运输分配到稻谷中，以健壮的个体构成的群体在这些方面具有较多的优越性。

（1）壮个体到抽穗期，每穗与群体的总颖花量均较大。同时在抽穗前具有较大的物质贮藏仓库，为后期高积累奠定了物质基础。在稻谷的灌浆物质中，有一小部分是来源于出穗前鞘的贮藏物质，这部分物质几乎是在开花后 15 天左右内输入籽粒内的，特别是开花后一周输入最多。壮个体抽穗前蓄积的光合产物量多，一般能较适应灌浆初期的物质需要，因而不致灌浆物质亏缺而使弱势粒灌浆减慢或停止，以至形成较多的空瘪粒。可见抽穗前贮存物质的多少对空瘪粒影响较大。尤其是在不利天气条件下，贮存物质多，对稻谷灌浆物供应可起到缓冲作用，减少空瘪的产生。

（2）壮个体可更有效地增加抽穗后的光合生产量，更利于提高结实率与粒重，从而达到高积累。首先其茎生各叶配置合理，对籽粒灌浆物质贡献多的上部 3 片的比重较大，同时单株绿叶数较多，且寿命较长，因而持续旺盛地向穗部提供有机养分。

（3）壮个体输导组织发育好，稻株体内的灌浆物质可通过各器官的维管束顺利运送到穗部，这就为群体高积累提供了相应的桥梁与渠道。

相反，若因栽插过密，基本苗过多，或基本苗虽然适宜，但前、中期施氮过多，都形成群体发展过大，个体发育不良，叶片光合能力下降，光合产量降低，即使群体的穗数与总颖花量虽多，但每朵颖花所分配的灌浆物质不足，故空瘪粒较多，难以达到后期的高积累。

169. 生产上出现的喜煞人的苗为什么不能达到“壮个体、高积累”？

在高额丰产栽培中，不少地方常常片面追求稻苗长得青枝绿叶，从而一味多施氮肥，结果全田郁郁葱葱，非常繁茂，致使群体规模大，营养生长过旺，不能顺利地向生殖生长转化，个体不壮，或穗多而穗小，或穗大而空瘪粒多，或田间荫蔽而倒伏。出现以上个体与群体生长发育不协调的原因有以下几个方面：

（1）前期施肥过多过晚，营养生长过旺，无效分蘖过量，田间提早封行。

（2）幼穗分化始期前后过量施氮，使植株体内氮素代谢过旺，光合产物滞留在茎叶的多，而运向穗部的少，中部叶片偏大，叶片披垂，通风透光条件差。

（3）在穗分化形成的后期氮肥过多，导致稻株体内含氮量过高，茎秆、叶鞘内贮藏的淀粉少，花粉发育不良，受精率下降。

（4）穗肥晚而多，导致贪青迟熟，抽穗后叶色不褪淡，上部叶片披垂，碳水化合物不能较多地转运到谷粒中去。以上这些原因，都说明水稻在不同生育阶段一度生长过旺，使个体在一生中不能平衡地健壮生长，故而难以构成后期高积累的群体。

170. 超高产栽培途径设计的基本技术有哪些？

设计与调控水稻超高产群体的主要技术有以下五个方面：

（1）在当地合理的种植制度下，根据把水稻开花结实期尽可能地安排在最佳气候条件下的原则，合理安排播种期、移栽期，使水稻生育进程与当地季节进程保持优化同步，以充分利用自然资源与生产条件，使水稻生育既安全，又充分。

（2）根据品种特性、秧龄长短等条件，综合确定播种量，适当稀落谷，培育健壮秧苗，以便改善群体起点的质量，为创造良好的发苗壮株的条件。

（3）根据在获得高产所需的适宜穗数的基础上，主攻大穗与提高结实率的原则，应用基本苗公式确定栽插密度，提高栽插质量，为个体健壮生长创造良好的条件，为群体进一步挖掘增产潜力打下基础。

（4）根据高产群体形成的茎蘖量态模式，按时够苗，适当控制高峰苗，使高峰苗在拔节叶龄期或稍前达到，其数量控制在设计穗数的 1.3～1.5 倍，以减少无效分蘖与低效叶量，改善群体质量。

（5）按叶龄进程合理运筹肥水，调节群体按茎蘖动态与叶色变化叶龄模式发展，塑造源强库大协调型的高效栽培株型。调控水稻不同生育时期的光合物质生产及其积累，在生育中、后期形成足够多而适量的源，于足穗形成的同时培育大穗，构建群体协调的穗粒结构，产生足够大的库容，并能使源足、库大，两者在高水平上达到协调。

六、壮秧及其培育技术

171. 什么样的秧苗才能算得上适龄壮秧？

首先是秧苗叶蘖同伸，单株分蘖多。秧田期保持叶蘖同伸是最能反映秧苗健壮度（移栽后的发根力、抗植伤力和分蘖力）的形态生理指标，是4叶龄以上秧苗壮秧的共同诊断指标。4叶龄的小苗，第一叶位应开始分蘖（机插小苗除外）；7叶龄的中苗，第四叶位应有分蘖，全株平均应有3～5个分蘖；9叶龄的大苗，第六叶位应有分蘖，全株应有8～12个分蘖。秧田期的叶蘖同伸一旦停止，是苗体开始弱化的信号，应及时移栽。

二是主茎应保持4片以上绿叶（3叶小苗除外），秧苗移栽时群体叶面积指数适当，约4左右。

三是抗植伤力强，移栽时顶4叶色略深于顶3叶，中苗叶色青绿，叶弯而不披垂。大苗叶色淡绿，叶片硬直。小苗叶色嫩绿，叶片微弯为嫩壮秧。

四是秧苗扁蒲粗壮，发根力强，根系发达，白根多。

五是生长整齐且一致，无病虫害。

在大面积生产上发现秧苗适龄而不壮和秧苗不适龄的超龄弱苗两种状况。这与播期过早、播量过大或苗床肥力低等原因有关。因此，适龄壮秧要根据不同的育秧方式、前茬收割期和秧田播种量来确定适宜的叶龄范围和带蘖程度。

172. 什么是叶蘖同伸壮秧？

正常生长条件下，水稻主茎长出第四叶时，主茎第一叶腋中长出第一分蘖；主茎长出第五叶时，第二叶腋中长出第二个分蘖，以后随着主茎叶片数的增加，新的分蘖不断产生。同时，当分蘖本身长出第三叶片时，就在分蘖鞘内长出分蘖鞘分蘖；长出第四叶片时，在第一个分蘖的第一叶腋内长出第二次分蘖来。分蘖的出现和主茎（蘖）总是相差3个叶位，即存在N－3的同伸关系。母茎第N叶出现时，正是（N－3）叶腋内分蘖的第一叶同时出现，即茎第七叶是与第四叶腋的分蘖的第一叶同时出现，称之为叶蘖同伸。习惯上把母茎与分蘖同时出生的叶片叫同伸叶片，同时出生的分蘖叫同伸分蘖。凡是在秧田移栽时能够达到叶蘖同伸的秧苗就叫叶蘖同伸壮秧，这是培育壮秧的很重要的形态指标。

173. 为什么壮秧能高产？

秧苗的壮弱，不仅影响到正在分化发育的根、叶、蘖等器官的数量和质量，而且影响到移栽后的根系生长、返青、活棵和分蘖的发生，从而影响到产量构成因素中的穗数和粒数。从器官分化方面看壮秧与穗粒数的关系。

（1）壮秧容易保证穗数　水稻高产首先要保证足够的穗数，就是在水稻有效分蘖临界叶龄期达到预期产量适宜穗数的总茎蘖数苗数。生产上在有效分蘖临界叶龄期，达到预期产量的适宜穗数，应在栽插适宜的基本苗数的基础上，促进秧苗早发。早发就是n叶移栽，n+1返青，n+2叶露尖出现分蘖。水稻的分蘖出生和主茎（母蘖）叶片出生落后3个叶位，所以主茎第九叶出生时和它同伸的分蘖，即第六叶腋内出来的分蘖，为第六号分蘖，出生第六号分蘖就是早发的标准。如，武运粳15，7叶移栽，8叶返青，9叶产生同伸分蘖。能否在n+2叶出生时出现同伸分蘖及能否适时抽出，主要决定于秧苗健壮的程度。

从主茎出叶与分蘖芽的分化和主茎与出蘖同伸关系清楚地看到：

n叶抽出＝n+1节分蘖芽形成＝n－1与n－2叶节分蘖进一步发育＝n－3叶节分蘖的第一叶抽出

如武运粳15在第七叶期移栽，8叶节分蘖芽形成，9叶返青时与6叶液中的分蘖进一步发育，6叶节内长出第六号分蘖，所以n—1叶节的分蘖芽发育的好坏决定秧田期能否培育成壮秧。所以早发一定要培育壮秧，壮秧才能早发。

(2) 壮秧容易保证大穗粒多　一般说穗上的枝梗越多，一般粒数也越多，穗子也越大，穗轴内的大维管束是输送水分和养料的通道，通常一个一次枝梗至少有一根大维管束来输送养分，所以大维管束数越多，一次枝梗也越多，尤其是一次枝梗多，二次枝梗少的品种更是如此。穗轴内的大维管束是由基部茎秆通上来的，水稻茎秆基部节间内大维管数多，一次枝梗也多，而基部茎秆间内大维管束数，据研究证明，开始于4叶期，结束于有效分蘖临界叶龄期或更早1～2叶位的时期。所以壮秧能早发又为大穗奠定了基础。正是由于壮秧在不同程度上影响到穗数和粒数，所以高产必需培育壮秧。

174. 为什么壮秧能够早活棵、早分蘖?

壮秧的苗体粗壮，根系发达，绿叶多。生理上主要是个体干物重较大，体内含有较高的糖，氮营养水平较高。具有较强的光合生产能力。壮秧的鞘腋中生有发育粗壮的分蘖芽，根、叶原基的分化和发育都比较健全，能适时出生分蘖，且能省分蘖肥；弱秧栽后的长势要赶上壮秧，不仅每667米^{2}要多用肥料，而且时间延长，分蘖出生迟。同时，壮秧的生长锥粗壮，大维管束多，输导组织发达，所以壮秧能够早活棵、早分蘖。

175. 为什么叶蘖同伸壮秧移栽后还应促进分蘖早发生?

当主茎某节位的叶片开始发生到伸出时，这一新出叶的分蘖芽刚开始分化，它下面一个叶位的分蘖芽分化基本结束，再下面一个叶位的分蘖芽已开始生长，正在叶鞘内伸长，第三个叶位的分蘖芽已伸出叶鞘之外，成为分蘖。所以一级分蘖出现的节位与主茎新出叶出现的节位正好相差3个叶节。因此，根据主茎新出叶的叶位，可以推测分蘖发生的早迟和节位高低可以作为预估分蘖是否有效和分蘖穗大小等情况的指标。

叶、蘖同伸关系和分蘖之间的同伸关系，都是分蘖发生的内在规律，但是这个关系能否实现与氮素营养和密度等条件的关系很密切。据研究秧苗株体内含氮量＞3.5%，分蘖迅速发生，株体内含氮量在2.5%，分蘖停止发生。因此，如果某个分蘖产生时，氮素营养条件不足，这个节位的分蘖芽就不萌发，处于休眠状态，以后即使条件好转，这个分蘖芽也不再产生分蘖。因而，在叶蘖同伸壮秧苗移栽后，要及时早施好分蘖肥，提高稻体内含氮水平，促进分蘖早发。

176. 为什么培育叶蘖同伸壮秧可以省种?

叶蘖同伸壮秧的秧田分蘖成活率高，发根力强，出苗期较早，主茎总叶数多，产量比较高。低播量的秧苗，分别在分蘖开始停止叶龄期，停止后一个叶龄期及停止后2个叶龄期移栽，其分蘖成活率有明显差别。无论是大分蘖，还是小分蘖，移栽后的成活率变化，大致趋势为分蘖开始停止叶龄期大于停止后1个叶龄期，大于停上后2个叶龄期。其中2叶以下小分蘖的变化趋势尤为突出。例如，每667米^{2}播量为20千克的双城糯，3叶以上大蘖成活率是：分蘖开始停止的为97.3%，停止后1个叶龄的为94.3%，停止后2个叶龄的为88.9%，分别比每667米^{2}播量30千克的高11.7%、14.2%、4.3%。再如，汕优3号，每667米^{2}播量5千克的分蘖停止时移栽叶龄为10.0，每667米^{2}播量15千克的分蘖停止后1个叶龄时移栽叶龄为9.5，二者叶龄大致相似，但分蘖成活率前者较高。其中3叶以上的大蘖成活率高5%以上。2叶以下小分蘖成活率高7%左右。说明双城糯667米^{2}播20千克比30千克的为好，可节约10千克的稻种；汕优3号667米^{2}播5千克比15千克为好，可节省10千克的稻种。所以说，叶蘖同伸壮秧可以节省大量用种。

177. 怎样确定品种秧苗的适宜起始秧龄和最大叶龄?

移栽秧苗的起始叶龄：根据出叶与发根的同伸规则，5 叶期的秧苗，具备第二节为主的发根节位和第一、第三两个辅助的发根节位，且功能叶鞘中有较多的淀粉积累，因而已有较强发根能力和抗植伤能力，且秧苗有一定的高度。因此，可作为中苗移栽的起始叶龄期；1.2～1.5 叶龄的 2 叶期秧苗，胚乳养分残存率在 45%以上，如采用温室育秧寄秧可借助较多的残存胚乳养分供应发根，活棵快，于 5 叶期可普遍分蘖，较易培育成叶蘖同伸壮秧。因而 1.2～1.5 叶龄的秧苗可作为寄秧适期的指标；3、4 叶期的秧苗，渐趋离乳，将进入自养阶段，而稻体养分积累很少，只宜带土机插移栽。

适龄秧苗的上限值：总叶龄不同的品种，适龄秧苗的上限值是不同的，但可归纳为 N－n－1 的叶龄期。研究表明，秧苗移栽后，在移栽活棵后，至少需长出 3 叶后才开始拔节，才能高产。N－n－1 叶龄期及叶龄小于此值的秧苗，才能保证这一点，因为这个叶龄的秧苗，移栽后既不影响稻穗分化，有利发好上层根，还能利用一个动摇分蘖。N－n－1 叶龄期的秧苗，正是基部节间大维管束数被决定的叶龄期，就个体生理特性而言，只要在秧田期培育成叶蘖同伸壮秧，茎内分化形成较多的大维管束，就为移栽后进一步生长形成大穗奠定了良好的物质基础。故 N－n－1 叶是移栽秧苗可允许的最大叶龄期，在此叶龄期及以前移栽，只要秧苗个体健壮，基本苗足够，栽培得当，仍可获得高产。如长秧龄大苗移栽，在大面积生产上普遍获得高产。因此，N－n－1 叶龄期可作为各类品种适宜秧龄的上限值通式。

178. 适龄秧苗的概念是什么?

对于众多品种而言，适龄秧龄并非指某个具体的移栽叶龄，而是指适合于移栽的低限叶龄与上限叶龄之间的叶龄范围。在这个叶龄范围内移栽，不论叶龄大小，只要秧苗素质好，配合以相应的密、肥、水调控技术，均能获得高产。故把从移栽起始叶龄至上限叶龄之间的秧苗，均称为适龄秧苗。适宜秧龄的范围及最适叶龄值，因品种的总叶数而不同。总叶龄少的，适龄的叶龄幅度小；总叶龄多的，适龄的叶龄幅度大（表5）。

表5 适宜秧龄的起始、上限及最适叶龄值（拔秧移栽）

品种类型		秧龄适宜的叶龄值幅度				
总叶数	伸长节间	分蘖起始叶龄	分蘖上*限叶龄	上限时的叶龄余数	适宜秧龄叶龄幅度	最适叶龄
11	4	4.0	6	5	2.0	5
12	4	4.0	7	5	3.0	5
13	4～5	4.0	7～8	5～6	3～4	5～6
14	5	4.0	8	6	4.0	5～6
15	5	4.0	9	6	5.0	5～6
16	5～6	4.0	9～10	6～7	5～6	5～6
17	5	4.0	11	6	7.0	5～7
18	6	4.0	10	7	6.0	5～7
19	6	4.0	11	7	7.0	5～7

179. 不同移栽方式条件下的适宜秧龄是什么？

（1）芽苗移栽　芽苗移栽的最适宜秧龄是1.2～1.5叶期，此时胚乳养分的残存率在45%以上，移栽后可借胚乳养分发根，活棵快，于5叶期可普遍分蘖，形成叶蘖高度同伸的壮秧和壮株。

（2）小苗移栽　3～4叶龄移栽的秧苗，因发根力极弱，只适于带土移栽。带土移栽有塑盘穴播和机插小苗两种方式。塑盘穴播带土移栽，可以充分发挥小苗移栽的分蘖优势夺取高产；但由于穴距小，播种穴装土容积小，只适于3～4叶期秧苗盘根后移栽，和延迟至5叶期移栽，苗体显著变弱，失去小苗移栽的优势。机插小苗由于播种密度很大，出苗后就互相拥挤，叶片的受光条件差。江苏的研究结果，如在3.0叶龄胚乳养分耗完时及早移栽，能在5叶期分蘖（但第一蘖退化不发生）；如至4叶期（3.5～4.0，播后18～20天）移栽，基部1～3叶位的分蘖芽全部退化而不发生，要到7叶期在4叶位发生分蘖。如移栽过迟，秧苗停留在4叶1心不再生长，苗体的干重反而不断下降，移栽后易死苗、僵苗。故机插小苗的适宜秧龄只能到4叶期，冬用田可早插的可早至3.0叶龄。

（3）拔秧移栽的适宜秧龄　5叶期的秧苗，具备第二叶位主发根节位和第一、三两个辅助发根节位，具有较强的发根力和抗植伤力，且秧苗具有一定的高度，可作为各类品种拔秧移栽的起始叶龄期。拔秧移栽的适宜的终止叶龄期，以移栽后至有效分蘖临界叶龄期，单季稻至少应有5个以上的叶龄期，以利在有效分蘖期显“黑”完成穗数苗后，于无效分蘖期及时“落黄”。如秧龄过大，移栽后至有效分蘖叶龄期少于3个叶龄，如不采取特殊栽培技术，往往会造成无效分蘖期不能及时“落黄”，不利于高产群体的培育。以17叶5个伸长节间的品种为例，适宜秧龄为5～7叶期，即所谓的中苗适龄移栽期。

180. 为什么拔秧移栽的上限叶龄，旱秧和湿润秧不同?

旱秧具有移栽后根系爆发力强，缓苗期短，分蘖早而强的优势。但这种优势随秧龄增大而减弱，当秧龄超过6叶龄后，旱秧发根优势将丧失殆尽。故旱秧的上限叶龄为6叶龄。

湿润秧上限叶龄，可达N－n－1叶龄期，即有效分蘖叶龄期的前一个叶龄，这是由于各种原因，不得不采用长秧龄大苗时的特殊秧龄。试验证明，最大秧龄N－n－1时的移栽，活棵后至少能长出3片以上叶才开始拔节，此时正是上层根开始发生前，能促进上层根的发生；活棵后还能利用一个动摇分蘖成穗；对穗分化的影响亦较小。只要秧苗壮，基本苗栽得足，肥水统筹得当，同样可以获得足穗、大穗而高产。

181. 怎样确定移栽秧苗的叶龄？

在适宜播期的前提下，移栽秧苗的叶龄主要根据品种类型、作物茬口、适宜播量等因素确定，这是在水稻生产前重要的一项设计措施。

前作茬口的不同，移栽秧苗的叶龄大小也不相同。例如，粳型杂交水稻，栽插绿肥茬口，移栽秧苗的叶龄可以4.5（机插秧苗叶龄3.5～4）；栽插油菜或小麦茬口，一般移栽秧苗的叶龄为7左右（6.4～8.5）。目前水稻生产上主要根据前茬的早迟来确定移栽秧苗的叶龄。

秧田播种量的多少与适宜的移栽秧苗的叶龄关系较大。同一个水稻品种，因秧田播种量的多少不一，而采用的移栽叶龄也不能相同。据实践证明，以移栽秧苗的叶龄确定秧田播种量较为主动。但是，生产上有不少农户不计叶龄和秧龄，秧田面积留得多，播种量就少一些，面积留得少，播种量就多一些；茬口腾出早，叶龄就小一些，茬口腾出晚，叶龄就大一些，所以秧苗缺龄和超龄两种倾向都有存在。要扭转以播种量定移栽叶龄的倾向，根据前茬口的腾出早迟，确定播种期和叶龄，再视移栽秧苗的叶龄定播种量。一般叶龄小的，可增加秧田播种量，以节省秧田或适应秧田留得不足的情况；安排移栽秧苗大叶龄就要大幅度降低秧田播种量，以利培育叶蘖同伸壮秧。

182. 水稻秧苗超秧龄是怎么一回事？

水稻在大面积生产上部分早熟中稻等品种经常会发生秧田期超龄即“超秧龄”现象。所谓超秧龄就是指秧苗期超过规定的移栽秧龄或者超过滞增期的叶龄，秧苗开始拔节，幼穗进入分化发育阶段，移栽后营养生长时间不长就开始抽穗。前期表现叶色淡、分蘖少，后期表现抽穗大小不一，植株矮小，生长量不足，穗头变小，瘪谷粒多，还有的稻穗不能全部抽出剑叶鞘。

产生超秧龄的原因，一是播期与移栽期不对路，播得早，栽得迟，这是由于不能正确计算恰当的秧龄，或者由于茬口腾空较迟，或者缺乏劳力不能及时栽插，或者因为干旱、缺乏水源而推迟移栽等诸多因素所造成的；二是秧田播量过大，个体营养面积小，营养条件差，使营养生长期不正常的缩短，较快地转入生殖生长阶段，致使秧苗在秧田期或移栽后不久就开始幼穗分化，导致早穗和小穗头。

解决超秧龄的办法有 4 条：一是根据品种的特性和前茬作物成熟期的早迟，确定适宜的播种期；二是降低秧田播种量，根据秧龄的长短确定适宜播种量，以保证秧苗有一个合理的营养面积，不使个体受到抑制；三是加强肥水管理，对生育期短的品种不宜采用控肥和控水的办法来控制秧苗的生长；四是对已经超龄的秧苗要采用补救措施，即移栽前重施起身肥，以利栽后早活棵、早分蘖，促进营养生长，延迟穗分化期。移栽时要求浅栽，以争取高位分蘖。移栽后抓紧大田肥水管理，重施分蘖肥，浅水灌溉，促进营养生长，增加个体生长量。

183. 为什么要确定水稻的适宜播期?

据研究，水稻在最佳抽穗结实期抽穗开花结实，可以提高结实率、千粒重而获得产量。一个地区的最佳抽穗结实期在常年是相对稳定的，而水稻播种出苗到抽穗的天数也是相对一定的。因此，根据水稻品种生育期的推算，通过适宜播期，将水稻抽穗期安排在当地最佳气侯条件下抽穗结实，有利于获得高产优质。在生产实践中，通过安排适宜的播种期也能协调劳动力的有序安排，提高栽插等农事质量。如播期不当，水稻灌浆结实期遇高温，结实率、糙米率、精米率和整精米率都会降低，垩白度、垩白率显著提高，蒸煮品质变劣，食味变差。生育后期光照不足或气温过低，往往造成抽穗不畅不齐，空批粒增加或籽粒充实不良、青米增多，既影响产量又影响品质。因此，应在当地茬口、温光条件适宜范围内，因品种、因茬口安排播种期，将水稻一生、特到是产量和米质形成期与最佳温光资源条件同步，避开灌浆结实期的高温或低温等自然灾害的发生。这方面各地都有丰富的实践经验可作依据。

184. 水稻最佳抽穗结实期确定的依据是什么？

水稻抽穗前是搭成高产（仓库）的物质基础，抽穗至成熟期的群体光合生产力决定了水稻的产量（粒重），即仓库内的物质。因此，必须把抽穗结实期安排在最佳的气候条件下，称最佳抽穗结实期。水稻在最佳抽穗结实期开花结实，可获得最高的结实率、千粒重和产量。

江苏研究表明，粳稻抽穗期的日均温 25℃左右时结实率最高，抽穗至成熟期的日均温 21℃左右时千粒重最高。因此，可以把抽穗期 25℃，整个结实期日平均 21℃常年出现的日期，确定为当地的最佳抽穗结实期。籼稻的最佳抽穗结实期的温度一般比粳稻约高 2℃左右。不同地点、不同品种、不同熟期的籼稻品种的最佳抽穗期的日期相差很大，但适宜温度却都在 27℃左右，结实期的温度在 23～24℃。因此，一般可以把这两个温度在当地出现的日期，定为最佳抽穗期。如江苏苏中地区水稻最佳抽穗期约为 8 月下旬。

185. 确定适宜播期主要考虑哪些因素？

适宜播期确定首先应考虑水稻最佳抽穗扬花期，以达到避灾，充分利用光温资源，提高结实率，增加粒重的目的。所谓最佳抽穗扬花期是抽穗扬花期的气温稳定在 25～27℃（籼度偏高，粳稻偏低），最有利于抽穗结实。其次在水稻最佳抽穗扬花期确定后，根据品种播种至抽穗的天数向前推算，以确定最佳播种期，这就是安排播期的基本原则。坚持适期播种，不违农时，保证在最佳抽穗期抽穗，是投入最少、效益最大的栽培技术。前茬收割晚的，必要时得用长秧龄大苗来保证在最佳抽穗期抽穗。

一些品种决定播种期的早或迟，还应考虑以下两个因素：

（1）有些品种适期早播可以在力争保证安全出苗和正常生长的前提下，增加营养生长时间，提高产量。各地以春季常年平均气温稳定通过 10℃和 12℃初日，分别为粳稻和籼稻露地育秧的最早播种期，如果是薄膜覆盖保温育秧可提早播种期 5～7 天。分蘖和次生根发生的最低温度为 15℃，日平均温稳定在 15℃以上时，才是安全移栽期，过早移栽会造成僵苗。因此薄膜保温育秧必须考虑安全移栽期，合理掌握秧龄和播期。

（2）有些品种在能保证安全齐穗和灌浆成熟的前提下，适当推迟播期，可以避开或减轻一些病虫危害和自然灾害，降低生产成本。所谓安全齐穗成熟，即各地要以秋季日平均气温稳定通过 20℃、22℃、23℃的终日，分别作为粳稻、籼稻、籼型杂交水稻的安全齐穗期。

186. 为什么水稻播种期应考虑品种的发育特性?

水稻品种的发育特性与抽穗期早迟关系密切，中粳、中籼和晚粳其发育特性不同，早播或迟播的要求也不同。所以要了解品种的发育特性对确定具体播种期很重要。

中籼稻属于基本营养生长型中等或强的品种，所以在长江下游只能作单季稻栽培。如果过迟播种，生长天数和积温不能满足，就会延迟抽穗，尤其是杂交水稻等品种，低温比高温的危害性大，因此在前茬允许范围内应适当早播。要防止因过早播种，致使秧龄延长而形成小穗。最迟播期应按照最佳抽穗扬花期的气温稳定在23℃以上确定。如沿江稻区适宜播期为5月中旬，最迟不迟于5月25日前后播种。

中粳（中糯）稻：长江下游单季稻栽培，对短日照反应比迟熟粳稻明显迟钝，感温性中等或偏强。有些中粳品种基本营养生长性也强，除了生育期间温度高可以促进早抽穗外，在抽穗前对营养生长的要求也较高，早播早抽穗，迟播迟齐穗。江苏省沿江地区单季稻栽培，过早播种结实期易遇到高温而增加空瘪率，加之8月中旬抽穗常易遭受螟虫危害，因此宜适期晚播。如沿江于5月下旬播种为宜。

晚粳稻对光照反应比较敏感或敏感，作单季稻栽培，由于早播并不能显著提早成熟，故对于土质差、肥料少、容易早衰的田块，宜适期早播。太湖稻区一般宜在5月中旬前后播种。为了兼顾小麦适期播种，迟熟晚粳还应适期抢早，不宜过迟播种。

187. 湿润育秧的适宜播量如何确定？

“落谷稀”培育壮秧的传统经验，证明播种密度对培育壮秧的决定性作用。但为节省秧田，播种密度又应当适宜。湿润秧适宜播量应根据移栽叶龄和品种的繁茂性来确定。

当秧田期秧苗达到茎蘖滞增叶龄期时，就应及时移栽。不同品种、在不同播量下，到达茎蘖滞增叶龄期是不同的。生产表明，个体比较繁茂的杂交籼稻到达茎蘖滞增期的每667米^{2}播量20千克时，于5.93叶龄时茎蘖已滞增，适合中苗移栽；如播量下降至10千克时，在8.12叶龄时进入滞增叶龄期，可适应大苗移栽的需要。株型比较紧凑的常规中粳稻在667米^{2}播40～60千克时，于6叶期进入滞增，可作中苗移栽；而在播量20千克时，7.4叶龄期才进入滞增期。虽然不同品种，播量进入茎蘖滞增的叶龄期不同，但秧田的LAI却是很相近的，均为4左右，说明决定播种密度的是移栽时的叶面积指数。

表6 不同品种、不同播量茎蘖滞增的叶龄期

品　种	汕优3号			盐粳2号		
播量（千克/667 米^2）	10	15	20	20	40	60
茎蘖滞增叶龄期	8.12	6.63	5.97	7.40	5.85	5.28
单株叶面积（厘米^2）	65.16	49.68	36.4	42.81	21.94	15.8
秧田叶面积指数	3.76	4.08	3.93	3.84	4.36	4.06

生产上可用表6的试验方法取得的数据，作为确定当地适宜播量的依据。但由于各种原因不能保证在秧苗进入茎蘖滞增叶龄期能移栽完毕，可能要延长秧龄，因此，实际播种量应较试验结果稍有下降。仍以江苏的资料为例，杂交籼稻预计在6叶期移栽的，667 米^2 播量宜降至16～18千克；预计在7叶期的为12～14千克，预计8叶期的为7.5～10千克。常规粳稻预计5叶期移栽的为50～70千克，6叶期移栽的为35～40千克，7叶期移栽的为25～30千克，8叶期移栽的不宜超过20千克。

188. 湿润育秧秧田播种量以多少为最佳？依据是什么？

秧田播种量的多少是否合理，乃是培育叶蘖同伸壮秧的核心所在。

播种量的多少，实质上是秧田的营养面积能否满足秧苗各个器官充分分化发育的问题。秧田密度应以不影响根、叶、蘖等器官分化发生，有利于维管束正常增生为前提。根据调查资料表明：当秧田叶面积指数在3.5以下，基部光照不低于3 000勒克斯时，秧苗能够继续正常生长，因为充足的光照也是秧苗长粗必需的重要条件；当叶面积指数超过4时，分蘖即开始停滞。因此，可把移栽时叶面积指数刚达到4，作为培育成壮秧的密度指标，此时秧苗群体为茎蘖滞增叶龄期，除以不同茎蘖滞增叶龄期移栽的单株叶面积则得到每667 米^2 秧田的基本苗数，再除以发芽率、成秧率和千粒重，就得到每667 米^2 播种量。因而播种量

应随着秧苗叶龄的增加而递减。根据高产经验总结，不同叶龄期移栽的每 667 米^2 适宜播种量是不相同的。常规稻露地育秧，4 叶期移栽为 100～125 千克；5 叶期移栽为 50 千克左右；6 叶期移栽的为 25～30 千克；7 叶期移栽的为 25 千克左右；8 叶期移栽的为 20 千克左右。杂交水稻因为叶片较大，分蘖力强，与常规稻比较，相同叶龄期的个体面积大，所以秧田播种量宜更少。采用露地育秧，6 叶期移栽的为 12.5 千克左右；7 叶期为 10 千克左右；8 叶期为 8.5 千克左右；9～10 叶期移栽应控制在 6 千克左右。

189. 如何确定旱育秧的适宜播种量?

合理的播种量是培育适龄壮秧的关键。限制秧苗分蘖发生和生长的因素有光、温、肥、水、气等，但在适期播种和良好的肥水条件下，限制秧苗分蘖的主要因素是群体内的光照强度，它由秧苗群体叶面积所决定。关键是秧苗个体能否拥有足够的有效光合作用面积制造光合产物来满足根、茎、叶蘖等器官分化的需要和维管束的正常增生。一般认为秧田分蘖缓慢即滞增的临界叶面积指数为 4，此时的叶龄期为秧田茎蘖滞增叶龄期，也可作为培育壮秧的密度指标。因此，随播种量的增加，叶面积起点高，扩展迅速，茎蘖滞增叶龄期提早，移栽叶龄变小。播种量降低，茎蘖滞增叶龄期推迟，叶龄弹性变大，秧苗个体叶面积和营养面积增大，根、茎、叶、蘖生长容易协调，有利于培育壮秧。同叶龄旱育秧的适宜播种量可以比湿润秧大，尤其是同秧龄的更大些。

和同龄的湿润秧相比，旱秧的苗体较小，且适宜的叶龄较低(6 叶以下)，播种可稍密，秧大田比大为提高。但旱秧秧田期的分蘖同伸能力差，播种过密会影响秧田分蘖。江苏的研究和实践，粳稻品种 3～4 叶龄移栽的塑盘穴播小苗，苗床与大田比为 1∶40～50，每 667 米^2 苗床播量一般为 120～150 千克；5 叶龄移栽的中苗，秧大田比 1∶30～40，667 米^2 苗床播量一般为

90～120 千克；6 叶龄的秧苗，秧大田比为 1∶20～30，667 米^{2}播种一般为 60～90 千克。

190. 机插小苗依据什么因素确定适宜播量？

机插秧的播种密度尽管都很大，但不同播量对秧苗的素质，仍然很显著。播量过高，苗间通风透光条件差，苗细长，素质很差，移栽后死苗率很高；但播量过低，虽然秧苗个体指标得到优化，但缺穴率高，群体指标不足，不能满足机播高产的要求。因此机播秧适宜播量的确定应兼顾秧苗素质和降低缺穴率（50%以下）两方面的要求。具体应考虑如下因素计算。

（1）根据单位面积的密度　按品种计算播量。机播秧最后的确切密度，落实在秧爪取秧的面积和苗数上，表现为每平方厘米苗数。因而用每平方米的谷粒数来表示落谷密度，并按千粒重计算播量更为科学。

（2）根据不同秧龄根系盘结的形成度，确定播种密度　适合机播的秧块要有一定的成形度（根系盘结，移栽时苗不散）。在品种、秧龄既定的情况下主要受播量的影响。常规粳稻 3 叶龄秧苗根系盘结形成度为每平方米落谷密度 27 000 粒以上时形成的秧块符合高质量机播要求，4 叶龄移栽的秧苗，为平方米 22 000 粒以上的落谷密度，就可以形成适合机播的秧块。

（3）根据适宜基本苗数和机播的规格，确定播种密度和播种量　机播秧的播种密度要和农机的性能和高产群体的适宜基本苗数相适应。现有播秧机的性能，行距均为 30 厘米，可调穴距：

如江苏机播粳稻单产 600～700 千克以上田块的每 667 米^{2}基本苗在 5 万～8 万之间，高产田偏低些（5 万～6 万）。根据高产田每顷适宜基本苗数、播秧机固有每顷穴数和取块面积，就得出了每个秧块应有苗数和单位面积秧苗数（每平方厘米株数）。再按 80%的成块率计算出落谷密度（每平方厘米粒数）和落谷量（每平方厘米克数）。

（4）在满足上述各项指标要求的情况下，尽可能稀播匀播，以提高秧苗的素质和增加秧龄弹性，提高成苗率，确保大田栽插质量　在落谷密度适宜范围内，尽可能取下限值，即 3 叶龄移栽的育秧落谷密度为每平方米 27 000 粒，4 叶龄移栽的落谷密度为每平方米 22 000 粒。为获得高产，在每 667 米^2 基本苗 5 万～6 万，1.7 万～1.9 万穴的情况下，4 叶龄移栽的落谷量以每盘 100～120 克左右，每平方米 630～760 克左右。

191. 播种前水稻种子需要经过哪些处理？

水稻播种前要经过一系列种子处理：如发芽试验、晒种、选种、种子消毒、浸种和催芽等，通过种子处理可以防治一些种子带菌的病害，如线虫病、恶苗病等，确保水稻苗齐苗壮，为水稻生产提供足够数量健康的秧苗打好基础。所以一定要做好播种前的水稻种子处理工作，是水稻生产上必不可少的重要措施。

192. 播种前为什么要测定种子发芽率和发芽势？

种子在贮藏过程中受到温度、湿度等环境条件的影响，其生活力会产生不同程度的降低，甚至受到化肥、农药等化学物质的污染而全部或部分丧失生命力。若不经过检查就盲目播种，往往因发芽率低或发芽势弱而出苗不齐，或出苗和成苗率低，秧苗数量不足，给生产造成重大损失。因此，播种前必须要做好种子发芽率和发芽势的测定和检验，掌握了品种实际测定的发芽率和发芽速度为确定其适宜播种量提供了依据，这是一项重要的措施。

193. 如何测定种子发芽率和发芽势？

通过发芽率知道种子有多少能发芽，发芽率的高低影响到用种量；通过发芽势的强弱，知道种子发芽快慢和整齐度。在生产上都有实用意义。

测定方法：从经过净度测定后的种子中，随机取出 300 粒，分成3组（每组100粒），分别放在铺有湿纸或湿沙的器皿中，放在恒温箱或暖室保持适宜（30～35℃）的温度，一般在3～4天计算发芽势，6～7天计算发芽率。

发芽势＝在规定天数内发芽的粒数/供测定的种子粒数×100％

发芽率＝全部发芽种子粒数/供测定的种子粒数×100％

194. 为什么育秧的稻谷要晒种？如何晒好种？

（1）晒种的好处　一是能促进种子成熟，打破休眠期。一般水稻在开花授粉后1星期，种子就有发芽的能力，2～3星期后种子发芽力就有较大提高，但尚未充分成熟的种子发芽很慢，发芽率低，到蜡熟期就有很高的发芽能力。一般籼稻种子的休眠期短，有些籼稻品种，几乎没有什么休眠期。粳稻品种具有一定的休眠期，特别是晚粳稻品种最为显著。

二是能促进种子的后熟和提高酶的活性。水稻种子收获后，虽然经过晒干扬净后再进仓，但由于成熟度和干燥度不一，贮藏期间的空气湿度和温度也都会有变化，若种子吸湿，呼吸作用变旺盛，种子内养分消耗多，往往导致种子发芽能力减弱，发芽势降低。经过晒种，可以使种皮的水膜变薄，使种皮细胞发生分离现象，增强种皮的通透性，使之在浸种时吸水均匀，以增进酶的活性。能增强透性，提高吸水力，排除种子在贮藏期间呼吸所产生的二氧化碳等气体；

三是能促使氧气进入种子内部。种子发芽需要游离的氧气，氧气是种胚形成赤霉素或将结合状态的赤霉素转变为自由态赤霉素的首要条件。赤霉素可以诱导α-淀粉酶的形成，催化淀粉降解为可溶性糖，以供种胚呼吸和幼根、幼芽形成新细胞之用。因此，晒种还可以促进酶的活力，加速胚乳养分的转化和利用，从而提高稻种的发芽率和发芽势。特别对成熟不够充足，贮藏条件较差的稻种更有良好的作用。

四是可降低发芽抑制物质。如谷壳内胺A、谷壳内胺B、离层酸和香草酸等物质的浓度，从而促进萌发，提高发芽率和发芽势。

（2）*晒种方法* 晒种的天数应根据气候条件和种子质量而定。晴天光照强烈和种子质量较好，晒种的天数可以少些，反之，可以增加晒种天数。一般为2～3天，要做到薄摊、勤翻、晒匀和晒透，使种子干燥度一致。

195. 为什么要精选种子？精选种子主要采用什么方法？

秧苗三叶期前，其生长所需的养分主要是来自种子胚乳本身供应，种子饱满度与秧苗的壮弱有密切关系，充实饱满的种子是培育壮秧的物质基础，因此，选用粒饱、粒重和大小整齐的种子是培育壮秧的一项有效措施。精选种子还可以剔除混在种子中的草籽、杂质、虫秕和病粒等，提高种子质量。

选种方法一般采用盐水溶液或硫酸按溶液选种，溶液的浓度要依据不同品种和种子质量而定，溶液比重一般籼稻为1.08～1.10，粳稻为11～1.12，即100千克水约加10～12.5千克食盐或硫酸按。溶液选种后，要用清水洗净。

196. 水稻催芽前为什么要浸种？浸种应注意什么？

水稻种子一般呈休眠状态，从休眠状态转为萌芽状态，如果没有足够的水分、适当的温度和充足的空气，要萌动是不可能的。种子在干燥时，含水量低，细胞原生质呈凝胶状态，代谢活动非常微弱。只有吸足水分，使种皮膨胀软化，氧气溶于水中，随水分吸收渗入到种子细胞内，才能增强胚和胚乳的呼吸作用。原生质也随水分的增加由凝胶变为溶液，自由水增多，新陈代谢加强，在一系列酶的作用下，使胚乳中贮藏的复杂的不溶性物质转变为简单的可溶性物质，供幼小器官生长。有了水分便于有机物质迅速运送到生长中的幼芽、幼根中，加速种子发芽进程。因此，稻谷吸足水分是发芽快、发芽齐的必备条件。稻种吸足水分对机插稻育苗尤为重要。所以浸种是催好芽的重要环节。

浸种过程中应注意：要正确掌握浸种时间，不宜过长，一般1～3天，气温高可短些，气温低可长些；要使种子充分浸入到水中，使种子吸水充足均匀；浸种前和浸种过程中必须洗净种子，要更换清水，最好将稻种装入麻（草）袋等容器内，直接放到水中做到日浸夜露的浸种方法，使种子吸入新鲜水分。

197. 怎样把握浸种时间和标准？

籼、粳稻吸足水分的吸水量，分别是风干种谷重的25%和30%。为了保证稻种吸足水分，籼、粳的浸种需浸足积温60℃·日、80℃·日。稻谷浸种时间长短与水温关系密切，达到吸足水分的标准，水温10℃时，约需浸种90小时；水温30℃，约需浸种40小时。达到种子吸足水分，一般浸种时水温较低，浸种时间要长2～3天，反之水温高时，浸种时间可缩短1～2天，粳稻吸水比籼稻慢，浸种日数要长1天以上。稻谷吸足水分的特征是：谷壳颜色变深，呈半透明状，腹白分明清晰，胚部膨大突起，胚乳变软，手碾成粉。

198. 浸种时为什么要加药剂消毒？

水稻的病虫害有些是由种子带菌或带虫传播的，为了杀死附在种子表面和颖壳与种皮之间的病原菌，如水稻的恶苗病菌、立枯病菌、稻曲病菌、白叶枯病菌、稻瘟病菌、胡麻叶斑病菌和水稻干尖线虫等，用浸种消毒的办法，是防治病虫害经济有效的措施，方法简单易行，容易操作，有事半功倍的防病治病效果。种子消毒选用的药剂应符合无公害稻米生产农药使用准则的要求。

199. 生产上常用的种子消毒方法主要有哪些？

生产上一般将浸种和消毒结合进行，主要方法有：

（1）*石灰水浸种* 其杀菌的原理是石灰水（石灰水浸出液）

与二氧化碳的接触面形成碳酸钙结晶薄膜，隔绝了空气，从而使种子上吸水萌发病菌得不到空气而闷死。方法是50千克水加入0.5千克生石灰。先将石灰化开过滤，然后把种子放入石灰水内，水面应高于种子17～20厘米。在浸种过程中，注意不要搅动，以免弄破石灰水表面薄膜导致空气进入而影响杀菌效果。浸种时间因气温不同而有异。

（2）*强氯精浸种*　强氯精300倍液浸种，先用清水预浸12小时，用药水浸12小时，然后用清水洗净，再用清水浸至吸水达饱和。

（3）*三环唑浸种*　用20%的三环唑可湿性粉剂400克，加水50千克，配成0.16%的药液，浸种48小时，或用75%三环唑可湿性粉剂配成500倍液，浸种48小时后再催芽，对防治稻瘟病效应明显。

（4）*专用浸种剂浸种*　目前一些科研单位已研制出多种水稻浸种剂，一般这些浸种剂均是多功能的，既有消毒杀菌的功效，又有壮根健苗的作用，使用时应根据生产厂家的说明严格浸种时间、浓度等。

200. 为什么要催芽？催芽时要注意哪些问题？

稻种催芽就是根据种子发芽过程中对温度、水分和氧气的要求，利用人为措施，创造良好的发芽条件，避开对发芽不利自然环境，使种子发芽达到快、齐、匀、壮的目的。大多数育秧方式都需要在播种前对种子进行催芽，但晚稻播种时气温已高，多不催芽。一般要求3天内能催好芽，发芽率达90%以上。芽谷的根芽要整齐一致、幼芽粗壮，根芽比例适当（芽相当于半粒谷长，根相当于一粒谷长），颜色鲜白。

催芽过程中应注意防止高温烧芽，发芽最低温度为10～12℃，最适温度为30～32℃，最高为40℃。长时间超过42℃会抑制胚芽和胚根生长，致使原生质停止活动，根和芽死亡。破胸前不补水，破胸要翻种，使种子发芽均匀。破胸后适当补水。注意通气增氧，即可催出芔壮的好芽。

201. 催好芽的关键技术是什么?

根据种子发芽对温度的要求，催好芽的关键是掌握高温破胸、适温催芽、低温晾芽。

(1) 高温破胸就是吸足水分的种子用50～60℃的温水浸种3～5分钟，再入堆并保持38～40℃的温度，使种子在高温(38℃)下破胸，种子在较高温度下发芽快而整齐。

(2) 适温催芽就是种子破胸后，稻谷的呼吸作用迅速增强；产生大量的热能，温度就会迅速上升。此时要进行翻堆，淋水降温，种难摊薄，使种子温度保持在25～30℃适温下发芽，淋水温度不宜太低，逐渐降温到25℃左右，种堆保持湿润，保持供氧。

(3) 室温炼芽就是当芽达到标准时，就可在室温下炼芽，增强适应秧田环境的能力，如果热种下田，幼芽受到骤冷刺激，容易产生死芽。炼芽时间以种谷已降温为好。这要求催芽和做秧田配合好，一般第一天上堆，第二天破胸，第三天上午炼芽，下午落谷，如遇下雨或寒流可延长炼芽时间。

202. 旱育秧的播种技术要点有哪些?

播种前，要求准备好盖种土，一般选用苗床培肥土或同一土壤类型的肥沃疏松土，用直径5毫米的筛子过筛，每平方米准备10～15千克，作播种后盖种用。有条件的可用麦糠代替过筛床土，因为麦糠既能保湿有利于出苗，还能隔热降温防止烧苗。播种的程序是：苗床浇水、播种、盖种、洒水、喷除草剂、覆盖薄膜和稻草。

(1) 苗床浇水　苗床先整好压平，再喷浇清水，也可在沟中窨水，使0～15厘米土层处于水分饱和状态。

（2）均匀播种　将芽谷均匀撒播在床面上，用木板轻压入土。

（3）盖种　把预先准备好的过筛床土或麦糠均匀撒盖在床面上，盖种厚度以不见谷为度，一般过筛土0.5～10厘米，或麦糠1.0～2.0厘米。

（4）盖种后洒水　盖种后用喷水浇湿盖种土或麦糠。

（5）盖土后喷除草剂　盖种洒水后，用42%新野（丁草胺和恶草灵）乳油每667米^2 110毫升，即每1米^{2}苗床喷施12%丁草胺和10%恶草灵混配的丁恶合剂0.2毫升，对水均匀喷雾。

（6）覆膜盖草　化学除草后，及时在苗床上直接盖薄膜或起拱覆膜保温促齐苗。盖膜前在苗床上撒适量粗秸秆作隔热层，防止高温时薄膜烫伤秧苗，遇日平均气温大于20℃时，应在膜上加铺清洁秸草、草帘等方法遮阳降温，防治膜内温度过高，灼伤幼苗。育秧时气温偏高也可不覆盖地膜而直接铺盖麦草或稻草；海拔较高的山区等寒冷地带，或早播育秧，播后要注意保温保湿。

203. 为什么要留足秧田？

留足秧田是培育壮秧的重要基础。秧田面积留得过大，既没有必要，又浪费耕地，减少了夏熟作物种植，影响全年粮食产量。但是，秧田面积留得过少，一方面增加了秧田播种量和大田用种量，另一方面秧苗滞增期变小，秧苗移栽叶龄弹性小。如果采用中苗或大苗栽培，秧田加大播种量，不但不能发生或增加秧田分蘖，而且已经产生的分蘖到一定的时候不移栽也会死亡，使小秧变成“丝线苗”、“独秆苗”、“黄瘦苗”。

因此，大面积生产上一定要按照育秧的方式、移栽叶龄长短、品种特性、播种季节等情况按比例合理留足秧田。

204. 如何确定旱育秧苗床面积？

适宜苗床面积应依据移栽大田面积和苗床大田比例而定，移栽大田面积越大，需要的苗床面积越大，而适宜苗床大田比例的确定则应充分考虑到秧龄、品种特性和栽插基本苗。据江苏各地生产实践，在完全能够控水旱育的情况下，一般小苗栽插的苗床和大田比可达 1∶40～50，中苗 1∶30～40，大苗 1∶20～30。但多数地区旱育秧是在露天条件下进行的，尤其是育秧后期若遇雨水，则旱壮秧生理优势提前在苗床上暴发，壮秧变弱秧，因此，生产上一般通过降低苗床和大田比例来提高秧苗素质。如培育小、中苗的苏南太湖稻区，育秧期间常遇早梅雨等降水天气，不能真正控水，所以苗床和大田比一般调为 1∶20～30；江淮之间稻区的中、大苗育秧的苗床和大田比甚至调整到 1∶15。

205. 为什么秧龄是决定秧田面积大小的主要依据?

秧龄短，占用的秧田比例小；秧龄长，占用秧田比例大。但即使是长秧龄大苗（8 叶龄以上）移栽的，秧大田比仍可达 1∶10～15。以杂交籼稻为例，最低播量 7.5 千克/667 米^2，成秧率 80％的每 667 米^2 秧苗为 22 万左右。8 叶期秧苗的平均带蘖应达 7 个左右，加上主茎应为 8 个茎蘖苗，其中 3 叶以上茎蘖苗为 4 个。移栽后至有效分蘖临界叶龄期应有 2.5 个叶龄期，每个 3 叶以上的茎蘖苗，都能产生 2 个左右有效穗，每个基本苗至少能成穗 12 个左右；如加上秧苗还带有的 4 个 1～2 叶的小分蘖，其中如有一半成活成穗，单株即可成穗 14 个左右。杂交籼稻在江苏的每 667 米^2 适宜穗数为 17 万左右（16 万～18 万），每 667 米^2 只需栽 1.2 万～1.4 万主茎本即可满足要求，每 667 米^2 22 万秧苗可供 10 672～12 006 米^2 大田之需。即使秧苗的平均带蘖只有 5～6 个，加主茎，单株 3 叶以上大蘖可达 3 个左右，单株成穗平均亦可达 10 个左右，每 667 米^2 只需 1.7 万左右基本苗，667 米^2 秧苗是可供 10 个 667 米^2 以上大田的需要。可见，长秧龄大苗要降低秧苗比例，关键是育成叶蘖高度同伸的壮苗。

206. 常用的育秧方式主要有哪几种？各有什么优缺点？

根据灌溉水的管理方式不同，目前水稻育秧方式有湿润育秧、旱育秧以及塑料薄膜保温育秧、塑料软盘育秧等多种形式。

（1）湿润育秧，是介于水育秧和旱育秧之间的一种育秧方法，是水整地、水做秧床，湿润播种，扎根立苗前秧田保持湿润通气以利根系，扎根立苗后根据秧田缺水情况，间歇灌水，以湿润为主。该育秧方式容易调节土壤中水气矛盾播后出苗快，出苗整齐，不易发生生理性立枯病，有利于促进出苗扎根，防止烂芽死苗，也能较好地通过水分管理来促进和控制秧苗生长，已成为基本育秧方法。

（2）塑料薄膜保温育秧是在湿润育秧的基础上，播种后于土面加盖一层薄膜，多为低拱架覆盖。这种育秧方式有利于保温保湿、增温，可适时早播，防止烂芽、烂秧，提高成秧率，对早春播种预防低温冷害十分必要。

（3）旱育秧是整个育秧过程中，只保持土壤湿润，不保持水层的育秧方法。即将水稻种子播种在肥沃、松软、深厚的、呈海绵状的旱地苗床上不建立水层采用适量浇水培育水稻秧苗，苗期很少追施肥料，床面土壤上下通透性好，有利于培育根多、根毛多、白根多的壮秧，是提高秧苗质量的较好形式。旱育秧操作方便，省工省时，不浪费水资源。但过去没有保温、保湿覆盖物，常因水分短缺而出苗不齐，且易生立枯病和受鼠雀危害。近几十年各地采取增盖薄膜、药剂防治立枯病等措施，保温旱育秧方式已成为寒冷地区和双季早稻培育壮秧、抗寒、抗旱、节水的重要育秧方法。

（4）塑料软盘育秧是在旱育秧床或水田秧床（以旱育秧床操作、管理方便）基础上，利用塑料软盘，通过人工分穴点播、种土混播或播种器播种进行育秧的方式。这种育秧方式能提高秧大田比例、降低育秧成本、管理方便，秧苗素质好，苗期不易发病。育出的秧苗利于机插和抛栽。

207. 选择旱育秧苗床应坚持哪些原则?

旱育秧苗床选择应坚持三个原则:

一是要求高亢爽水,地下水位要求在 50 厘米以下,早春 30 厘米以下,雨后不积水。土壤宜弱酸性,pH 高于 7 的盐碱地、多年施用草木灰的地,不利于秧苗生长,不宜作苗床。

二是要选择土壤肥沃疏松、熟化程度高、杂草少、地下害虫少、鼠雀危害轻、未被污染的菜园地或永久性旱地作苗床,这可减轻培肥工作量(表 7)。常规育秧的老秧池,由于地势低洼,土质一般较黏重,培肥和控水难度较大,早春土温回升缓慢,不利于根系生长,故不宜选作苗床。

表 7 不同类型苗床土壤的水分、容重、孔隙度比较

类型	水分(%)	容重(克/厘米^3)	孔隙度(%)
菜园地	27.3	0.94	64.7
休闲地	29.9	0.88	66.9
旱地	41.5	0.98	63.0
老秧田	35.0	1.07	59.5

三是要求选择在阳光充足无遮阴处,苗床尽可能靠近水源和大田,以便于管理和防止禽畜为害。

有些地方把旱育秧苗床和油菜苗床或蔬菜大棚等结合起来,利用油菜苗床、棉苗钵床或蔬菜大棚加以适当培肥,比较容易达到旱育秧苗床的要求,事半功倍。如与油菜苗床结合,秋季育油菜苗,春季育水稻苗,中间栽两季蔬菜或其他作物,做到了“一床多用”、“三田合一”。这样做至少有四个优点:一是建立起固定的稻菜育苗专用基地;二是通过逐步培肥和改造,建立起比较完备的排水、浇灌的农田基础设施;三是集中连片,发挥“统”

的功能，便于品种布局和生产管理；四是促进了种苗专业化生产，乡农技站、村农技员可以组织统一育秧和专业化、商品化供秧。

旱育苗床基地的综合利用，不仅减少了苗床培肥重复劳动和减轻劳动强度，而且提高了复种指数，提高了苗床的种植经济效益，也促进了种植业结构调整。

208. 旱育秧的苗床培肥的标准是什么?

一是肥沃：要求旱育秧苗床养分充足，营养成分全，土壤pH为4.5～5.5；有机质含量＞3%；速效氮、磷、钾分别为150毫克/千克、20毫克/千克、120毫克/千克；在较干旱的土壤环境中，肥料的流动性小，根系吸肥速率减慢，床土氧气充足，呈氧化状态，土壤改变了向秧苗供氮形式，不是以铵态氮直接供应，而是以硝态氮的形式供根系吸收。因此，苗床培肥时的用肥量往往是常规育秧的2倍以上，增强床土的供肥强度，以满足旱秧生长所需的必要营养物质。

二是疏松：即要求苗床松软、富有弹性、呈“海绵”状，手捏成团，落地即散。苗床土壤物理性状优良，有机质含量高，团粒结构良好，保肥蓄水保墒能力强，土壤容重低，孔隙度大，毛细管丰富，微生物种类多、数量大、活力旺盛，因此，在苗床培肥时，要施入足够数量的粗纤维秸秆，充分腐烂，并均匀拌和在床土中。

三是深厚：床土层深厚达20厘米；容重为0.85～0.95克/厘米^3；孔隙度75%，以利于种子根的下扎、不定根和分枝根的扩伸和根毛的发展。与常规湿润育秧相比，旱育秧种子根根长且深，1叶时，根深已接近10厘米，以后每增长0.5叶龄根向下伸展5厘米左右，2叶期时，根深可达20～25厘米，随着叶龄增加种子根最长可达80厘米。在根系分布上旱秧不定根的走向多为纵向直下，根群呈直立梭形，而常规湿润育秧不定根走向是先斜出，再向下，横向分布较宽，相对较浅，根系呈倒卵形，所以旱育秧苗床土层深厚，才能适应根系生长特点，保证根系吸收到充分的养分和保持叶、蘖分化生长所需的最基本的生理水分。

209. 旱育秧苗床培肥和常规湿润育秧的秧田培肥主要有哪些不同?

旱育秧苗床培肥和常规湿润育秧的秧田培肥主要有 4 点不同：一是培肥时间早，时间较长。旱秧苗床的培肥必须在秋收后抓紧时间，及时进行，与传统概念有较大差异，有秋培、春培和播前培三个过程：秋冬季耕翻冻垡，春季耕翻晒垡，播种前施肥平整做秧床。二是用肥量大。旱秧苗床培肥的用肥量要数倍于常规秧田，且以大量粗纤维肥料、家畜粪肥为主。据各地实践，每平方米苗床一般需碎稻卓 2～3 千克，家畜粪 1.5～2 千克。三是培肥作用不同。旱秧苗床培肥不是越肥越好，关键是使苗床土层深厚、疏松、柔软有弹性，富含腐殖质，形成良好团粒结构，达到海绵状，所以要施用大量粗纤维有机质和家畜肥。四是施肥方式不同。旱秧苗床培肥则以有机肥为主，通过有机、无机结合，采用干施全层施肥法，达到养分充足均衡。

210. 旱育秧苗床培肥的技术要点是什么?

据各地实践，各地普遍采用秋季培肥（或冬前培肥）、春季培肥和播前培肥，对床土理化性状的改善，尤其是对土壤物理性状的改善较为理想。

（1）秋季培肥　以施用有机物为主，全层施肥，拌和均匀，同时配合施用速效氮素，另外加覆盖物，保温保湿，促使腐烂。在生产实践中，要推行干耕、干整、干施的全层施肥法，一般要求投肥量每 1 米^2 施用碎秸秆 2～3 千克，另加适量的速效氮、磷、钾肥。有机肥料应分层施用，速效化肥提早施和分次施，耕作深度由深到浅其作业流程是：分 2～3 次把碎秸秆和土杂肥等有机物翻耕入 0～20 厘米土壤中，浇足人畜粪尿，加盖稻草或覆盖地膜等，以加速腐烂。

（2）春季培肥　必须施用腐熟的有机肥，要以播种前能充分腐烂为原则。在施用时，仍然是宜早不宜迟，越早越好，也要坚持薄片翻耖入土与床土拌和均匀。在翻耖床土时，发现大团未腐熟的有机物时，要随即清除掉。

（3）播前培肥　主要是施用速效氮、磷、钾，以迅速提高供肥强度。施用时必须注意三点：第一，培肥时间一定要把握在播种前 15 天以上，这是因为秧苗不同部位对不同形态氮素的吸收同化能力不一样、根系不能同化铵态氮，当根系吸收过多铵态氮并在根系中积累之后，很容易形成氨中毒，导致肥害烧根死苗，因此，必须在播种前使铵态氮转化为硝态氮。苗床施入的尿素等铵态氮，必须在氧与硝化细菌的作用下，逐步转化为硝态氮，这种转化有一个过程，需要一定的时间。另外，市场上所售磷肥中往往含有一些对秧苗生长发育有害的杂质，所以磷、钾肥最好与氮肥一起提前施用。第二，适当增加磷、钾肥用量，可以促进根系生长，提高秧苗抗逆性，注意氮、磷、钾平衡施用。第三，据前培肥一般每 1 米^2 施用尿素 30～50 克、过磷酸钙 100～150 克、氯化钾 40～50 克，混合分三次撒施于床面。每次撒施后，都必须充分耖耙，使肥料均匀拌和于 0～10 厘米土层中。最终使床土的速效氮、磷、钾含量分别达到 150 毫克/千克、20～30 毫克/千克、120～150 毫克/千克的肥力水平。目前，播种前培肥，很多地方选用专用壮秧营养剂，可省略许多操作环节，省工省力、安全可靠、效果好，值得大力推广应用。

211. 旱育秧的苗床为什么要调酸处理？

水稻属于喜弱酸性作物，适宜的 pH 为 6～7，根系正常生长的适宜 pH 为 4.5～5.5。弱酸性的土壤环境有利于水稻对矿物营养元素的吸收、秧苗的生长和秧苗对有害病菌的侵害。降低土壤 pH 的另一个重要作用是抑制有害病菌的活动与侵染，尤其是在育秧期温度较低的稻区，是防止旱育秧苗立枯病、青枯病的有效手段。所以对 pH 超过 7 的床土，一般都要进行调酸处理。调酸的方法常用的有：一是利用硫黄粉在土壤中分解后产生的酸类物质来降低土壤 pH。二是肥料调酸，结合土壤培肥，施入足量的有机肥料和一定量的生理酸性肥料，可以降低土壤 pH。

床土消毒也能抑制土壤中的病菌生长，增强秧苗抗逆性。所以在调酸的同时进行床土消毒，一般 1 米^2 用 2～4 克敌克松对水 2 千克喷施，就可以达到经济有效的消毒防病效果。

212. 旱育秧苗床调酸应掌握哪些关键技术?

（1）施用时间　硫黄粉通过硫黄菌的作用而起到调酸作用，一般施用硫黄粉 5 天后见效，15 天后效果最强，20 天后效果大幅度减退。硫黄粉施用过早，变成“马前炮”，效果很差；施用过晚，播种时，硫黄粉尚未被硫黄菌完全分解，影响出苗。从防病和安全角度出发，以播前 20 天左右施用较适宜。

（2）施用数量　从降低成本出发，土壤 pH 为 6 左右，每 1 米^2 用 50～100 克，pH 为 7 左右，每 1 米^2 用 100～150 克，都可以达到较好调酸效果。

（3）施用要均匀　要把硫黄粉捣碎，先与 5 千克熟床土均匀拌和后，再分次均匀拌和于 0～10 厘米床土层中。如果降雨较少、床土干燥时，必须浇水，维持土壤饱和含水量 15～20 天，以提高土壤微生物特别是硫黄菌的活性。利用硫黄粉或废硫酸进行调酸，技术上有较严格的要求，调酸效果不稳定且随时间有较大变化，尽管总体上讲床土调酸有利于秧根生长，可提高秧苗素质，但其主要目的是防止立枯病和青枯病的发生。弱苗、低温和病原菌三个条件同时存在时才发生立枯病和青枯病。在播种前气温已经较高的南方单季稻区，多数弱酸性土壤，一般不进行调酸。

213. 旱育秧出苗前后田间管理应注意哪些方面?

首先，应注意苗床内温度。南方早春播种，为了保证出全苗，出齐苗，出苗前要做好苗床保温工作。要增加薄膜的透光性和防止因作业或大风等造成的破损，及时清除薄膜上的杂物，及时修补破损处。在寒流来前，要在薄膜上加盖草帘。注意高温伤苗、烧苗，在一叶一心以后要坚持通风炼苗。如在秧床上加盖地膜的，在秧苗发青时，应及时揭除铺在床面上的地膜，防止高温烧苗。揭除地膜的同时，要浇一次水，这是非常重要的。

其次，发现表土干燥发白时要及时补水。播种前要浇透底墒水，出苗前不必补水，如果床土过湿，应揭膜晾床，降低床面湿度，防止坏种烂芽，如幼苗顶土出苗时，千万不可揭膜。如果发现表土干燥发白，幼叶卷叶时，及时补水。

214. 为什么秧田要施用腐熟的有机肥，并与速效肥搭配?

没有经过腐熟的有机肥施入秧田后，在腐烂的过程中将产生大量的有机酸、硫化氢和亚铁等有毒物质，这些物质直接影响秧苗根系发育，特别是在土壤地下水位较高，排水不良和耕耙次数过多，土壤黏烂闭气，处于极端缺氧的还原条件下，最易发生秧苗中毒现象。有机酸中毒，使秧苗根系萎缩，很少发生新根。硫化氢中毒，使根系发黑，土壤中发出臭鸡蛋味，白根少且细弱；基部老叶呈黄褐色，叶类焦枯，苗期黑根严重时，会发生烂根死苗。亚铁中毒，根呈黑色或棕色，根系不发达，少数根上有锈斑，严重时发生根腐，抑制根系对磷、钾的吸收。因此，秧田切忌使用未经腐熟的有机肥料，以减少耗氧和有机酸的积累。同时要增施速效氮肥和磷钾肥料，以减少还原性物质的积累，补助秧苗前期的营养不足。

215. 秧苗体内碳、氮水平与叶龄有何关系?

秧苗体内碳、氮水平与叶龄关系相当密切。秧苗生长初期，以氮代谢为主，3张叶片的小苗，苗体含氮量高，一般在3%以上，而碳素水平较低，叶鞘中几乎没有淀粉的积累。4叶期以后，随着叶面积增大，光合产物增多，叶鞘里贮藏淀粉逐渐有所积累，含氮率逐渐下降，故碳、氮比例逐渐增大。6张叶片的秧苗，碳、氮比例可达10～15。所以，小苗具有含氮率高、含碳率低的特征，而大苗则相反。但是，碳、氮比还受播种密度和施肥的影响，如缺肥的苗体，碳、氮比例大，但绝对含量均低，虽然抗植伤能力高，但不能算壮苗。

碳、氮含量对秧苗发根力和抗植伤力有一定的矛盾。如根原基从分化至发根，决定于苗体碳、氮的绝对含量，尤其是氮素水平，含氮水平高，根原基的分化多，潜伏少，根细胞增殖快，待发根节位的发根力就强，所以，为了提高发根力，必须提高苗体的含氮量。但氮素水平高的秧苗，移植后遇到高温强光，因秧苗组织柔嫩，叶片容易失水枯死，反而延缓返青活棵，表现抗植伤力强。因此，要提高苗体抗植伤力，必须提高碳素水平。由于细胞壁和机械组织的充实，还需要有木质素、纤维素等碳水化合物来构成，同时，碳素水平高时，细胞渗透压大自由水含量少，束缚水含量高，苗体老健，移栽后遇高温强光，叶片不易失水枯死。但这种秧苗发根力差，不易发根返青，这在秧田施肥上要统筹兼顾，恰到好处。

216. 为什么湿润育秧断奶肥要在1叶1心期施用?

根据秧苗生长规则，1叶1心前后，胚乳中的蛋白质基本耗尽，生理上称之为氮断奶；3叶完全抽出时，胚乳中的淀粉物质已经消耗尽，生理上称之为糖断奶。这就是说，从2叶期到3叶期又叫离乳期。此期秧苗主要处于依靠种子胚乳营养到独立生活的过渡期，在养料的来源上是一个转折点，胚乳的养分远远不能满足秧苗生长需要，同时，幼苗吸收和制造养分的能力还比较弱，必须及时增施断奶肥，以弥补氮素养料的不足。所以断奶肥要在1叶1心期施用。在断奶时脱力，到2叶1心再行补施，以后看苗补施接力肥，看苗捉黄塘。施肥量以移栽前6～8天叶色能褪谈为宜。

217. 怎样施用湿润育秧平衡接力肥？

秧苗从3叶1心起开始长粗，发根力显著增强。为了培育壮秧，就得提高发根力，也就是说，要追施氮肥。但是，如果氮肥使用过多，秧苗叶色很嫩绿，秧苗的抗植伤力将减弱。因此，要解决这一对矛盾，必须同时提高秧苗含碳、含氮水平。故在水稻生产上要看苗补施接力肥，接力肥要巧施，用量要少，以吊边捉黄塘为主，普施为辅。一般在3～4叶时，如果秧苗落黄，每667米^{2}补施一定的化肥，使秧苗在拔秧前1星期左右叶色能自然褪淡。

218. 为什么湿润育秧起身肥应在移栽前0.5～1叶龄期施用？

施用起身肥可使秧苗体内处于高氮高糖状态，也就是说，使秧苗既有较高的发根力，又具有一定的抗植伤力。这次化肥施用要得当，如果施得过早，氮素水平提高了，但使秧苗变嫩，如果施得过迟，又没有得力，所以应在移栽前0.5～1个叶龄期施用，在肥（氮）进入苗体，叶已上色而未转嫩之际即拔起移栽。由于秧苗本来碳水化合物的积累已多，这时，又吸入了大量氮素，故碳、氮水平都较高。但这个方法又应随季节的不同而有所变动。栽秧季节早，气温较低，阳光亦不太强烈，对秧苗抗植伤的要求较低，故应使苗体的含氮水平高一些，即嫩壮秧；反之，栽插季节迟，气温高，太阳烈，对秧苗抗植伤的要求就高，故应使苗体的含碳水平高一些，即所谓老壮秧，起身肥可略早一些。至于带土移栽的小苗，栽插季节早，发根力相当差，应重视起身肥，以增强其发根力。一定要栽“上力秧”，不可栽落黄的“脱劲秧”。

219. 盐碱土上水稻苗期的灌溉技术应如何掌握？

盐碱土上水稻育秧，往往因种子吸水速度严重受抑，种子出芽不齐，发芽势随盐分浓度增高而渐降，甚至种子不发芽。即使发芽，也表现芽尖枯黄、弯曲，迟迟不能现青，甚至死亡。2～3叶期的叶片焦头，并互相粘连，待秧苗恢复生机，叶片继续生长时，却在粘连处不散开，造成所谓“带环”现象。4～5叶期后，叶片发黄或发红，并由叶尖向叶基或叶鞘蔓延，生长缓慢，脚叶枯黄，严重的卷叶枯焦，根系发育不良，根尖黑褐色，严重时变黑腐烂。因此，要根据盐随水来，盐随水去，水从气散，气散盐存的水盐动态规律，合理进行灌溉。水稻苗期灌溉技术应掌握两点：

（1）搞好综合治理　选用耐盐性强的品种；平整土地，建立科学的排灌体系。开发新稻区时，不仅要保证满足水稻各生育期所需要的条件，还要注意有足够的淡水源，供洗盐之用。新垦稻区，表土层含盐量常在1%以上，影响水稻生长，因此，要灌水泡田，洗去表土大部分盐分，使0～40厘米的表土层氯化钠含量降低到0.1%以下。

（2）坚持以勤灌水勤排水为原则　1～3叶期，虽然不宜长时期保持水层，但要坚持湿润而不出现干白，注意避免产生返盐返碱现象出现，为害立芽和幼苗生长；3叶期不仅要保持水层，而且要看天、看苗勤灌深水，勤换新鲜淡水，保证稻苗正常生长。

220. 水稻育秧可应用哪些植物生长调节剂？方法是什么？

应用植物生长调节剂来培育壮秧是一项行之有效的技术措

施，目前最常用的有烯效唑、多效唑及其他含有化控剂的产品。一般应用一种可以达到控长促蘖的效果。

（1）烯效唑　烯效唑是一种三唑类植物生长延缓剂，其效能较多效唑高，残留较多效唑少，用于育秧可以促进秧苗矮化分蘖，增加叶绿素含量，促进根系生长、提高秧苗的抗逆性。一般可用60～120毫克/千克在2叶1心至3叶1心期喷施一次即可，喷施时秧床上要没有水层。

（2）多效唑　多效唑也是一种三唑类植物生长延缓剂，其功效与作用机制也与烯效唑相似，但比烯效唑的残效期长、安全性差，价格更便宜。在1叶1心至3叶1心期用250～300毫克/千克浓度的药液喷施一次即可，一般不用于浸种，秧龄长的可在用烯效唑浸种的基础上再喷一次多效唑。

（3）其他生长调节剂　如壮秧剂、育秧肥、种衣剂、拌种剂等，它们是用烯效唑或多效唑为原料，并与其他营养物质及杀菌剂、杀虫剂等复配的育秧专用产品，大大节省了成本。

221. 水稻壮秧剂和育秧肥有哪些优点？怎样使用？

应用壮秧剂和育秧肥等育秧专用产品的优点：一是可以简化工序，一次施用就能完成施肥、防病虫、化控等技术措施，整个育秧期间一般不需要施肥、打药和喷施化控剂，具有一剂多能的功效；二是有利于培养壮秧，这些专用产品一般能控制秧苗徒长，促进分蘖，提高出叶速率，增加茎粗，提高叶片叶绿素含量，综合秧苗素质明显优于常规化肥育秧，而且施用简便，基肥一次施用，可避免因天气、劳力等原因影响施肥、打药的实施而导致的秧苗素质下降。

施用方法：塑盘育秧按照说明书的用量（绝大多数厂家均是按一袋用667米^{2}大田所需之秧田），分成两等份，一份与干细土100克/盘，拌匀后均匀撒在秧床上，一份与糊泥拌匀后直接装盘，刮平后播种，按塑盘育秧要求育秧。旱床育秧也是按说明书每平方米秧床的用量与1千克干细上拌匀后撒在秧床上，再用耙子均匀耙入2厘米土层内，或每平方米秧床拌匀后直接铺在秧床上，然后洒水、播种、盖种，按旱床育秧要求进行育秧；湿润育秧也须按说明书每平方米秧床的用量，与1千克干细土拌匀后，均匀撒在秧床上，再用耙子均匀耙入2厘米土层内（或在秧床上再均匀铺一层1～2厘米厚的糊泥），然后播种，按湿润育秧要求进行管理。

222. 多效唑有何作用？怎样按照秧苗移栽叶龄使用多效唑？

多效唑是一种植物生长调节剂，能促进秧苗矮壮，分蘖增加，叶片挺直，根系粗短，叶绿素含量增加，形成多蘖矮壮秧，在秧苗高度抑制的同时，分蘖和发根力明显提高，从而达到增产增收。

多效唑培育水稻壮秧的应用范围较广，在秧龄7叶（35天）以上的杂交稻及秧龄8叶（40天）以上的中、晚粳稻上应用，均有增产效果，特别在培育长秧龄时效果尤为显著。应用时主要掌握以下几个环节：

（1）用药适期和用药量　①秧龄40天左右，8～9叶期移栽的杂交籼稻和粳稻秧苗，在3～4叶期（移栽前25天左右）用药，每667米^{2}用药175克（有效成分26.3克）。②秧龄35天左右，7～8叶期移栽的杂交籼稻秧苗，在2～3叶期（移栽前25天左右）用药，每667米^{2}用药175克（有效成分26.3克）。

（2）用药方法　用药前一天排净秧田水。每667米^{2}药量拌细土25千克均匀撒施，或对水100千克均匀喷雾。用药后隔一天正常灌水。

（3）注意事项　药量要准，最好按板称量。施药要均匀，尽量使药液或药土落在秧板土面上。选择晴好天气用药，若用药后遇雨，则应堵好秧口，防药液流失，不再补药。秧板板面要平，不宜盖厚的覆盖物（如糠灰、绿肥等），以利药液或药土入土，被根系吸收。一段育秧，播种要稀，杂交稻每 667 米^2 秧田不宜超过 10 千克，常规稻不宜超过 40 千克。用药后秧苗叶色变深，仍应按照秧苗需肥规律，正常施肥。

223. 湿润秧田期如何进行化学除草？

秧田杂草常见的有 10 多种，以牛毛草、稗草、水莎草、鸭舌草居多。若不及时防除，在秧田期会出现草欺苗的现象，影响秧田素质。特别是在无稳定水层情况下，更有利于杂草的生长。化学防除秧田杂草，应根据田间不同的草相，采用不同的药种，对症下药，达到面积、药剂种类、药量三对头。秧田除草主要技术环节是：

（1）播种前用药　秧扳（畦）做好后，建立 3.3 厘米深的水层，每 667 米^2 用 25％的除草醚 0.4～0.5 千克，拌和 15 千克细潮土撒施。施后 4～5 天后脱水露畦，推平播种。

（2）播后用药　播后用药适用于不催芽播种的秧田。即播后塌谷，待秧畦土表板结后再上水用药，药量同上。2～3 天后，待大部分种子露白时，及时排水出苗，以防稻芽接触药液，产生药害。

（3）立苗期用药　稗草是秧田期与秧苗争夺养分和阳光，影响壮秧培育，对稻苗生长危害最大的一种草害。稗草苗期叶色较淡，生长细长，生长速度比秧苗快，它与秧苗最大的区别是没有叶耳，叶枕比较光滑，在秧田内很容易识别，在数量不多的情况下可采用人工拔除。采用化除，掌握在播后立针至 1 叶 1 心期进行，喷施时畦面落干，秧沟无水，每 667 米^2 用 20％敌稗 1 千克或 50％杀草丹乳剂 0.2～0.25 千克，加水 25～40 千克均匀喷雾，最好选在晴天中午喷，喷后 1～2 天再灌水进行正常管理，即可杀死稗草，又可兼治其他杂草。

（4）秧苗生长后期用药　对一些三棱草、野慈姑、鸭舌草及其他阔叶草较多的田块，每 667 米^2 拌用 20%的二甲四氯乳剂 0.2～0.25 千克，加水 25 千克，在移栽前 6～7 天排水喷雾，或拌毒土撒施，用药后 1～2 天上水，除草效果可达 90%以上。

224. 旱育秧苗床的杂草防除应用什么除草剂?

杂草是水稻旱育秧大面积推广的一大障碍。特别是在旱育中苗、大苗、长秧龄大苗的苗床上，由于播种量少，落谷密度低，加之旱地土壤和有机肥中往往草籽量大，杂草极易生长和蔓延。杂草与秧苗争肥、争水、争光、争空间，严重影响秧苗的生长和综合素质。为了提高除草效果和节省劳动力，旱育秧一般以化学除草为好。化学除草剂的种类很多，但大多数针对水田杂草且用药后要保持水层 3～5 天，所以不能在旱育秧苗床上施用。目前应用效果较好的旱育秧除草剂有旱秧净等。该除草剂与其他物质不存在拮抗作用，对水田和旱地一年生杂草有极强的杀灭作用，用药安全方便，药效持续时间长，防除效果好。

225. 施用除草剂旱秧净应注意哪些事项?

旱秧净乳油为 10 毫升包装，每袋对水 5 千克喷施 667 米^2。在种谷盖土后均匀喷雾，然后盖膜即可。在施用中应注意：（1）施用前要精细盖种，不露籽，避免种子和药剂的直接接触，但盖土不宜太厚，厚度以 0.5～1.0 厘米为宜；（2）严格按要求掌握用量和浓度，在土壤偏沙、气温偏高时用药量要适当降低，以免造成药害；（3）喷雾要均匀，切忌重喷。

在实际生产中，如果因为操作不当、用量未把握好、管理不善或天气等因素造成药害，一般表现为出苗缓慢、出苗不整齐、苗体矮小，严重的出现畸形甚至不出苗或死苗等症状，应及时采取措施，大量泼洒清水，有条件的地方可淹透水，以稀释药液浓度，减轻药害。

226. 为什么移栽前要预测秧田苗数？怎样测定？

移栽前知道秧田苗数的多少和质量，可以根据每 667 米^2 栽插苗数知道所育秧苗可栽大田数，也可以预测秧苗移栽入大田后返青活棵的情况。所以移栽前预测秧田苗数，对栽足大田基本苗，促进早发分蘖有重要的意义。

水稻预测秧田苗数，凡苗高不及秧苗高度一半的为缩脚苗，不计在内。测定时，随机选取 5 个样点，每点选 33 厘米×33 厘米，数出秧苗数，计算每 667 米^2 秧苗和每 667 米^2 秧苗可栽大田面积。

每 667 米^2 秧田可栽大田面积（667 米^2）＝每 667 米^2 秧苗总数/每 667 米^2 大田计划栽插秧苗数

227. 湿润秧田水浆管理的关键是什么？

秧田水浆管理是提高成秧率、培育壮秧的重要环节。从秧苗生长规律来说，按不同叶龄进程进行水浆管理，大体分为三个时期。

落谷到立苗期是促进秧苗扎根和形成强壮根系。因此，播种以后，主要是以水调气，湿润灌溉，让空气直接接触秧板供氧。生产上保持秧板湿润，不发白，不开裂，不积水。掌握晴天满沟水，阴天半沟水，雨天排干水。天气过于干旱时，就要灌“跑马水”。如因大雨冲淋则要浇稀泥浆覆盖，使谷不见天，根不露面。

3 叶到 4 叶期秧苗从主要依靠胚乳营养转入独立自养，是防止烂秧的关键时期。在水浆管理上要看天、看土和看苗灵活处理。进入 3 叶期后，秧苗已开始形成通气组织，可转入薄水层灌溉。

4 叶到拔秧期要求浅水勤灌力求少建立水层，以控制徒长，促使秧苗早分蘖，多贮藏淀粉。

综合起来，秧田期水浆管理，主要是保持秧板湿润，促使出齐苗，1叶1心期只灌“跑马水”，结合追施断奶肥，短时间建立水层；低温转高温前要上水护苗，以后干干湿湿，浅水勤灌。

228. 秧苗不同叶龄期的湿润育秧肥水管理原则是什么？

中、大苗移栽的秧苗，根据其生理特性和形态特征可概括为3个时期，依次采取相适宜的肥水管理原则。

播种到2叶期的主攻目标是扎根立苗，防烂芽，提高出苗率。关键是协调水气之间的矛盾，以充足的氧气供应，促进扎根立苗，防烂秧，提高成苗率。主要措施是湿润灌溉。据测定，根生长所需的氧浓度，不能低于2%，氧浓度在3%～5%时，扎根良好，但水的含氧量不可能达如此高的浓度（一般只有0.3%），必须采取土壤湿润、而不建立水层的方式来解决供氧问题。在供氧充足的情况下，1叶期长出的芽鞘节根可全部、迅速地扎入土中，秧苗逐渐顺利地向自养期过渡，胚乳养分转化效率高，可达50%左右，有利于壮苗形成。2叶期以后成长的秧苗，根系可由叶面气孔通过通气组织获得氧气，故可逐步建立水层。2叶期以前不能建立水层的另一个主要原因是，此时植株体内的通气组织尚未健全，供氧通道只有芽鞘，为使芽鞘接触空气（含氧20.8%）直接供氧，必须实行湿润灌溉。

2叶期到4叶期主攻目标是促壮苗，保证4叶期长粗分蘖。关键在于及时补充营养，促进由“异养”转入“自养”。主要措施是早施断奶肥，逐步建立水层灌溉。

（1）*早施断奶肥*　以往的研究已经明确，稻谷中的淀粉和蛋白质，在发芽和秧苗生长过程的消耗过程是不同的，蛋白质在2叶期已消耗殆尽，故把1叶1心期称为“氮断奶期”。淀粉在 3 叶期末也被耗尽，称“糖断奶期”。因此，至 3 叶末，秧苗彻底地由异养向自养过渡，在生理上是一个重要转折点。接着而至的 4 叶期，是秧苗分蘖起始叶龄，对形成叶蘖同伸壮秧的关系极大。为了及早供应氮源，促进秧苗顺利渡过生理转折和壮秧的形成，必须在 1 叶 1 心期以前早施氮素断奶肥。由于肥效的发挥受温度的影响，同时从施肥、吸收至产生生理效应有一个过程，故氮素断奶肥，常以基施为好，1 叶期施用效果也很好。在温度适宜时，最迟可到 2 叶期时施用。总之，早施断奶肥，能达到 2 叶期以前吸收、3 叶期上色并超重（秧苗干重超过原胚乳重量）、4 叶期出现叶蘖同伸的要求。

断奶肥施用数量要适当，应和苗体的糖量相适应，以防止氮素施用过多而造成氨中毒。施氮被吸入苗体后，必须消耗相应多的糖量以合成蛋白质，使叶色加深，生长加速产生“得氮耗糖效应”而后再提高光合效率，产生“得氮增糖效应”，达到糖氮平衡。但在先期产生“得氮耗糖效应”过程中，由于秧苗离乳前体内糖量有限，故不宜施氮过多。

（2）*逐步建立浅水层* 2 叶期后秧苗叶片逐步增加，叶面积增大，叶片蒸腾作用加强，叶和根系的通气连接组织已经形成，可建立水层以满足秧苗的生理需水。在水层情况下，土壤处于还原状态，土壤氨化作用得以进行，有利于秧苗对氨态氮的吸收。水层可抑制好气性腐霉菌的繁殖，防止青枯死苗。还能缓解气温剧烈变化对秧苗的影响，调控土壤 pH 向 7 靠近，还能防止土壤盐渍化。所以传统的育秧方式这一时期起，从湿润灌溉和水层灌溉结合，逐步过渡到建立水层。

4 叶期到移栽的主攻目标是提高移植后的发根力和抗植伤力。关键在于提高苗体的碳氮含量，并调节适宜的碳氮比。主要措施是施好接力肥和起身肥。决定发根力的内在因素除了各发根节位具有健壮的根原基数外，主要决定于苗体的氮素营养水平。

当苗体含氮率高，蛋白质合成迅速，细胞分裂强度大，根原基分化多、潜伏少，发根多而粗壮。因此，增强发根力必须提高秧苗的含氮水平。但含氮量越高，苗组织越柔嫩，越易植伤或死苗。抗植伤力的内因，主要决定于秧苗含糖水平。含糖量越高，细胞渗透压大，束缚水含量高，机械组织发达，苗体老健，表现耐旱、抗高温日晒。但含糖量过高而含氮量过低的老瘦苗，发根力很差。统一两者矛盾的首要关键在于落谷稀，培育出糖氮含量均高的壮个体，并在早施断奶肥、促进秧苗的光合生产率、形成壮秧的基础上，进一步调节秧苗在移栽前的适宜糖氮比，这主要通过合理施肥进行调节。

（1）*施好接力肥* 4叶期起务必看苗施好接力肥，这次施肥的目的在于使秧苗于4叶期起的秧田分蘖期处于旺盛的分蘖状态，形成叶蘖同伸的壮秧，并在移栽前3～5天苗色开始褪淡、处于得氮增糖期，以提高苗体含糖量、使苗质坚挺、为抗植伤奠定基础，同时也为移栽前秧苗施起身肥和返青活棵积累必要的糖量。接力肥的施用必须瞻前顾后。首先要根据秧龄长短，5～7叶期移栽的秧苗，就不具备4叶期接力肥的条件，着重在基肥和断奶肥中施足肥料，或将接力肥提前至3叶期施用。移栽叶龄在8叶以上至10叶的，即离移栽期有4个叶龄以上的，才具备施接力肥的条件。其次，在用量上，离移栽叶龄期愈短的，施氮肥量宜少；愈长的，施氮量应多些。总的原则是在施肥后1个叶龄上色，于移栽前1个叶龄开始褪色，以此来掌握施用量。

（2）*施好起身肥* 临移栽前，在叶色褪淡的基础上，于栽秧前0.5叶龄期（即移栽前3～4天）施好起身肥。其目的是使氮入苗体，叶未上色，新根初萌时即行移栽。这时的秧苗，体内处于高糖、高氮状况，既可防植伤，又可增强发根力，最有利于活棵分蘖。现将不同叶龄期的肥水管理的关系归纳成表8。

表 8　秧苗叶龄进程与肥水管理模式

叶龄进程	播种	芽鞘	不完全叶	1	2	3	4	5	6	7	8	9
诊断指标		萌发种子根	种子根下扎（吐水现象）	芽鞘节根始发	出现5条节根（鸡爪根）	不完全叶节根	第一叶腋内通同伸分蘖发生	同伸分蘖发生			叶色正常，叶面积指数4，群体茎蘖滞增叶龄期适宜移栽	
施肥技术	施足基蘖肥，有机肥、无机肥，氮、磷、钾搭配				断奶肥	根据移栽叶龄是否施	接力肥		起身肥	移栽中苗	起身肥	移栽大苗
灌溉技术	不可以建立水层期（湿润灌溉）			可灌水期（跑马水）		水层灌溉（浅水层）				浅水勤灌		

229. 旱秧苗期的水分管理技术是什么?

水分控制是旱育秧壮秧的中心环节和成败关键。旱育秧在秧苗不同叶龄期对水分的反应和需求不同，水分管理要针对不同叶龄期分阶段采取措施。

播种至齐苗阶段要保持土壤有较高的持水率，以提高出苗率。旱育秧出苗不齐和出苗率不高的主要原因是水分控制不当。土壤水分对出苗率和出苗速度影响极大，芽谷播种后，土壤含水量必须达到一定水平才能出苗，超过该水平，随着土壤含水量的增加，出苗率和出苗速度迅速增加。当土壤相对持水率在70%～80%时，旱秧才能顺利出苗，播种后4～5天即可以齐苗。因此，播前必须一次浇透底墒水，播后覆盖膜前喷水淋湿盖中物，并及时盖膜保湿至齐苗。

齐苗至移栽前要以控水、健根、壮苗为目标。1～2叶期的幼苗靠胚乳营养，叶少叶小，蒸腾量少，只要播前底墒足，此期一般对水分反应不敏感。2～3叶期秧苗由异养转入自养，要适时揭去苗床上的覆盖物，揭膜时间不当，往往因秧苗周围空气湿度急剧下降，叶面蒸腾大，而根部吸水供应不上，叶面积增大而根系尚不健全，对水分亏缺反应敏感，常出现卷叶死苗。4叶期后中、大苗，根系比较健壮，对土壤水分亏缺的反应不敏感。因此，在齐苗揭膜后（2～3叶期），即需喷浇一次透水，达到5厘米土层水分饱和，以弥补土壤水分的不足。

4叶期至移栽前，必须严格控水，即使床面开裂，只要中午叶片不打卷，就不必补水。旱育秧和其他育秧方式的重大差别就在于此期的控水。要清理田间排水沟系，保证下雨秧田无积水，防止旱秧水害，失去旱秧优势。4叶期以后是控水旱育培育壮秧的关键，即使中午叶片出现萎蔫也无需补水，但发现叶片有“卷筒”现象时，要在傍晚喷水，使土壤湿润即可。移栽前一天傍晚，可结合施“送嫁肥”浇一次透水。

230. 旱秧秧苗的追肥方法怎样？

旱育秧床土培肥达到要求的，一般不需追肥。苗床培肥达不到标准的，要重视追肥，但追肥的效果不如基肥好。在必须追肥时，一般在3叶期（2叶1心）施用的效果较好。每667米^{2}施尿素10～15千克，过磷酸钙20千克，氯化钾5～7千克，混合施用。必须把混合肥对成1%的肥液，于下午4时后均匀喷施，以提高肥效。干肥撒施，容易造成肥害。

231. 旱育秧秧苗追肥应注意哪些？

秧苗追肥。苗床培肥达不到标准的，要重视追肥，但追肥的效果不如基肥好。在必须追肥时，旱育秧床土培肥达到要求的，其供肥总量充足，养分全面，速效肥料含量高，所以，在秧苗生长前期一般不会缺肥，所以一般不需追肥。但由于苗床处于相对干旱半干旱状态和秧苗前期蒸腾量小，养分在苗床上的移动性差和肥料营养元素在秧苗体内运输不畅，均易造成变相缺肥。随着叶龄的增加，地上部茎、叶、蘖的生长量不断增加，所需营养元素也不断增加，在培育中苗或大苗时，后期往往出现旱育秧落黄脱力的症状，这时必须适量追肥。旱育秧与湿润育秧不同，在追肥时应注意以下 4 点：

（1）旱育秧的叶色一般比较深绿，缺肥初期不易察觉，当叶片出现落黄时，表面缺肥程度比同叶色的湿润秧苗重。

（2）旱育秧施用肥料种类应考虑到苗床干燥的特点，以选用优质尿素最佳，不能施用易挥发性的其他肥料。不能直接撒施，防止局部肥料浓度过高，灼伤叶片或烧苗，应采用肥水喷浇的方式。若化肥直接撒施，必须于撒施后立即喷水淋洗。

（3）旱育秧在 3 叶期（2 叶 1 心）施用的效果较好。每 667 米^2 施尿素 10～15 千克，过磷酸钙 20 千克，氯化钾 5～7 千克，混合施用。必须把混合肥对成 1％的肥液，每 1 米^2 用尿素 5～10 克，于下午 4 时后均匀喷施，以水带肥入土，以提高肥效。干肥撒施，容易造成肥害。

232. 机插小苗的二种育秧技术要点是什么？

目前机插小苗的育秧技术主要有二种软盘育秧方式：

一是机械化播种软盘脱盘育秧（软盘机播种）。将软盘衬在硬盘中，利用机械化硬盘育秧设备实施播种作业后，下田进行脱盘作业，将软盘整齐铺放在秧板上（硬盘反复使用），而后盖土、封膜盖草。

二是塑料软盘田间播种育秧（软盘田间播种）。将有一定硬度的塑料软盘整齐摆放于秧板上，用半机械化播种设施进行播种作业，而后盖土、封膜盖草。

（1）软盘机播种育秧作业流程

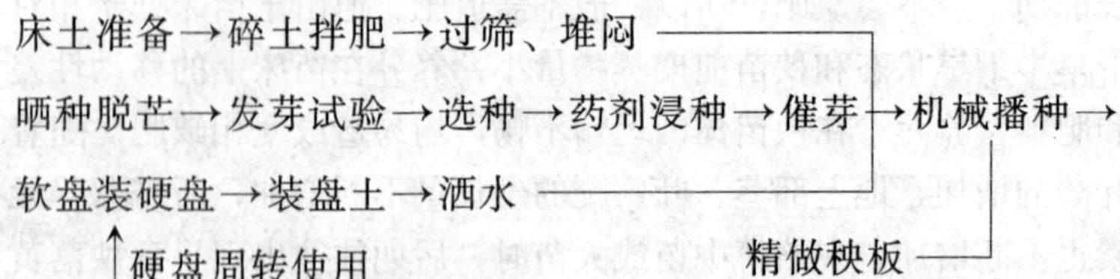

秧板脱盘→覆土→湿润秧板→封膜盖草
→揭膜炼苗→苗床管理→起盘移栽

（2）软盘田间播种育秧作业流程

床土准备→碎土拌肥→过筛、堆闷

晒种脱芒→发芽试验→选种→药剂浸种→催芽→铺放空盘→

精做秧板

装盘土→洒水→播种→覆土→湿润秧板→封膜盖草→揭膜炼苗→苗床管理→起盘移栽

233. 机插小苗育秧床土和秧田准备技术？

（1）床土准备　要备足营养土，宜选择肥沃的菜园土、耕作熟化的旱田或经秋耕冬翻冻融的冬闲地的表土作床土。每667米^{2}移栽大田需床土的数量，双膜育秧为110～120千克，床土厚度达1.8～2.0厘米，盘育秧为150千克，秧盘底土厚度达2.0～2.5厘米。

床土培肥。采用有机、无机肥相结合的方法。在秋耕冬翻冻融的基础上，于早春在拟取土的田块上每667米^{2}均匀施入人畜粪或腐熟堆肥2 000千克，以及25%的氮、磷、钾复合肥60～70千克，或硫酸铵30千克、过磷酸钙40千克、氯化钾5千克。施后连续翻耕2～3遍（深10厘米），抢晴进行堆制、覆膜。而后在水分适宜时（含水 15%）过筛（孔径 4～6 毫米），每 100 千克细土拌 0.5～0.8 千克壮秧剂，起调酸、培肥、助壮秧的作用，然后集中堆闷，备用。

培肥方法。在播种前 20～30 天进行。每 100 克细土加入硫酸铵 100～120 克（或尿素 80 克）＋磷铵 120 克＋氯化钾 100 克，或者直接加入 45%复合肥 350 克（N、P、K 各含 15%）；另每立方土加腐熟有机肥，以增加土壤的通透性，提高成苗率，促进盘根良好。偏碱性的土壤可按 100 千克床土加 150～200 克过磷酸钙进行调酸，或 100 千克细土加壮秧剂 0.5 千克充分拌匀（pH 调至微酸），堆制备用。

（2）秧田准备　选择地势高爽平坦、排灌分开、运秧方便、便于操作管理的田块作秧田。按照秧大田比 1∶100 选用秧田。在播种前 10～15 天旋耕耙平，开沟做秧板、上水整平 2～3 次，要求落差不超过 3 厘米。秧板畦面的宽度 1.5 米；沟宽 0.3 米，深 0.25 米。秧板做好后排水晾干。使板面沉实。播前 2 天铲高补低，要求板面达到“实、干、光、直”的要求。

234. 机插小苗育秧对种子的要求是什么？

（1）备足饱满、发芽率高（90%以上）的精选种子。盘式育秧的每 667 米^2 大田需 3 千克；（2）机械去芒和枝梗；（3）用 1∶1比重盐水或黄泥水选种；（4）药剂浸种。每 10 千克种子，用 25%的施保克 3 毫升兑成 2 000 倍液，加 10%吡虫啉 20 克，兑成 600～800 倍液，浸种 3 天左右，防治恶苗病及稻蓟马、灰飞虱；（5）催芽。机播的要求 90%的种子在播种前达到破胸露白；人工手播的，根长可达稻谷长度的 1/3，芽长可达 1/5～1/4，切不可过长。

235. 机插小苗的育秧播种技术？

（1）铺好育秧盘（每 667 米^2 大田备足 22～30 张盘）；（2）

均匀铺土。将营养土均匀平整地铺放在软盘上，底土厚控制在2～2.5厘米（盘育秧）。并喷水使底土水分饱和；（3）精量播种。按每盘或每平方米计算芽谷播种量。以发芽率90％和芽谷吸水25％计算。如每盘原计划干谷100克（以100％发芽率），则每盘应播芽谷140克，原每平方米计划落干为700克好，则芽谷播量为920克；（4）播后均匀盖土（0.3～0.5厘米），喷除草剂或敌可粉1.3克/米^2（有效成分）；（5）盖草封膜。在秧床和覆膜之间，应覆一层落稻草形成隔离层，既遮阳降温，有防止落膜在雨后贴在秧床上，损害秧苗；（6）封膜后落一次平沟水，湿润秧板后排水，以利保湿齐苗。

236. 机插小苗的育秧秧田管理技术要点是什么？

（1）高温高湿促齐苗　播前1～2天内，苗床需保持高温高湿，使出苗整齐；但要把中午膜内地表温度控制在35℃以下（可采用两头通风或盖草帘降温）。同时，要注意秧田排水，避免降雨淹没秧床，造成闷种烂芽。

（2）及时揭膜炼苗　盖膜时间不宜过长，一般在播后3～5天。秧苗出土2厘米左右，第一完全叶抽出时，一方面防止高温灼苗，同时使秧苗逐渐适应膜外的自然环境的锻炼。其原则是：晴天傍晚揭，阴天上午揭，小雨雨前揭，大雨雨后揭，遇低温寒流，日揭夜盖。拱棚秧苗的炼苗，在秧苗现青后进行。不管是拱棚秧还是地膜秧，当最低温稳定在15℃以上时，即可拆棚或撤膜。

（3）水分管理　水管和旱管两种。

①水管　在揭膜前保持盘面（畦面）不发白，缺水补水；揭膜后到2叶期前建立平沟水；使盘面（畦面）湿润不发白；2～3叶期灌跑马水。但遇强冷空气要灌水保苗，回暖后及时排水。移栽前3～5天控水。

②旱管　用旱秧的管水方法。揭膜时灌一次足水，浸透床土

后排放（也可喷洒补水），以弥补土壤水分不足。以后要确保两天田间无积水。若秧苗中午出现卷叶，可在傍晚后次日清晨人工喷洒一次，使土壤湿润即可。坚持不卷叶不补水，以保持旱育优势。

（4）施好断奶肥和送嫁肥　一般在1叶1心（播后约7～8天）施用。每667米^{2}秧田用腐熟人粪尿500千克，对水1 000千克，或用尿素5～7千克（每平方米7～10克），对水100倍，于傍晚结合补水喷施（床土肥沃的也可不施）。起秧前2～3天，每667米^{2}施用尿素5～6千克（每平方米7～8克）做送嫁肥。

（5）病虫防治　密切注意地下害虫、稻蓟马、灰飞虱、螟虫、稻瘟病及立枯病的发生。机播前每667米^{2}苗床用75%稻瘟必克20克，加20%稻螟克星100克，加吡虫啉20克，兑水50千克喷雾，防止稻瘟病、稻蓟马、一代螟虫和灰飞虱等带入大田。防蝼蛄可上水层或用48%乐斯本150毫升兑少量水拌干细土15～20千克，傍晚撒施。早春茬秧为防立枯病，在播前作到灭菌处理的，揭膜后结合秧床补水，每667米^{2}秧床用敌克松1 000～1 500倍液600～750千克洒施预防。

（6）化控技术　为防止秧苗旺长，增强秧龄弹性的适应机播需要，对4叶龄栽插的秧苗，于1叶1心期每667米^{2}秧田用15%多效唑粉剂75～100克喷粉，或可湿性多效唑粉剂50克，对水2 000倍喷雾。床土培肥时已用过旱育秧壮秧剂的忌用。

七、基本苗的确定和栽插质量

237. 合理基本苗的意义?

每667米^{2}栽插的基本苗是合理群体的起点，每667米^{2}栽插基本苗数的多少，对协调群体和个体的矛盾，促进有效分蘖，控制无效分蘖，合理利用分蘖；对促进高产群体的建成和发展，合理组合每667米^{2}穗数、每穗粒数、粒重等产量结构因子都有重要的作用，直至影响到产量的高低。

合理的基本苗数就是要充分发挥产量构成各个因素对产量的增产效应，削弱和控制各个因素间的相互制约而产生的减产效应，以争取达到最高产量水平。穗数直接受到基本苗数的制约，随着基本苗数的增加，一般来说穗数也不同程度的增加，在中低产水平下，往往表现为增穗增产。但随着基本苗数的增加，穗数增加到一定程度后，每穗粒数、结实率和粒重都会受到制约而降低，若这种对产量的负效应超过了增穗对产量的正效应，基本苗的增加就会导致减产。

分蘖的合理利用，高产群体的建成也受到基本苗数的影响，确定合理的基本苗就能做到有效分蘖充分合理利用，无效分蘖及时得到控制，群体发展合理，能在有效分蘖临界叶龄期或稍前够苗，这样够苗前的有效分蘖能充分发生和利用，够苗期后的无效分蘖可以控制发生，既能保证穗数合理又能减少无效分蘖，使高峰苗出现在拔节前一个叶龄，最高值是穗数的1.5倍左右。中期由有效分蘖为主的壮个体形成适群体又为后期攻大穗创造了条件，形成穗足粒多、粒重的产量结构，不断提高产量。

238. 基本苗过多过少为什么均不利于高产?

基本苗过多，群体茎蘖数发展的起点较高，够苗期必然会提前，部分有效分蘖不能成穗，导致有效分蘖利用率下降，无效分蘖增多，中期群体增大，群体对个体的抑制作用增强，影响了壮个体的建成。由于总茎蘖数增多，成穗率降低，个体之间竞争也加剧，这两方面都限制了大穗的形成。尽管基本苗过多，穗数会有所增加，但由于穗形小，结实率低，使穗粒结构组合不合理，产量反而会降低。倘若中期群体过大，无效生长增加，后期光合面积减少，物质积累量少，或者导致病虫害发生，稻株贪青倒伏，减产幅度将更为明显。而且基本苗过多还会造成种子和秧田的浪费，在栽培过程中，往往也会因为基本苗过多，一些关键技术不能及时实施。

基本苗过少，往往会导致穗数不足，由于基本苗过少，在有效分蘖临界叶龄期内的茎蘖数达不到穗数的指标，够苗期推迟，部分高节位的分蘖也要利用。这样也影响了穗层结构，大小穗之间的差距拉大，也不利于大穗的形成。

在大面积生产上栽足适宜基本苗数，防止基本苗过多或基本苗过少是确保稳产高产的基本环节。据对比试验：基本苗适中的比基本苗过多或过少的单穗实粒增加 16.6 粒和 15.7 粒，结实率增加 1.4%和 12.2%，产量分别增加 8.3%和 14.7%。

239. 基本苗的公式是如何得来的? 为什么要用公式计算基本苗?

充分利用分蘖成穗，在满足一定穗数的基础上使个体得到充分发展，以利形成大穗，提高产量，这是确定适宜基本苗的基本原则。因此，适宜基本苗数应根据每 667 米^2 穗数和单株成穗数两个因子来决定，如每 667 米^2 穗数要 25 万，单株成穗数为 2.5 个，则基本苗 667 米^2 要栽 10 万，即：适宜基本苗数（X）＝每

667 米^2 适宜穗数（Y）/单株成穗数（ES）。对于某一地区、某一品种、一定产量水平，每 667 米^2 适宜穗数一般都有适宜范围，因此影响适宜基本苗数的关键是单株成穗数。单株成穗数由 3 个部分的因子构成：一是移栽时的主茎（1）和 3 叶以上大蘖（t_1），这部分一般都能成穗；二是秧田发生的小分蘖（t_2）及这些分蘖的成穗率，即 t_2r_2；三是移栽后秧田的主茎和 3 叶大蘖在本田期的单茎成穗数，此值又取决于每 1 个单茎本田有效分蘖发生节位数及发生率 r_1，本田有效分蘖节位数是秧苗移栽叶龄减去一个返青叶龄到有效分蘖临界叶龄期之间的分蘖节位数，即（N－n－SN－1）个叶位。如一个杂交稻品种 17 叶、5 个伸长节间，移栽秧龄为 7 叶，大田有效分蘖节位数为 17—5—7＝5，再减去返青期叶龄则为 5—1—4，即每一单茎栽入大田到有效分蘖临界叶龄期之前，有 4 个分蘖节位。

在大面积生产上，由于秧龄大小不同或其他条件的差异，往往需要对有效分蘖临界叶龄期进行适当的调整，如小苗移栽，往往需要提前一些够苗，以控制中期群体的发展；大苗移栽，往往需要利用 N－n＋1 叶龄期的分蘖，以节省基本苗，确保穗数，往往要推迟一些够苗，因此大田有效分蘖节位数为（N－n－SN－1－a），这样单株成穗数则为（$1+t_1$）＋（$1+t_1$）（N－n－SN－1－a）$r_1+t_2r_2$，亦为（$1+t_1$）［1＋（N－n－SN－1－a）r_1］＋t_2r_2，代入 $X=\frac{Y}{ES}$式中基本苗计算公式为：

$$X=\frac{Y}{(1+t_1)\times[1+(N-n-SN-1-a)r_1]+r_2t_2}$$

倘若在大面积生产上只考虑一次分蘖成穗，而不考虑秧田小分蘖成穗，基本苗数以主茎和秧田 3 叶大蘖为准的话，可将上式简化为：

$$X=\frac{Y}{(1+t_1)\times[1+(N-n-SN-1-a)r_1}$$

按照基本苗公式确定基本苗，可以数量化地提出每 667 米^2

移栽基本苗充分利用有效分蘖，控制无效分蘖，培育壮个体，建成中期的适群体，在确保穗数的基础上攻取大穗，确保稳定增产。

240. 如何预测单株成穗数?

单株成穗数由移栽时主茎和 3 叶大蘖及其栽后发出的有效分蘖成穗部分，以及秧田期发出的 2 叶以下小分蘖成穗部分所组成。移栽时的主茎和 3 叶大蘖在正常移栽、植伤不过重的情况下一般都能成穗。这些单茎移栽后的成穗取决于这些单茎在有效分蘖临界叶龄期前的分蘖发生率及成穗率。通常杂交稻有效分蘖发生率为 0.7 左右，常规稻为 0.6 左右。这部分分蘖的成穗率大致在 0.8 左右。秧田期 2 叶以下小分蘖的成穗率一般在 0.2～0.3。有效分蘖临界叶龄期后发出的分蘖，对穗数也有一定的补充作用，这种补充作用因密度大小、当时群体状况而有所不同，密度数大，当时群体茎蘖数较多，这种补充作用则会削弱，反之，就会增强。

如某品种秧田有 3 叶大蘖 1 个、2 叶以下小蘖 2 个，主茎叶数 16，主茎伸长节间数 5，r_1 为 0.7，r_2 为 0.3，6 叶期移栽，则

主茎和 3 叶大蘖成穗数为 2 个；

主茎和 3 叶大蘖大田分蘖的成穗数为（16－6－5－1）×0.7×0.8=2.24（个）；

2 叶以下小蘖成穗数为 2×0.3=0.6（个）；

动摇分蘖补偿分蘖成穗数为 2×0.3=0.6（个）；

这样，单株成穗数=2+2.24+0.6+0.6=5.44（个），与够苗期预期成穗数 5.4 接近。

241. 合理密植的涵义是什么?

水稻田合理的株数和穴数及其栽插规格，既能充分发挥水稻

较强的分蘖与群体自身调节能力的特性，达到每 667 米^2 理想穗数，同时，又保证稻田能充分利用光能，进行光合作用，积累较多的有机物质，从而提高水稻的产量。因而，水稻合理密植应包括基本株数、每 667 米^2 穴数与株行距以及每穴苗数 3 个方面。

242. 手插稻的基本苗公式是什么？

凌启鸿等根据有效分蘖临界叶龄期的分蘖成穗数和秧苗移栽叶龄和带蘖数及壮弱等因素，提出了基本苗计算的定量公式：

$$合理基本苗数（X）=\frac{每 667 米^2 适宜穗数（Y）}{单株成穗数（ES）}$$

（1）每 667 米^2 适宜穗数（Y）的标准　每 667 米^2 适宜穗数是指达到最高产量水平时所必须的穗数范围，因品种、栽培方式不同而异，某一品种，在一定地区的栽培方式下其每 667 米^2 适宜穗数是相对稳定的。可由多种方法获得：一是通过该品种高产田块穗数的众数获得；二是通过该品种最适最大 LAI 除于抽穗期单茎叶面积获得。

（2）单株有效穗数（ES）的计算

①水稻单株成穗数组成成分包括三个部分。一是移栽时的主茎（1）和三叶以上大蘖（t_1），即（$1+t_1$），这部分一般都成穗；二是移栽时小分蘖（t_2）及其成活率（r_2），即 r_2t_2。三是移栽后秧田的主茎（1）和三叶大蘖（t_1）（大田发生的 2 次分蘖同主茎的 1 次分蘖）在本田期的单茎成穗数。单茎成穗数为（$1+t_1$）+（$1+t_1$）（N－n－SN－1－a）$\times r_1+t_2r_2$。

本田期的单茎成穗数取决于每一单茎本田有效分蘖发生节位及发生率 r_1，本田有效分蘖节位数是移栽后减去一个返青叶龄到有效的分蘖临界叶龄期之间的分蘖节位数，即（N－n－SN－1）个叶位，这些分蘖位因秧龄大小而有差异，往往需要对有效分蘖临界叶龄期进行适当的调整，如小苗移栽，需要提前一些时间够苗以控制中期群体的发展，大苗移栽往往需要利用有效分蘖临界叶龄期后 1 个（N－n＋1）叶龄期的分蘖以节省基本苗，确保穗数，往往要推迟一些时间够苗，这个调节值用 a 表示。因此大田有效分蘖节位数主茎和大分蘖都为（N－n－SN－1－a），这样单株成穗数为 $(1+t_1)+(1+t_1)(N-n-SN-1-a)\times r_1+t_2r_2$，也可表示为 $(1+t_1)\times[1+(N-n-SN-1-a)r_1]+r_2t_2$，代入 X＝Y/ES 公式，即为

$$X=\frac{Y}{(1+t_1)\times[1+(N-n-SN-1-a)r_1]+r_2t_2}$$

公式中：

X：移栽基本苗数；

Y：预期适宜穗数；

N：主茎总叶数；

n：品种主茎伸长节间数；

N－n：有效分蘖临界叶龄期；

SN：秧苗移栽叶龄；

t_1：秧苗三叶以上的大分蘖；

t_2：秧苗二叶以下的小分蘖；

r_1：本田有效分蘖临界的平均分蘖发生率，一般为0.6～0.9；

r_2：秧田 2 叶以下小蘖栽后的成活率，一般为 0.2～0.4；

a：有效分蘖临界叶龄期的校正值，一般为 0.5～1。

②手插稻基本苗计算实例：某杂交稻品种（主茎总叶数 18 叶，伸长节间数 5 个），计划穗数 20 万，7 叶移栽，秧苗带蘖 2.6，其中 3 叶蘖及以上 2 个，2 叶蘖以下 0.6 个，希望在 N－n－1 时，即 12 叶时够苗，a 值取 1，r_1 取 0.8，r_2 取 0.4，应用公式计算基本苗：

$$X=20/(1+2)[1+(18-5-8-1-1)\times 0.8]+0.6\times 0.4$$
$$=1.9\text{万(苗)}$$

实际上栽插 1.8 万，每穴 1 苗。最后穗数 18.9 万，与计划穗数基本一致。

243. 直播稻的基本苗计算?

直播稻没有移栽过程，单株成穗数包括一个主穗及其产生的分蘖穗，分蘖穗数决定于：主茎的有效分蘖叶龄数、有效分蘖期间可能发生的一次、二次乃至三次分蘖的理论数、分蘖平均发生率（r）三个因素。主茎有效分蘖叶龄数等于适宜的够苗叶龄期（N－n－a）减去分蘖起始叶龄以前的叶龄（BN），即主茎有效分蘖叶龄数＝N－n－BN－a。

够苗叶龄期内可能发生的分蘖的理论数由主茎有效分蘖叶龄数乘以应变调节系数 C 确定，即可能发生的有效分蘖理论总数＝（N－n－BN－a）×C，能发生的有效分蘖理论数乘以分蘖平均发生率 r，即相当于植株能产生的分蘖穗数（ES）再加上主茎穗（表 9）。

单株成穗数（ES）＝1＋ES＝1＋（N－n－BN－a）×Cr。

于是，直播稻基本苗经验公式如下：

$$X=\frac{Y}{1+(N-n-BN-a)\times C\times r}$$

公式中 BN、a、r 及 C 四个参数的确定：

BN 值的确定：按叶蘖同伸规律，直播秧苗于 4 叶期可开始分蘖，但普遍发生分蘖，往往开始于 5 叶期，所以取 BN 值 5 为宜。

a 值的确定：直播稻的二、三次分蘖多，群体总分蘖数一般偏多，加之直播稻的主茎总叶数常比移栽稻减少 0.5 叶，在主茎拔节时，具有 4 叶的二、三次分蘖成穗的几率低，因此，为保证穗数，单季中晚稻高产田够苗叶龄期以 N－n 叶龄期提前二个叶龄为宜，故 a 值常取 2，但更早够苗，仍不相宜。

r 值的确定：直播稻个体的分布不及移栽稻均匀，且在分蘖初期阶段，因植株小，常因土地平整度影响分蘖的整齐度。故平均分蘖率不及移栽稻。江苏农垦系统的大面积实践资料表明，r

值一般在 0.4～0.6 之间，田肥、平整度好，r 值取高值，反之取低值。

表 9　C 值的确定（C 值的求取方法）

主茎有效分蘖叶龄数（A）	1	2	3	4	5	6	7	8
一次分蘖理论数	1	2	3	4	5	6	7	8
二次分蘖理论数				1	3	6	10	15
分蘖的理论总数（B）	1	2	3	5	8	12	18	28
C 值＝B/A	1	1	1	1.25	1.6	2.0	2.6	3.5

244. 机插小苗基本苗公式?

小苗是指 3～4 叶期移栽的秧苗，机械栽插的均取小苗。小苗移栽时不具分蘖。小苗移栽基本苗公式为：

$$X=\frac{Y}{1+(N-n-SN-2-a)Cr}$$

小苗的分蘖起始叶龄为移栽叶龄加 2 个叶龄，即 SN＋2，这是因为小苗苗体弱，移栽后一般要经二个叶龄以后才普遍分蘖。

小苗移栽的 a 值，单季中、晚稻仍以 2 为宜，单、双季早稻以 1 左右为宜。小苗的 r 值，因植株分布比直播均匀，一般为 0.5～0.8。

245. 几种栽插方式（行株距）各自有什么特点?

合理基本苗数确定后，合理的栽插方式对增产亦发生显著作用。相同基本苗存在多种栽插规格即适宜行株距配置。

（1）等行距（正方形）栽插　行距和株距相等，穴与穴排列成正方形。这种栽培方式，植株间所占的土地面积相等，分布比较均匀，利于稻株能均匀地得到光照、温度、水分和肥料，地下部的根群伸展也比较一致，对前期分蘖的发生较有利，但封行较早；而密度增大株行距缩小时，田间操作不方便，通风透光也受阻碍。陈永康小株方型密植的经验，是在当时的生产条件下形成的，其缺点是在多肥情况下，容易较早封行，恶化群体光照条件，不利于创造高产。

（2）宽窄行条插　宽行距与窄行距相间移栽，一行宽，一行窄，这既能增加栽插密度，又便于通风透光和田间管理。稀中有密，密中有稀，能充分发挥边际优势。但窄行间距太小，加上株距小，稻株的发展不平衡，增产优势不明显，且移栽时较难掌握。对于分蘖性较弱、株型比较紧凑的品种，采用这种栽插方式增产效果比较显著。

（3）长方形栽插　栽插的行距和株距不等长，行距宽，株距窄。例如 13.3 厘米×26.7 厘米等。宽行窄株栽插不仅可以达到较高的密度水平，同时封行较迟，便于通风透光和管理操作，光合效率高，在生产上应用较为普遍。在高产条件下，宽行窄株距（长方形）的栽插方式，已成为今后水稻生产的发展方向。

246. 宽行窄株栽插方式有什么优点?

水稻移栽的基本苗数大致相近的情况下，由于移栽的行株距规格不同，而形成不同的生态小环境，如植株间的光照和湿度、通风条件以及植株的营养，这些条件的改变，也会对产量要素的构成产生一定的影响。我国水稻栽插的行株距配置方式主要有 3 种：一种是等行株距的正方形栽插方式；第二种是行距较宽、株距较窄长方形方式；第三种是宽窄行相间，株距不变，形成双行并列方式，称宽窄行方式。生产实践表明，第二种宽行窄株有明显的增产作用，它是改善光能利用、调节群体与个体矛盾的有效手段。其增产原因有三点：第一，有利于解决穗多与粒少的矛盾，宽行窄株能在较高的穗数上提高每穗粒数；第二，宽行窄株提高了群体中个体的整齐度，易取得高产；第三，有利于解决争多穗和密植易倒伏和易生病虫害的矛盾。宽行窄株地上第一、二节间长度比同等密度的其他方式要短，且通风透光条件改善，所以较抗倒伏，纹枯病较轻，稻飞虱等害虫也较少。每公顷栽 45 万穴的双季早、晚稻，可按 10 厘米×23.3 厘米的株行距栽插。每公顷栽 22.5 万～30 万穴的一季中、单晚稻，可按 15 厘米×30 厘米或 13.3 厘米×25 厘米株行距规格。

247. 扩大行距的意义?

水稻行株距即在田间的分布形式。扩大水稻栽插行距，是改变传统的基本苗过多，无效分蘖多，高峰苗过早的弊端的重要方式。其具有以下两大优势：①扩大行距可以降低高峰苗数值，提高分蘖成穗率，促进个体健壮发育，解决多穗与大穗定矛盾，使产量构成因素在较高水平上得到协调统一。在基本苗相近的情况下，扩大行距，在获得相近穗数时有利于提高每穗粒数而获得较高产量。②扩大行距，控制封行期，有利于通风透光，改善中、后期群体内的光照条件，提高抽穗至成熟期的光合生产和抗逆力。据观察在孕穗期叶面积指数相近时，27 厘米行距的基部受光率（5.69%）比 20 厘米的（1.82%）要高出 21.44%。③扩大行距，省工省力省本，利于操作管理方便。所以栽插基本苗与栽植方式两者协调，有利于提高水稻生产的总体综合效应。

248. 确定行距的标准是什么?

合理稀植的行距标准一是水稻生育前期穴与穴之间的光、肥、水的相互竞争小，以利于发棵和出现更多的分蘖；二是孕穗期适期封行，以利于植株叶片能得到较充足的光照，提高结实率，降低空秕率。行距大小确定有以下几种方法。

（1）*以品种确定*　杂交水稻的适宜行距在 30～33.3 厘米之间、株距 12～16 厘米，比较适宜，小于或大于这一范围均不适宜。常规中粳稻以行距 26～28 厘米，偏大穗型品种，可扩大至 30 厘米，株距 13 厘米；单季晚粳以行距 26～30 厘米株距 13 厘米左右为宜。以上行距再扩大，则过稀，难封行，成穗不足，穗型不整齐，难以高产；过小则封行过早，群体恶化，穗型变小，影响穗肥施用。

（2）*以株高确定* 一般常规稻，株高110厘米，行距28～30厘米，株距12厘米；株高95～100厘米，行距24～25厘米，株距12厘米；株高80～90厘米，行距21～23厘米，株距12厘米，每667米^{2}苗数栽足1.8万～2.2万穴。

（3）*以施肥料水平和产量水平确定* 一般施肥水平、产量要求高的，行距要大，反之施肥水平、产量要求低的，行距要小些。

249. 确定每穴栽插苗数的意义？

每穴栽的苗数对水稻群体结构也有很大影响，这是因为每穴相对于整个稻田来说，每穴属个体，整个稻田属群体；但每穴相对于该穴中的每一株苗来说，则穴相当于群体，每株稻苗相对当于个体。因此，在每穴中也有群体和个体的矛盾问题，并且在很大程度上在争光、争肥上反映出来。在行株距相同时即每667米^{2}穴数相同时，增加每穴栽插苗数，会增加单位面积的基本苗，造成穴内个体之间的营养和光热竞争，限制稻苗个体生长和分蘖发生，会减少分蘖的发生量，单株最高茎数减少。

250. 每穴栽插苗数的标准是什么？

据报道，水稻一般大田每穴插2～3苗的，有效穗多于基本苗。每穴插6苗的，有效穗接近基本苗。每穴插9苗的，有效穗少于基本苗。所以在小苗机插时要防高密度秧苗每穴苗数过多，分蘖期秧苗不壮而造成无分蘖现象。

251. 如何合理配置栽插规格？

栽插规格主要指行株距配置及行向选择，在基本苗数确定之后，根据不同生产条件确定适宜的栽插规格对产量有一定的影响，其667米^{2}增产效应可达50千克左右。

水稻栽插首先要做到小株密植，防止一穴苗数过多，造成穴内个体之间的竞争，限制稻苗个体生长和分蘖发生。要根据土壤肥力、生产条件和产量水平选择不同的行株距配置，在土壤贫瘠、生产条件差和产量水平较低时可采用等行距的配置，如株行距为 13.2 厘米×13.2 厘米，16.5 厘米×16.5 厘米，17.8 厘米×16.5 厘米，这样能够使秧苗均衡地利用温光和土壤资源，生长初期能减轻稻苗个体间的相互竞争，有利于前期稻苗的生长，确保足穗。在土壤肥力较高、生产条件较好，尤其是在高产栽培条件下，应积极示范推广宽行窄株配置，如 26.4 厘米×9.9 厘米，23.1 厘米×9.9 厘米，能改善生育中后期群体内的生态条件，如孕穗期行间相对光强增加 40%～60%，株间相对温度减少 4%，温差增加 0.3℃，这些条件的改善有利于根系的生长，保持单株绿叶数多，增强了对病虫害的抵抗能力，对有效分蘖的生长无抑制作用，反而能明显地减少无效分蘖，提高成穗率，从而在足穗的基础上争取大穗，获得高产。

在栽插行向上，宜尽量采用东西行向，以利于充分合理利用光能。

252. 栽插质量标准是什么?

栽插质量标准要求栽浅、栽匀、栽直，以栽浅对稻株生长和产量形成影响最大，因此栽插质量的首要指标是栽浅。

移栽期间稻田表层土壤温度要比 4～5 厘米左右深的土温高 2～3℃，而且土表的地温差又大于较深处土壤，浅栽使发根节处于土壤松软，含养分丰富、温度较高的土表，有利于根系生长发育和对养分的吸收，能缩短栽后的缓苗期，迅速恢复稻株的生长。由于根系生长快，吸收养分多，分蘖节又处于温度较高的土表，也有利于促进分蘖。而深栽的秧苗，分蘖节深埋在土中，往往要通过基部节间的伸长，把分蘖节推至地表部才能开始分蘖，这样不仅浪费了养料，而且也明显地延误了有效分蘖时期，分蘖发生慢，长势弱。在栽浅的基础上努力做到栽匀，有利于群体平衡生长。栽直有利于田间管理。但是，栽插过浅会造成漂秧和倒秧，不能保证密度，有时还会影响栽插进度，因此栽插深度以1.6～3.3厘米为宜。小苗移栽还应适当再浅些。

其次是要减轻植伤，利于水稻早活棵、早返青和早分蘖。早出生的分蘖穗总粒数和成熟粒数多，有的甚至比主茎穗还要多，这对提高产量有重要作用。减轻植伤的措施主要有培育健壮的秧苗，拔秧时尽量减少根的植伤和利用秧苗带土移栽等。另外要求插直、插匀、插稳，抹平田间脚印、不浮秧倒苗，不缺株少穴，这都关系到合理密植的规格是否得到保证、能否争取到预计的有效穗数、是否有利于个体和群体的协调发展。同时要求现拔（秧）现插不隔夜，使秧苗保持较强的生活力，这些都是夺取水稻优质高产的重要手段。

253. 为什么要防止大苗栽不足，小苗栽过头？

大苗栽后，大田有效分蘖节位数较少，发出的分蘖少，要达到预定的穗数，必然要栽较多的基本苗，如17叶的杂交稻品种，要收到19万穗，8叶期移栽即要栽7万～8万基本茎蘖苗。而小苗移栽后，有效分蘖节位较多，大田发出的分蘖数也较多，要收到预定穗数，基本茎蘖数则不必过多，如同上品种，5叶期移栽只需栽4万基本茎蘖苗数。但是，在实际生产中，由于大苗移栽时秧苗个体较大，叶片较长，栽后很易给人以苗数较多的感觉，移栽的人往往也会减少栽插的苗数。而小苗个体小，叶片短，往往会给人以苗数不足的感觉，移栽时也会一穴栽上过多的苗数。这些是心理原因造成的，必须加以克服

254. 为什么要强调水稻适时栽插？怎样做到适时栽插？

水稻适时栽插很重要，它与水稻高产、稳产、优质等都有密切的关系。适时栽插要根据气温、苗情、茬口、劳力等情况而

定，不能千篇一律。对于南方稻区油—稻茬或麦—稻茬的单季中晚稻，栽插时期的温度较高，已经不是制约因素，主要应该根据前茬收获期来确定适宜栽期，秧龄30～35天，叶龄6～7叶，单株带2～3个蘖的壮苗栽后发根快，能很快地吸收水分和营养而迅速生长。适时栽插，有利于在适温下分蘖的发生和生长，增加有效分蘖数。

255. 稀植的基本原则是什么？

稀植有利于大穗的形成，有利于田间通风透光减少病虫害的危害，有利于形成强大的根系。据研究，在足够的空间条件下，水稻单株分蘖一般可达50～60个，最多的可达80～100个，而且大部分分蘖属低位分蘖，易于发育成大穗；同时，根据蘖、根同伸规律，多分蘖就能多长根，形成强大的根系。超级杂交稻具有强大的个体，只有使个体获得充分发展的空间，才能最大限度地发挥个体优势以挖掘高产潜力。因此，超级杂交稻的栽培要从以往的“合理密植”转向“合理稀植”。合理稀植应因种、因地制宜。一般生育期长的中稻宜稀，生育期短的中稻宜密；植株高的宜稀，植株矮的宜密；分蘖能力强的宜稀，分蘖能力弱的宜密；稻田肥沃的宜稀，瘦田宜密。超级杂交稻在中高肥水平下，应以行穴距30厘米×26.7厘米。

256. 栽插密度对产量因素有哪些影响？

一般来说，随着栽插密度的增加，单位面积的穗数会增多，这有利于提高产量。但是，当单位面积上的穗数增加到一定程度之后，每穗的粒数就随着穗数的增加而明显地减少，每公顷的稻粒数（每公顷穗数×每穗粒数）并不因此而增多，甚至反而减少。同样，粒数与结实率之间存在着类似的问题。反之，随栽插密度的降低，每穗粒数和结实率可能会提高，但由于穗数的明显减少而导致单位面积上的总实粒数减少，造成减产。因此，栽插密度不是以单一产量构成因素的提高为目的，而是使产量构成的各个因素相互协调发展，达到一种最佳组合状态。在产量的 4 个因素中，有效穗数是构成产量的最重要因素，也是其他 3 个产量构成因素的基础。而有效穗一般是在栽后 20 天左右就确定下来的，它受栽培密度的影响最大。要建立一个合理的高产群体，必须根据品种（组合）的生育特性和土壤、肥料、气候条件确定一个合理的栽插密度。

257. 如何进行合理密植?

确定合理的栽插密度要从多方面考虑：

（1）水稻的品种（组合）特性　对矮秆品种，株型紧凑，耐肥抗倒，叶片挺直，群体透光好的品种（组合），可以适当栽插密些；对株型松散，叶片披软，或分蘖力强的品种（组合）栽插稀些。一般杂交稻的杂种优势表现之一是分蘖力强，应比常规稻栽插稀些。籼稻分蘖力比粳稻强，应栽插稀些。

（2）生育期　一般生育期特别是大田生育期短，分蘖时间也较短，分蘖成穗少，要栽插密些，反之则栽插稀些。

（3）栽培条件　一般土壤肥力较高，施肥较多时，应适当栽插稀些，反之则栽插密些。迄今为止，产量构成因素的最佳组合状态仍然只能通过大量的生产实践来确定，也就是说要靠一些实践数据来确定。随着品种（组合）的更新和栽培技术的进步，产量构成因素的最佳组合状态也会发生一定的变化，不同类型品种的栽插基本苗数不一样。目前几种稻作的基本苗大约为；单季稻每 667 米^2 栽 1.5 万～2.0 万穴，每穴栽 4 蘖苗左右，基本苗 6 万～8 万；特大穗型（每穗 200 粒以上）的品种或组合，每 667 米^2 栽 1.2 万～1.5 万，每穴栽 4 蘖苗左右，基本苗 4.8 万～6 万。

258. 栽插的行向为什么东西比南北行向好?

栽插的行向一般东西行向优于南北行向，这与太阳东升西落有关。东西行向的主要优点表现在：第一是改善了稻株的受光状态，提高了光合效率；第二是改善了田间小气候，由于阳光透入较多，透光时间也比南北行向的长，有利于稻田的水温和地温提高，促进稻株生长发育。由于通风透光好，水分子蒸发快，傍晚以后温度下降也快，扩大了昼夜的温差，有利于干物质的积累。同时也降低了田间的相对湿度，有利于控制病虫害。因此在生产实际中，应注意行向问题，尽可能选择东西行栽插。

259. 水稻浅栽有何好处?

所谓浅插（栽）是指栽深为 2～3 厘米。浅插（栽）不是栽得越浅越好，过浅容易漂秧或抗逆力差。所以水稻秧苗栽插深浅对秧苗生根、返青的快慢、分蘖的早迟、产量的高低等都有很大的影响。浅插的好处是：

（1）能使发根节处于地温较高的浅土层，有利于根系的营养吸收和生长发育。如 5 月份地表 1 厘米比地下 5 厘米在晴天中午的温度要高 2～3℃，可见浅插对生根有利。

（2）能促进蘖发生，这是因为分蘖的发生与昼夜水温温差有关，温差较大，分蘖发生节位低，数目也多。由于地表温差比地下大，所以浅插有利于分蘖的发生。

（3）有利于提高光能利用率，浅插由于使植株呈扇状散开，能截获更多的光能，提高了水稻前期生长的光能利用率。因此浅插是提高栽插质量的重要环节。

八、超高产水稻需肥特性与施肥技术

260. 肥料分哪几类？各有什么作用？

按肥料来源、组分和性质可分为化肥、有机肥、生物肥料、绿肥。

有机肥：有机肥又称农家肥，含有大量的有机物质，一般要经过微生物的分解才能被植物吸收，肥效缓慢而持久；营养元素种类齐全，但浓度较低。有机肥含有一定的生物活性物质，有明显的培肥与改土作用和活化或固定土壤养分的作用。有机肥包括堆肥、厩肥、饼肥、人畜粪、绿肥等。

化肥：化学成分较单纯，其含量相对较高，多为水溶性或酸溶性，属于速效性营养物质，能直接被根系吸收或叶面吸收；化肥施入土壤后，能在一定程度上按人的要求调控土壤中该营养元素浓度及土壤的某些理化性状。化肥不含有机质、是通过化学的或物理的途径制成的肥料，如碳酸氢铵、尿素、氯化钾、过磷酸钙等。化肥又称矿质肥料、无机肥、商品肥、速效肥等。其中按成分的配方又可分为单质肥和复合肥（含复混肥、复配肥）。根据植物对其吸收量的多少又可分为大量元素肥（如氮、磷、钾、硫、钙、镁等）和微量元素肥（如铁、锰、硼、锌、钼、铜、氯、稀土肥等）。讲求测土配方施肥或按生理测定指标施肥。

微生物肥料：微生物肥料又称生物菌肥、细菌肥料，微生物肥料含有高效活性菌，需要创造菌株生长繁殖的环境条件才能提高肥料效果；施用量少，施用方式与时间应按菌株种类、生活习性要求进行。微生物肥料本身并没有多大肥效，但可以通过专化型细菌的生理代谢活动分解土壤中的矿质养分，提高肥效，或固定空气中的氮素，或加速有机物腐烂，使其转化成能被作物吸收利用的肥料，如生物钾肥（又称硅酸盐菌肥）、生物磷肥、生物固氮肥等。生物菌肥有利于环保、节约资源和生态的良性循环。

绿肥：种绿肥作物可达到以磷换氮，以少氮换多氮及有机质的目的；绿肥作物可起到活化潜在性土壤养分、熟化土壤的作用，并且养分齐全。绿肥作物如紫云英等，在种植生长过程中能起到培肥土壤的作用。绿肥也是一种有机肥，因其作用独特，另成一类。

261. 肥料施用方法可分为哪几种？各有何作用？

肥料施用方法可分为基肥和追肥两种。

基肥：基肥又叫底肥，是在水稻播种或移栽之前施用的肥料。种肥（如腐殖酸肥拌种）和秧根肥（用磷肥或稀土等调成泥浆蘸根），也可以归于基肥一类。其作用在于打好生根、发蘖和全生育期的营养基础，可藏肥于土，收到肥肥土、土肥苗的功效。基肥有全层施和面施等形式。基肥包括有机肥、无机肥和生物菌肥类型，但以有机肥为主。

追肥：在水稻播种或移栽之后施用的肥料，以补充各个生育期的营养需要，调控禾苗长势长相。追肥一般以无机肥（速效化肥）为主。追肥讲究看天、看地、看苗施用。根据不同生育期和具体作用又可把追肥分为蘖肥、拔节长粗肥、穗肥（促花肥、保花肥）、粒肥等。按追肥的所及部位又可分为，深层施肥（如球肥深施）、表层撒肥、根外追肥（如叶面肥）等。

262. 高产水稻需要哪些主要营养元素？

水稻正常生长发育必需的营养元素有十几种，如氮（N）、磷（P）、钾（K）、硅（Si）、钙（Ca）、镁（Mg）、硫（S）及铁（Fe）、锰（Mn）、锌（Zn）、钼（Mo）、铜（Cu）、硼（B）等，前7种因需要量大，故称为大量营养元素，后6种因需要量较小，故称为微量营养元素，各种元素各有其特殊功能，不能相互替代，但它们在植物体内的作用并非孤立，而是通过有机物的形成与转化而相互联系。水稻一生所需要的大量元素，主要为氮、磷、钾，俗称肥料三要素。根据植株的化学成分分析，每生产100千克稻谷需从土壤中吸收氮（N）1.6～2.5千克、磷（P_2O_5）0.6～1.3千克，氧化钾（K_2O）1.4～3.1千克，氮（N）、磷（P_2O_5）、钾（K_2O）比例为1∶0.5∶1.3。水稻除三要素外，吸收硅素的数量也很大。据分析，每公顷产7 500千克稻谷，需吸收硅素1 312.5～1 500千克，所以无公害栽培中，应施用秸秆堆肥或硅酸肥料，以满足水稻对硅素的需要。

263. 高产水稻对氮素养分吸收特点是什么？

（1）水稻单位产量的吸氮量随产量提高而相应增加。据试验，不同产量水平（每667米^2 550～800千克）的群体吸氮量，随着产量的提高，每产100千克谷的吸氮量也随之提高。每667米^{2}产量由550千克增加到800千克，每产100千克稻谷吸氮量由1.77千克提高到2.26千克。但产量上升至每667米^2 700千克以上时，每生产100千克稻谷的吸氮量分别提高到2.17千克，这是由于水稻抽穗直至成熟期植株的含氮率随产量提高而提高。

（2）高产水稻的吸氮量的增加主要在拔节后。水稻群体在不同生育阶段氮素吸收状况因产量水平而有差异，每667米^{2}产量550～750千克的不同群体间，移栽到有效分蘖临界叶龄期，吸氮量差异不大，750千克的群体比550千克群体仅增加了4.39%，有效分蘖临界叶龄期到拔节期正是无效分蘖期，吸氮量差异更小，667米^2 750千克群体仅比550千克群体高1.87%，而到了拔节期至抽穗期，每667米^{2}产量750千克的群体比550千克群体吸氮量增加110.7%，增加一倍以上，抽穗至成熟期，每 667 米^2 产量 850 千克的群体比 550 千克吸氮量增加 47.79%，增加仅一半，由此可见每 667 米^2 产量 550 千克向 600、700 乃至 800 千克以上高产发展，水稻吸氮量增加主要在拔节到抽穗期（中期）和抽穗至成熟期（后期）。另据测定，水稻含氮与拔节前差异很小，高产水稻抽穗期稻体含氮率显著增加，抽穗至成熟期含氮率随着产量提高而增加。可见高产栽培应控制拔节前的氮肥，增加拔节后的施氮量。

264. 高产水稻对磷、钾素养分吸收的特点是什么？

水稻一生总吸磷、钾量随产量水平提高而增加，在每 667 米^{2}产量 550 千克时，每 667 米^2 吸磷量 6.69 千克，100 千克稻谷平均吸磷量 1.22 千克。每 667 米^2 产量 800 千克时，每 667 米^2 产量 100 千克稻谷平均吸磷 1.48 千克。从一生各生育期吸磷量看出，拔节到抽穗期的吸磷是每 667 米^2 产量 750 千克比 550 千克的群体高出 77.09%，且吸磷量占一生吸磷总量的比重，由每 667 米^2 产 550 千克的占 33.4%提高到 50.9%，同样水稻吸钾是不同产量水平在拔节以前几乎无差异，而拔节到抽穗期差异极为显著。可见高产栽培中水稻一生都要重视增施磷、钾肥，特别要重视生育中后期增加磷、钾肥施用量，使抽穗期有较高的含磷、钾率，以满足高产水稻的需要。

265. 为什么要强调增施有机肥？

有机肥种类繁多，有人、畜、禽粪尿，土杂肥、厩肥、堆肥、沤肥和绿肥等。施用有机肥的好处是：

（1）有机肥含有多种营养元素，除含氮、磷、钾等大量元素外，还含有许多作物所需的中量元素和微量元素，能给水稻提供全面的所需营养，特别是提供微量元素营养。同时能提高稻米品质。

（2）有机肥含有机质和腐殖质，能改良土壤结构，协调土壤的水、肥、气、热，增强土壤的通气透水能力和保肥、保水、供把、供水能力。

（3）有机肥含有生长素、维生素、胡敏酸和氨基酸等有机物质，对水稻营养生理和生物化学过程能起特殊作用，还能提供二氧化碳气体供水稻光合作用之用。

（4）有机肥缓冲性大，可缓和土壤酸碱性变化，可清除或减轻盐碱类土壤对水稻的危害。

（5）有机肥适用性广，对各类土壤及各种农作物都适用。

增施有机肥一直受到人们的重视，但因增施有机肥比较费工，一些劳力外出多的地区渐渐少用或不用，故应再次强调要增施有机肥，以引起重视。

266. 硅肥的作用是什么？怎样适量施用？

水稻是喜硅作物，通常在水稻茎叶中的硅含量（SiO_2）可达10%～20%，是水稻生长发育的必需营养元素之一。施硅具有较好的增产作用，多数硅肥作基肥、分蘖肥、拔节肥、穗肥使用都具有一定的增产效果。硅肥在75～225千克/公顷范围内产量随用量增加而增加，超过225千克/公顷增产作用下降。硅肥能促使基部节间变粗、强度增加、抗折力明显增大，增强了抗倒性。硅肥还能提高水稻抗病能力，可使纹枯病和稻瘟病发率下降。据江苏多点试验水稻基施硅肥比对照纹枯病的发病率降低28.4%，病情指数降低21.2%，稻瘟度发病率下降3.3～14.2个百分点。因此，水稻施硅提高了水稻植株抗性，减少农药使用，显著改善了稻谷品质，尤其是使稻米腹白减少、透明度提高，整精米率提高。

一般667米^{2}施硅肥150千克，分别与基肥和分蘖肥两次施用。

267. 秸秆还田有什么意义？

秸秆还田是当今世界上普遍重视的一项培肥地力的增产措

施。通过使用秸秆，增加土壤有机质，改良土壤结构，使土壤疏松，孔隙度增加，容量减轻，促进微生物活动和水稻根系的发育。秸秆还田增肥增产作用显著。据统计水稻一般可增产5%～10%。但如果使用不当，也会导致水稻活棵返青期推迟，发生僵苗现象，甚至造成局部稻苗死亡。因此，秸秆还田必须采取合理的技术措施，才能得到良好的效应。

268. 如何搞好稻田秸秆还田？

秸秆还田必须采取合理的技术措施，才能收到良好的效果。

(1) *数量要适当* 一般每667米^{2}秸秆施用量折干草150～250千克，在数量过多时更应配合相应的耕作、施肥等技术。

(2) *施用要匀* 秸秆如果不匀而有堆积现象，便难以耕翻入土，耙田耙不动，平田有阻碍，田面高低不平，管水不便，特别是在高温条件下易产生局部死苗。

(3) *应适当增施氮肥，并深施* 一般禾本科作物的秸秆含纤维素较高，达30%～40%，使土壤中碳素陡增，土壤微生物总量比不施秸秆的要增多四倍左右。这些微生物的增长是以碳素为能源，以氮素作营养的。而有机物对于微生物的分解利用来说，较适宜的碳氮比约为25∶1，而多数秸秆的碳氮比约为75∶1，这样秸秆还田由于碳多氮少，微生物势必从土壤中吸收较多的氮素，便出现了与刚栽插下去的秧苗争氮的矛盾，常形成活棵期间的缺氮落黄现象，尤其是在土壤肥沃度低，基肥与蘖肥中氮素不足，或秸秆还田数量多等情况下，这种现象就更为严重。因此，秸秆还田应增施氮肥，例如有些高产单位每增施100千克秸秆，便同时增施氮素1.5千克左右，并采取氮肥深施，既提高了肥效，又加速了秸秆的分解，避免了稻苗返青活棵不正常的现象。

(4) *采取配套的秸秆还田方法* 生产实践表明，在采取深耕（含深旋耕）时，可在收获前作时留高茬（15～20厘米），施草均匀，耕作方便。在前作秸秆全部还田的条件下，更应进行深耕翻使草入土，耕翻后沤制 3～5 天再平田，有利于提高耙田工效与插秧质量。若采取免耕植稻，收割前茬时留茬宜矮，将秸秆匀撒于地面，沤制 3 天左右后插秧既省力，也有利于活棵。

269. 稻草堆肥还田法应如何操作?

稻草堆肥还田法就是先把稻草堆制成腐熟的堆肥后，再把它施入大田中。稻草堆肥的制作方法是：将稻草铡成 10 厘米左右的碎草，再分层堆积，一般堆宽 2 米左右，堆高 1.5 米左右，堆的长度可根据场地形状面积和稻草的多少而定。先铺一层稻草厚度 30～40 厘米，在稻草上撒一层化肥，按每 100 千克稻草撒氮素 0.3～0.5 千克，再洒一些粪尿，然后再洒一次水，洒水以使稻草湿透为准。随后按上述步骤重新进行多次，直至堆高达1.5 米左右为止。稻草堆好后在稻草上面及四周用沟塘泥泥涂一层。当堆温上升到 40℃左右时，要及时翻堆，促使发酵均匀。

堆肥的天数以 4～6 周为好。堆肥时间过短，发酵分解不完全，时间过长，会生成大量硝态氮，施到淹水的稻田里，容易造成氮流失。稻草堆肥还田比其直接还田好，因为稻草发酵腐熟过程中，有害物质被分解，不会对水稻根系产生不良影响，稻草堆肥施入大田后能很快地释放养分供水稻吸收利用，不会产生与水稻争氮现象，促使水稻早生快发。同时稻草在堆内发酵产生的 50℃以上的高温，能杀死稻草和粪肥中多种病菌、虫卵和草籽，从而减轻病虫草危害程度。稻草堆肥的施用量可以适当多施，以每次每公顷施 7.5～9.0 吨为宜，既能补充土壤有机质的消耗，又有一定的积累，使地力得到提高。施用方法仍是耕翻前作基肥施下，与土壤充分混匀。值得注意的是：稻草堆肥生成的速效性氮素容易流失，堆放时最好覆盖好薄膜防雨水淋失。近年还将先将稻草投入沼气池发酵，在生产沼气的同时达到腐熟。

270. 不同生育期施肥对产量构成因素的作用如何?

水稻栽培是以收获籽粒为目的，最终籽粒的产量是由单位面积内的有效穗数、每穗平均总粒数、结实率和千粒重四个因素所构成。但是，由于构成水稻产量四因素之间在一定的条件下存在相互制约的关系，因此，提高水稻产量的关键在于协调产量构成各因素之间的关系。施肥作为控制水稻生产的重要手段，对产量的最终形成影响较大。

水稻吸收的营养元素种类较多，但一般作为肥料施用的，主要是氮、磷、钾三要素肥料。肥料三要素对产量形成的作用各不相同，但一般认为以氮素的影响为最大。氮素对水稻产量构成影响最大的是分蘖数，也就是可能的穗数，同时也影响每穗粒数。过多的氮素则会使瘪谷率增加，但一般对粒重影响较小。氮素对稻米品质的影响，一般能提高蛋白质含量。稻对磷的需要相当迫切，即使在根系未充分发达时即要求有一定数量磷。磷在水稻体内是移动性较强的养分，多半在水稻生长初期吸收，但后期大多转移到谷粒中。磷主要影响水稻分蘖数，但也影响千粒重和稻米的品质。钾在一般情况下，对分蘖数的影响很小，除非在极端缺钾的情况下，才影响分蘖。钾对每穗小穗数和结实率有明显的正的作用，在分蘖期适当的氮、钾平衡对小穗形成和结实率均有良好影响。钾还有助于剑叶维持较长的生理活性，为了达到高产，钾的吸收持续到灌浆成熟后期是很重要的。

不同生育期施肥，对产量构成因素的作用不同：首先是施足施好基肥，促进秧苗早发稳长，增加分蘖数，以保证足够穗数；如移栽后出第二个新叶时，仍不能普遍发蘖应及时追施分蘖肥，控制在有效分蘖临界叶龄期前 2 个叶位施入，达到促进有效分蘖的目的。其次，在中期稳长落黄的基础上施用穗肥。在群体发展较大，落黄期较迟，田又比较肥的情况下，穗肥多在倒数第二叶出生的中后期，即叶龄余数 1.5～1.2 时施用，有利于促进剑叶的生长，减少颖花退化，增加结实粒数和粒重；而在群体苗数比较少，或群体能按期落黄稳长，体内碳素水平较高时，则从倒 4 叶末或倒 3 叶露尖开始，直至剑叶露尖，分 2～3 次施用，有利于保持长穗期青秀挺拔的长相，倒 2 叶一般可最长，无效分蘖少，秆壮穗大，成穗率高，每 667 米^2 结实粒数显著增加，可达到高产稳产的目的。再次，在抽穗期稍后施用粒肥（根外追肥），对提高结实粒数，促使粒大粒饱，夺取高产也是有利的。

这里要指出的是，在按不同生育期施肥时，要注意氮、磷、钾的配合，做到氮、磷、钾三种肥料的比例协调，最大限度地发挥肥效，以保证高产稳产的实现。

271. 氮肥对水稻产量结构影响有什么重要的生理意义?

首先，氮素对穗、粒数的形成具有重要的生理作用。单位面积内的穗数，由主穗和分蘖穗组成，而分蘖量的大小，除品种本身特性外，主要决定于分蘖期的氮素含量。分蘖期叶片中氮素含量高的，其分蘖速度快，而且分蘖数也多。每穗粒数是由颖花分化数与退化数之差来决定的，二者都与体内养分含量有关。幼穗分化期茎叶含氮量在 1.5％～3.5％的范围内，每穗粒数随着氮素含量的增加而增多。氮素增加穗、粒数的生理基础是：①氮化物是穗粒器官建成的重要物质基础。不论是分蘖、穗还是颖花的分化和成长，都属于器官建成的过程，都需要通过细胞分裂、分化与生长，才能完成。而细胞分裂、分化、生长的物质基础，最主要的是蛋白质和核酸，二者是生物体内最主要的含氮物质，这是氮素影响穗、粒数的直接原因。②氮素能提高稻株光合速度，直接原因是对光合器官—叶片叶绿体的影响。叶绿体总干重的 50％都是蛋白质，含氮多少关系到叶绿体组成及其更新的快慢。间接原因是加速叶子生长，扩大光合面积，提高光合效率，为氮素同化提供了基质。

其次，氮素对粒重、结实率也有影响。抽穗后稻株的氮素营养状况，对稻体的物质和运转以及产量形成有密切关系。保持叶片氮素量高，叶色较深，有利于抽穗后叶片进行光合作用，制造光合产物，促进灌浆结实。抽穗以后防止早衰，尤其是防止顶部2张叶片早衰，是增加粒重减少空秕粒的重要措施。防止叶片早衰的关键是提高根系活力，必须注意养根保叶。因此，高产水稻的特点之一，就是在抽穗后仍能保持较大的吸氮活性。

272. 什么是测土配方施肥?

到医院看病，医生先要为你检查化验做出诊断后再根据病情开药方，你可以对症吃药。测土配方施肥就是田医生为你的耕地看病开方下药。

所说的测土配方施肥就是国际上通称的平衡施肥，这项技术是联合国在全世界推行的先进农业技术。概括来说，一是测土，取土样测定土壤养分含量；二是配方，经过对土壤的养分诊断，按照庄稼需要的营养“开出药方、按方配药”；三是合理施肥，就是在农业科技人员指导下科学施用配方肥。

273. 为什么要实施测土配方施肥?

这就要从农作物、土壤、肥料三者关系谈起。农作物生长的根基在土壤，植物养分60%～70%是从土壤中吸收的。土壤养分种类很多，主要分三类：

第一类是土壤里相对含量较少，农作物吸收利用较多的氮、磷、钾，叫做大量元素。

第二类是土壤含量相对较多可是农作物需要却较少，像硅、硫、铁、钙、镁等，叫做中量元素。

第三类是土壤里含量很少、农作物需要的也很少，主要是铜、硼、锰、锌、钼等，叫做微量元素。土壤中包含的这些营养元素，都是农作物生长发育所必需的。当土壤营养供应不足时，就要靠施肥来补充，以达到供肥和农作物需肥的平衡。

274. 测土配方施肥有哪些内容?

测土是在对土壤做出诊断，分析作物需肥规律，掌握土壤供肥和肥料释放相关条件变化特点的基础上，确定施用肥料的种类，配比肥用量，按方配肥。

从广义上讲，应当包括农肥和化肥配合施用。在这里可以打一个比喻，补充土壤养分、施用农肥比为“食补”，施用化肥比为“药补”。人们常说“食补好于药补”，因为农家肥中含有大量的有机质，可以增加土壤团粒结构，改善土壤水、肥、气热状况，不仅能补充土壤中含量不足的氮、磷、钾三大元素，又可以补充各种中、微量元素。实践证明，农家肥和化肥配合施用，可以提高化肥利用率5%～10%。

275. 如何实现测土配方施肥?

平衡施肥技术是一项较复杂的技术，农民掌握起来不容易，只有把该技术物化后，才能够真正实现。即测、配、产、供、施一条龙服务，由专业部门进行测土、配方，由化肥企业按配方进行生产并供给农民，由农业技术人员指导科学施用。简单地说，就是农民直接买配方肥，再按具体方案施用。这样，就把一项复杂的技术变成了一件简单的事情，这项技术才能真正应用到农业生产中去，才能发挥出它应有的作用。

276. 怎样测土配方施肥?

据研究，土壤养分测定值与作物吸收的养分之间存在一定相关性。一般推算土壤本身可供给水稻生产所需养分的1/2～2/3，不过这种供应情况在不同地区与不同生产水平下差异颇大。在具体衡量某一地区土壤肥力状况时，要根据当地土壤性质、施肥水平与产量的关系，还要进行必要的土壤分析与试验，从而比较确切地掌握土壤肥力水平。选择相关性高的测试方法进行养分测试，同时在该地块布置全肥区（即 NPK 区）和缺素区（即 NP 区、NK 区或 PK 区）田间生物试验。收获后计算产量，用缺素区产量占全肥区产量百分数（即相对产量的高低）来表达土壤养分的丰缺情况，并把养分测定值按作物产量的高低划分等级，按照我国通用标准将相对产量在全肥区 55%以下的土壤养分测定值定为极低；相对产量 55%～75%为低；75%～85%为中；85%～95%为高；大于 95%为极高。从而确定出适用于某品种水稻的土壤养分丰缺指标，制成土壤养分丰缺指标及施用肥料数量的检索表。当取得某一土壤养分测定值后，对照检索表就可以了解土壤养分的丰缺情况和施肥量的大致范围，作为配方施肥的依据，同时兼顾影响稻田生产力的其他影响因子和产量目标，求出最高施肥量和最佳施肥量。

277. 怎样计算高产水稻氮肥总用量？

关于施氮总量的计算，早已有了公式，其公式为：

$$\text{达到目标产量的施氮量}=\frac{\text{达到目标产量的需氮量}-\text{土壤氮素供应量}}{\text{施用氮肥的当季利用率}}$$

而要使上述公式应用于实际，必须找出公式中 3 个参数的稳定可靠值：(1) 目标产量的需氮量；(2) 土壤氮素供应量；(3) 氮肥的当季利用率。

(1) 目标稻谷产量吸收量　目标稻谷产量吸收量为目标产量×每千克产量养分需要量。据世界众多研究资料，100 千克稻谷需氮量变动在 1.17～2.9 千克的较大幅度间，使人觉得难于捉摸。

综合近几年的研究结果，可将江苏单季粳稻的 100 千克稻谷需氮量定为：500 千克/667 米^2 的为 1.73 千克左右，600 千克的为 1.93 千克左右，700 千克/667 米^2 的为 2.12 千克左右；中籼稻的 100 千克稻谷需氮量为：500 千克/667 米^2 的为 1.57 左右，600 千克的为 1.79 千克左右，700 千克/667 米^2 的为 1.90 千克左右，均比粳稻低 0.2 千克左右。

(2) 土壤养分的供给量　土壤养分的供给量，主要决定于土壤养分的储蓄量（供应容量）及其有效状态（供应强度），因土壤种类、自然条件以及施肥、耕作管理水平等而不相同。一般说来，江河湖冲积土壤肥力较高，养分供给容量和强度都较大；盐积土土壤肥力低，养分供应容量和强度都较低；旱改水的新开稻田，土壤养分供应容量小，而供应强度则较大；低洼田和山区冷浸田土壤有机质含量高，养分供应容量大，但供应强度则甚小。

土壤基础产量的每 100 千克稻谷需 N 量受土壤特性的影响，一般相同基础产量的 100 千克稻谷需 N 量黏土地比砂土地高。如 400 千克产量的地力水平，每 100 千克稻谷需 N 量，黏土地为 1.7 千克（1.64～1.88 千克），而砂土地上，每 100 千克稻谷需 N 量，为 1.53 千克（1.45～1.66 千克）。

(3) 肥料的利用率　肥料的利用率是指当季作物从施用肥料中吸收的养分占所施肥料中该养分总量的百分率。研究结果表明，高产田的肥料当季利用率一般都很高，从高产田测得的氮素利用率指导施肥，可以取得高产省肥的效果。

据对产量 700 千克/667 米^2 以上的高产田的氮素当季利用率进一步分析结果表明：13 块高产田氮素当季利用率变动在 38.14%～45.08%之间，平均为 41.67%（其中 85%的田块氮素当季利用率在 40%以上）。其余 49 块低于 700 千克的田块，只有产量接近 700 千克（675～692 千克）的 30 块田氮素当季利用率高于 40%。可见，(1) 40%的氮素利用率，是夺取高产的低限临界指标值，(2) 在低施氮时，氮素当季利用率虽经常会达到 40%以上，但不能高产；(3) 在高产栽培时，必须通过提高氮素的当季利用率到 40%以上，才利于实现高产。

肥料利用率受肥料种类、施肥方法、土壤环境等影响。氮素肥料中以硫酸铵利用率最高，其次为尿素，最低为硝酸铵。肥料施用方法不同，其利用率也有很大差别，一般氮素化肥作基肥的比作追肥的利用率低，而追肥中又以水稻幼穗发育期追施的利用率最高。

将上述目标产量氮量、土壤地力供氮量和肥料利用率代入公式后可得到施氮总量。如一般中等地力条件下，粳稻产量600千克/667米^2，总施N量17～18千克；700千克/667米^2，总施N量19～20千克；800千克/667米^2，总施N量21～22千克。上等与下等地力总施N量要相应增减。杂交稻总施N量比粳稻要相应减少。

278. 怎样确定高产水稻基蘖肥与穗肥用量比例?

总施N量确定后，还要确定基蘖肥与穗肥用量比例。基蘖肥与穗肥用量比例因土质有差异，在测得的高产水稻的阶段需氮量，土壤的阶段供氮量，基蘖肥的阶段利用率和穗肥的表观利用率等有幅度的数值中，均取其平均值，就可对基蘖肥及穗肥的用量作合理的测算。

例如：在试验区范围内，基础地力为400千克/667米^{2}的砂土地上，土壤供氮约5.78千克/667米^2，为获得700千克/667米^{2}的高产（需吸氮14.7千克），氮素差值8.92千克，需施氮21.75千克/667米^2（当季利用率以41%计）。拔节前土壤的平均供氮量约为2.7千克，群体吸氮量约为4.85千克，差值为2.15千克，基蘖肥的平均阶段利用率为18%，经计算基蘖肥的施用量为11.9千克/667米^2，其余的9.76千克/667米^{2}为穗肥，基蘖肥与穗肥的比例为5.5∶4.5。

同理，在试验区内基础地力为400千克/667米^{2}的黏土地上，为获得产量700千克/667米^{2}稻谷需施氮18.76千克，拔节前需补差氮素1.92千克，需施基蘖肥10.7千克，余下的8.05千克氮作穗肥。基蘖肥与穗肥的比例为5.7∶4.3。

据研究不同供氮能力的土壤上为获得667米^{2}产700千克的稻谷，其基蘖肥与穗肥的比例变动在6∶4～5∶5，平均为5.5∶

4.5，并能取得最高氮肥当季利用率。

因此，在一般情况下，当求得合理施氮总量后，用基蘖肥与穗肥合理分配比例的方法确定数量，比较方便，有较广的适应性。

279. 为什么要施足基肥？怎样施用？

基肥是水稻插秧之前施用的基础肥料，也包括面肥。其主要作用是：供应水稻前期对养分的需要，促进有效分蘖早生快发，还可以改良土壤，造成有利于水稻根系生长和吸收的耕作层。水稻除了吸收 N、P、K 肥料三要素以外，还要吸收一定数量的铁、镁、硼等微量元素，才能正常生长和发育；过去施农家肥料如猪厩肥、草塘泥等有机肥料，肥分完全，不注意 N、P、K 肥的搭配施用，更考虑不到微量元素的使用，现在化学肥使用量增多，有机肥量减少，因而必须注意 N、P、K 三要素的配合和微量元素的利用。如缺磷土壤，基肥中要增施磷肥，一般每 667 米^{2}25～40 千克过磷酸钙。

基肥以有机肥为主，如腐熟的厩肥和堆肥，配套适量施用速效氮、磷和钾肥。有机肥用量占基肥中 70%。有机肥料要检测重金属含量，防止重金属含量超标，有机肥料中的重金属含量限量指标为砷≤20 毫克/千克，镉≤200 毫克/千克，铅≤100 毫克/千克。

有机肥要腐熟后才能施入田里，要耕翻入土，土肥相融。基蘖肥与穗肥配比一般为 6～7∶4～3。基肥用量因地力、茬口和秧苗移栽叶龄不同而异，地瘦、小麦茬或移栽秧苗叶龄小的基肥量要多些，占总施肥量的 50%～60%；地肥、绿肥茬、油菜茬或移栽秧苗叶龄大的基肥量要少些，约占总施肥量的 40%～45%。按以上原则运筹肥料，既可促进早活棵、早分蘖，又能确保拔节期前后对养分的需要。

基肥的施用方法有，全层施或浅层施。土壤蓄肥力强、基肥用量多的，基肥以有机肥、土杂肥为主的，则用全层施肥方法，使肥料在整个耕作层中均匀分布，形成松软肥沃的耕作层。土壤蓄肥力差、基肥用量又少，则采用浅层施肥法，将肥料施在根系最密集的部位，以利根系吸收。在无有机肥情况下，采用化肥基施，由于上水旋耕后施用，养分逸失较大，应改为耕入土为宜。

280. 如何应用水稻相关生长规律指导施肥?

稻株的根、茎、叶、蘖、颖花和谷粒等器官各自具有特定的生长规律，然而任何一个器官的生长又都依存于其他器官，彼此相互联系、相互制约，存在着相关生长的关系。

根据营养器官与生殖器官的相互关系，稻株单茎蘖的谷重明显依存于单茎蘖总干重，其具体的表现为：当单茎蘖的干重超过了某生产谷粒的临界重量以后，谷重随茎、蘖重的增加按比例地增加，两者间存在极显著的线性关系。若单茎蘖干重较小，茎蘖的临界干重所占的比例相对较大，经济系数较低。因此，在水稻高产栽培中，应争取早生分蘖，使蘖大而整齐，才有利于光合产物的经济利用。为此，要力争早施分蘖肥。另据松岛研究，水稻茎秆基部第一节间的粗度与颖花数存在极显著的正相关关系。根据这一关系，可以在拔节期预测颖花数，为制定中期促控措施提供依据。若预测的颖花数超过了群体适宜的载花量，则应注意抑制茎穗生长，以免倒伏和结实率及千粒重下降；若预测的颖花数明显低于群体适宜载花量，则应酌情增施穗肥，促进茎穗的生长，以达到增粒增产的目的。

根据地上部和地下部生长的关系，稻株地上部和根的生长是相互依赖、相互促进的。稻根的生长需要地上部提供的光合产物和氧气等；地上部的生长需要根供应水分、营养元素、多种氨基酸和细胞分裂素等。为了促进地上部的生长，就必须维持根系较强的活力，而稻根生长所需的碳水化合物是依靠地上部分供应的，这就要求地上部有充足的光照。群体过大，群体内光照条件恶化，根系发育所受到的阻碍比地上部还要明显。据此，要视中后期的群体大小采取相应的肥料运筹。群体偏小，要增施穗肥；而群体偏大情况，则要控制后期肥料的使用。

281. 怎样适时施用分蘖肥?

分蘖期是单位面积上穗数的决定期，又是扩大稻体营养体、为形成壮秆大穗奠定基础的时期。分蘖肥是水稻移栽后促进分蘖早生快发和争取分蘖成穗而施用的肥料。水稻分蘖大体可分为两种类型：一是出生早的低位、中位分蘖，大多为有效分蘖，二是发生迟的高位分蘖，大多是无效分蘖，因品种（组合）、移栽秧龄的不同而有很大差别。

一般在本田内长出第二片新叶，还不能普遍分蘖时，要及时地追施分蘖肥。在移栽秧苗秧龄短、叶龄小的条件下宜多施，特别是地力薄、基肥不足的田块；而在移栽秧苗秧龄长、叶龄大的条件下宜少施些。分蘖肥一般为氮素化肥，其用量掌握在有效分蘖临界叶龄期以后能及时退劲为度。分蘖肥追施的最后时间，应在有效分蘖临界叶龄期前 2 个叶龄。这是因为，根据 n 叶施肥，n+1 叶开始得力，(n+2)、(n+3) 叶显著得力，(n+4) 叶供肥能力下降的土壤供肥规律，在有效分蘖临界叶龄期前 2 个叶位施肥，最大肥效正好发挥在有效分蘖临界叶龄期前后，有利于促进有效分蘖的发生。若推迟施用，势必促进无效分蘖的发生，导致过多地无效生长，对产量的形成反而不利。同时，分蘖期追肥要适时适量，使之能在基肥肥效释放的配合下，尽早地促进分蘖达到预期的穗数，同时有助于控制无效分蘖，提高成穗率，防止穗分化或拔节之后氮素过剩。

一般分蘖肥在基肥的基础上，于返青后一次施用尿素 10～15 千克/667 米^2；有效分蘖期长的在第一次施用分蘖肥的基础上，还要看苗再补施接力肥尿素 5～10 千克/667 米^2。分蘖肥最迟不能迟于有效分蘖临界叶龄期（N−n)，迟后会导致无效蘖的孳生。在实际应用中，应根据预期的穗数要求，通过控制肥料施用量来合理控制无效分蘖，促进有效分蘖生长发育。

分蘖肥施用应视苗而定：①返青活棵后，心叶下方第二叶叶腋内100%有健壮分蘖芽时，有效分蘖临界叶龄期（N－n）能达到预期够穗苗数的可少施或不施。②返青活棵后，心叶下方第二叶叶腋内50%有叶蘖同伸芽，比较弱小时，预计有效分蘖临界叶龄期（N－n）较难达到预期够穗苗数的可适量普施和吊黄塘相结合方法。③返青较迟，心叶下方第二叶叶腋内无分蘖同伸芽，全田仅10%～30%有分蘖同伸芽时，这类田块要多施，一般为总施肥量的20%。

282. 依据什么原则进行肥水结合，实现黑黄叶龄模式？

水稻本身具有自我调节能力，它的产量构成因素之间存在着相互联系和相互制约的关系。如果群体叶色变化混乱，或过深过浅，都会使某个产量因素突出而导致其他因素的恶化，如大量施肥，前中期叶色过深且持续时间长，每亩的稻谷总粒数虽增加了，但结实率下降，千粒重不高，甚至倒伏。因此，高产栽培中，必须依据肥水与产量形成的关系，肥水与叶色的关系，以及肥水之间的关系，使肥水合理配合，这样才能经济而有效地实现叶色黑黄正常变化，调节各种生育矛盾，使水稻不同叶龄期的高产生育指标按期达到，使在每667米^{2}总粒数得到增加的同时，不降低结实率与千粒重。

为实现叶色按模式化指标发展，各主要叶龄期肥水结合、促控结合的技术是：

(1) 活棵到够苗叶龄期，叶色显“黑”促分蘖。这个阶段肥、水管理的主攻方向是加速发苗，保证穗数。此期要求有较强的生长势，应适时追肥，使在有效分蘖临界叶龄期内达到计划茎蘖数。一般采取的措施是：在插秧前结合整地，施足基肥，除有机肥外，把计划总施速效氮量的20%～30%进行全层施肥或表层匀施。栽插后以建立浅水层为主，一般水深为4～6厘米，3～5天返青后水层以3厘米左右为宜，并及时适量补施分蘖肥，确保有效分蘖对养分的需要。

（2）移苗到拔节叶龄期，控制中期落黄促稳长。这时期是水稻从营养生长向生殖生长转化的时期，也是培育理想株型的关键时期。肥水管理的主攻方向是控制无效分蘖，提高成穗率，增强抗病、抗倒能力。原则上要限水控氮，以促进生育转化，增强碳素同化作用，提高植株的碳氮比和木质素含量，增加碳水化合物的积累。主要的控制措施是：断水晒田，这时期不仅要停止氮肥的使用，并且要限制水稻对土壤中氮素的过量吸收，使叶色褪淡，明显落黄，抑制无效分蘖的滋生和茎叶的徒长，使光合作用产物贮存在叶鞘与节间内，增厚秆壁，增强植株抗倒力。

（3）穗分化形成的中、后期，叶色显黑促壮秆大穗的形成。这个时期是水稻吸肥最多，生长最旺盛的时期。水稻构成淀粉的碳水化合物，80%是以由抽穗以后的碳素同化作用制造出来并输送到穗部合成的。因此为了提高产量，在穗分化形成期必须有充足的养分，以保证穗子的发育，形成足够大的库容。同时要促使形成后期光合能力大的叶层，支持能力强的茎秆与活力旺盛的根系。所以中期晒田后要适时适量追施穗肥，一般占一生总氮量的15%～25%，确保叶色较深，并在施氮的同时增施钾肥，以促进壮秆增粒。这个时期的另一个特点是需水量最多，耗水量占全生育期的25%～35%，每日耗水强度达8～12毫米。特别是抽穗前的减数分裂期，水稻对水的反应最为敏感，缺水常造成枝梗与颖花发育不全，影响谷粒形成，因此要常保持浅水层，并适当晒田。在旺盛吸氮、叶色较深的情况下，有利于塑造理想株型，改善光照条件，增强根系机能，达到既提高分蘖成穗率，又促进枝梗与颖花较充分发育，同时还为抽穗后提高结实率与千粒重打好基础。

（4）抽穗后正常转色，养根保叶争粒重。栽培上要求植株有较好的受光势态和较多的功能叶片，以促进籽粒充实。因而要保持根系具有旺盛的吸收力，叶片既不过早转黄早衰，又不恋青。措施上以间歇灌溉为主，并看苗追施少量粒肥，达到水肥结合，以气养根，以根保叶，以叶促熟。

283. 为什么要早施穗肥?

穗肥是供给稻穗分化及生长发育所需的肥料。水稻倒 4 叶抽出至倒 2 叶抽出期是高效追肥期，因此，这一时期施用穗肥能促进壮秆大穗，是提高分蘖成穗率和增加粒数的关健措施。穗肥按施用时间和作用分为：促花肥，促进颖花分化，增加二次枝梗，一般在倒 4 叶，幼穗分化初期施用；保花肥，保护颖花发育，避免或减少它的退化，从而提高结实率，一般在倒 2 叶，穗形成初期施用。

为了准确确定穗肥施用时期，必须掌握叶龄余数诊断幼穗分化期的方法。根据研究，不管品种总叶数多少，穗分化开始的叶龄余数值都是在 3.5 左右，亦即倒 4 叶出生的后半期；叶龄余数为 2.1～3.0，即倒 3 叶出生过程为枝梗分化期（包括一、二次枝梗分化）；叶龄余数为 0.8～2.0，即倒 2 叶出生过程为颖花分化期（包括颖花原基及雌雄蕊分化期）；叶龄余数为 0.8～0，即剑叶出生的中、后期为花粉母细胞形成及减数分裂期，孕穗期为花粉粒充实完成期。

亦可根据形态观察判断幼穗分化期，剥开稻秆，如水稻茎生长点已有 0.5～1.0 毫米的幼穗，即倒 4 叶出生时可施促花肥，幼穗已达 15～40 毫米剑叶展开可施保花肥。根据器官分化和施氮对器官的影响作用，改变以往穗肥偏迟 1～2 个叶龄的习惯，提早于倒 4 叶初一次施用或倒 4、倒 3 叶分次施用，能扩大倒 1、2 叶的叶面积，增加上部 3 叶的叶面积率和倒 1 节间的长度，叶层配置更趋合理，提高抽穗后势粒比和灌浆强度，以提高结实率，获得高产。根据群体和株型确定施肥量，如果苗情偏弱，株型偏挺或苗情旺，株型披垂，可因苗情提前或推迟分次施用。

还要讲究施肥方法，一般采用湿润施用氮穗肥于搁田末期在土壤田间持水量为70%时施用穗肥，可减少流失，提高肥料利用率，减轻水体污染。穗肥施用量宜根据施肥方法确定。

284. 不同叶龄期施用穗肥的作用如何?

施用穗肥是水稻高产栽培中的一项重要措施。不同叶龄期施用穗肥，对产量形成的作用是不一样的：水稻在倒5、倒4、倒3叶施用穗肥，均可使茎蘖数迅速升高，叶面积指数、每667米^{2}颖花数增加。施肥越早，这种增长的幅度越大。但在高峰苗出现后，茎蘖则是施肥越早的下降越多，降低了成穗率；后期光合势也是施肥越早的下降越快，净同化率下降，抽穗至成熟期的物质积累量占产量的百分率降低，结果是生物产量高，经济系数较低，源、库比例失调，最终产量并不理想。倒2叶和倒3至倒1叶分次施用穗肥，对茎蘖数、叶面积的增长相对较小与不施肥的对照相比差异不显著，但抽穗后光合势下降缓慢，光合势仍较大，且保持较高的净同化率，增加了抽穗后群体的物质积累，不仅生物产量高，而且后期干物质积累量占产量的比例大，同时由于后期叶片功能期长，茎鞘中物质运输率得以提高，提高了经济系数，粒叶比较高，源、库关系协调，因此能获得高产。剑叶露尖施肥，对茎蘖数无显著影响，对叶面积也无增加的作用，抽穗前光合势无明显变化，净同化率略有提高，故抽穗期的干物质积累量较对照增长甚少，但其抽穗后光合势下降缓慢，且净同化率高，显著提高了后期的物质生产能力，使抽穗至成熟期的物质积累量达到倒3至倒1叶分次施肥及倒2叶施肥的处理，经济系数也较高，然而生物产量不如上述二处理，因此也难以达到高产。

由此可见，在中期群体稳长落黄的基础上，采用倒2叶一次重施穗肥或倒3至倒1叶分次轻施穗肥，667米^{2}颖花量和叶面积可平行地显著增加，粒叶比值大，源、库协调，有利于抽穗后形成较高的物质产量。获得较高的生物产量和经济系数，因而可获得理想的增产效益。

285. 水稻生育中期不同类型群体特征是什么？如何看苗施用穗肥？

穗肥的施用，一定要在中期群体叶色明显褪淡显“黄”的基础上进行。如果中期不落“黄”，则不宜施用；到底不“黄”，到底不必施用。由于栽培条件的多变，生产上长穗期的苗情各异，因此穗肥的施用时间与数量是不一致的。据江苏农学院的研究，这时期的苗情大体可划分为三类，并提出了按类施用穗肥的技术：

（1）稳长型　即群体按时在有效分蘖临界叶龄期或稍前够苗，高峰苗控制在适宜穗数的1.5倍左右，叶色于无效分蘖期正常落黄，株型紧凑而叶姿挺拔，群体内光照条件良好。这类群体具有足穗大穗的良好基础。穗肥施用策略，在于促进中、后期干物质量均有较多增长，特别是后期干物质量的更多增长，要在十分注意攻取大穗的同时，防止叶面积的过多增大。

1981—1983年江苏农学院进行的按叶龄施用穗肥的试验表明，穗肥施用愈早，促进总颖花量增加的效果越大。但施肥愈早，使叶面积增大的效应亦愈大；在倒3叶以前施肥，促进叶面积增大的作用要远大于颖花量增多的作用（增加30%～100%），因而使粒叶比值较对照显著下降。而倒2叶起始施用穗肥，促进颖花量增加的作用，超过叶面积增加的作用，粒叶比值较高。而倒3至倒1叶分次稳健促进的方法，能较多地增加颖花量而又不使粒叶比值下降。出穗后干物质积累量和产量结果表明，不同叶龄期施用穗肥均能增加群体总干物质积累量。但倒5、倒4及倒3叶各处理主要增加了出穗以前的积累量，在成熟期的总干物质积累量虽也增多，但对产量起决定作用的出穗至成熟期的干物质积累量并未增加，所以增产作用小。倒2、倒1叶一次施肥及倒

3～1叶分次施肥，出穗以前增加的干物质量不多，主要是大幅度提高了出穗至成熟期的干物质积累量，施肥的增产效果大，尤以倒3～1叶分次施肥的稳促法及倒2叶期施保花肥的增产效果最大。在江苏不同生态区进行的相同处理的协作试验表明，该两种方法的实产均居第一、第二。因而确定分次稳攻穗肥及保花肥作为中期稳长型群体施用二种基本方法。

对于群体发展稍大，落黄出现较迟，田又比较肥的，宜采用保花肥法。在倒数第二叶出生中后期，即叶龄余数1.5～1.2时施用。这时施肥已不会影响基部节间伸长，仅能促进剑叶生长，比较安全。但可显著减少颖花退化，增加结实粒数和粒重。施保花肥的肥料用量，视叶色褪淡程度而有不同，每667米^{2}硫酸铵5～10千克不等。

对于群体较小，或群体稍大而落黄较早，持续期较长的群体(因无效分蘖期不宜施肥所致)，由于其体内碳素营养水平较高，具有较大“消化”氮素的能力，宜采用分次稳施穗肥法，从倒3叶起直至出剑叶，分2次或3次均衡施用，总施用量硫酸铵10～15千克不等，使从枝梗分化期起至抽穗前的穗分化期间，土壤保持一定的供氮水平，能显著起到促花、保花两方面的作用，既攻取了大穗，而又不使叶量增长过量。

(2) 不足型　是指稻苗群体于有效分蘖临界叶龄期后够苗，茎蘖数不足，群体过早落黄。这种群体预示中期生长量偏小，因而施用穗肥的目的是既要促进中期的生长量，将出穗前干物质量提高到一个较适的水平上，在此基础上，又要兼顾到后期光合生产量的增加，以达到最终的高积累。方法以分次稳施穗肥较为适宜。特别是对于大穗型品种和杂交籼稻，最上3叶不够挺立，单穗的颖花量较大，既要保穗促花，更要保花与提高结实率，因此穗肥宜在倒3、2、1叶期分次均衡稳促。对于株型好、结实率与其他熟相指标均较稳定的穗数型品种，如盐粳2号等，可采取这种分次平稳施肥法，也可一追一补，前重后轻，同样可取得高产。

在采用两段育秧或长秧龄大苗移栽情况下，移栽活棵后正进入中期稳长阶段，此期的群体一般都偏小，是正常现象，但可把它视同“不足型”。穗肥施用的最佳方案是在倒 3 至倒 1 叶期分次平稳促进。这已被各地大苗高产栽培的实践所一致证明。

（3）旺长型　是指中期植株松散，叶片长披，叶色深绿而迟迟不褪淡落黄，且群体茎蘖数过多。此类稻苗，由于中期夹着一种因过度生长而有害无利的生长量，若早施穗肥，往往导致叶量过大，粒叶比值小，降低结实率与千粒重，甚至群体严重郁蔽，引起重病或倒伏，所以只有通过严格控氮与搁田，使群体叶色落黄后轻补穗肥，矫正株型，才能在不增加叶量的前提下，适量增加可孕颖花，使源、库关系得到调整，从而提高群体出穗后的物质生产力与向穗部的运转量，达到较高的结实率与千粒重。一般条件下，在剑叶抽出期少量补施穗肥的效果较为理想。若剑叶抽出期仍未明显褪淡落黄，则穗肥不必施用。

286. 为什么稻穗分化形成期要因苗施好穗肥?

倒 4 叶伸出后半期到孕穗阶段是稻穗的分化形成期，此阶段是水稻需氮量最多、生长量最大的时期。从生育上看，水稻处于营养生长与生殖生长并进，并即将逐步过渡到生殖生长期。从代谢上看，正是体内木质素和纤维素合成与积累的最旺盛阶段，并将逐步转入到抽穗后以淀粉合成与积累为中心的贮藏性代谢。从产量形成上看，正值无效分蘖趋于消亡，有效分蘖巩固成穗的过程，每穗的颖花数与稻壳的大小也将分化形成并逐步决定下来，同时茎鞘等器官贮藏一定物质，为抽穗、开花、受精与灌浆的启动打好物质基础。再看群体结构，此阶段上层根大量发生，通过根系扩展，最大根域也将确定下来，此后随着根系衰老，吸收层的活力日趋下降，地上部的支持层逐步达到最大规模，并基本定型，而光合层无论是厚度与叶量均逐步达到峰值，而后则是逐渐减退。因此，长穗期是水稻形态、生理发生一系列复杂变化，对产量形成调节效应仍较大的关键时期。

在生产实践中，由于品种、地力、施肥水平、气候条件以及栽培措施的变化，长穗期的苗情各式各样，因而必须在其他措施配合下，以看苗诊断，因苗正确地施用穗肥为主，调节上述代谢与生育，按理想目标灵活地调整株型与群体结构，才能既有利于巩固穗数，又防止无效分蘖生长；既有利于壮秆大穗形成，又防止叶面积过大；既形成较大的总颖花量，达到扩“库”，又能强“源”畅“流”，有较高的粒叶比，提高结实率与千粒重。1980—1983年江苏农学院以不同类型品种进行的多种苗情下的氮素穗肥研究说明，所有品种穗肥施用后的产量高低，直接与其促进水稻抽穗后群体干物质量的增加量多少呈显著的正相关。而抽穗以前生长过旺，积累过多的干物质反而不利于高产。因此，不管什么苗情，穗肥的施用要着眼于最大限度地增加抽穗后的物质积累量。

287. 为什么水稻要根外追肥?

根外追肥是指肥料不施入水田让水稻根部吸收，而施在（喷施或撒施）根以外的器官（茎、叶、穗主要是叶片）上，让稻株吸收养分的追肥方法。根外追肥的特点是养分吸收快、吸收效率高。一般在水稻生育后期进行效果最好，此阶段由于水稻根系活力下降，利用叶面吸收养分迅速而利用率高的特点，进行根外追肥可以迅速补充养分。水稻抽穗扬花期进行根外追肥应避开开花时间（上午9～12时）施用。根外追肥的肥料种类很多，有大量元素类、微量元素类、氨基酸类、腐殖酸类等。抽穗后灌浆期根外喷施生长调节物质，如增粒增重剂等，可以增加抽穗后叶片中的叶绿素含量，SOD活性和根系氧化力，降低MDA含量，防止叶片早衰，有效提高了叶面积质量。

288. 水稻抽穗结实期应如何追肥?

齐穗期追肥可提高叶片含氮量，提高光合同化能力，延长叶片功能和维持根系活力。齐穗期施氮，要看田、看天、看苗而定，肥力高的田不施，气温低、寡日多雨不施，苗不黄不施，病害重的不施。齐穗期施肥数量以每 667 米^2 3～5 千克尿素为宜。也可采用很外追肥，每 667 米^2 用 0.5 千克尿素，加 200 克磷酸二氢钾，对水 50 千克，在下午扬花后喷施到叶面上。

九、超高产水稻需水特性与水分管理技术

289. 什么是水稻的生态需水？水层灌溉有什么优缺点？

生态需水是指为保证水稻正常生长发育、创造一个良好的生态环境所需的水分，包括棵间蒸发和稻田渗漏的水分。生态需水是指用于调节空气、温度、养料等生态因子所消耗的水，一般为灌溉水层。水层灌溉的有利方面：①保持田间水层，有利于稻田的养分积累。土壤淹水后，由于有机质分解被抑制，促进了生物固氮作用。所以在同样的施肥水平下，水稻产量高于旱种的产量；②淹水条件可以提高土壤养分的有效性。因为灌溉水层使土壤和空气隔绝，形成还原条件，有利于土壤氮素转化为铵态氮，铵态氮（NH_4）是带正电荷的离子，而土壤胶粒是带负电荷的，因此，土壤养分易被土壤吸收保存，不易被淋溶，有利于稻根的吸收，尤其在生育前期，表现更为明显。同时，淹水土壤还原条件，可促使磷。硅、铁、锰等营养元素的有效化，溶解度增加，从而有利于稻体的吸收；③水层灌溉可以显著减少杂草的生长。水层造成的缺氧条件和水中藻类等遮阴作用，能有效地抑制一些旱生杂草的生长；④水层灌溉能调节田间的温度、湿度。水的比热大，汽化热高（水的汽化热是已知物质中最高的），而且水是保持温度相对稳定的物质，所以水层能制造一个稳定的土壤温度条件。水稻的根、分蘖节及拔节前的茎生长点都生长在土壤中和水层中，通过灌溉可以有效地调节它们所处的温度条件，促使良好生长。空气干燥时，水层灌溉还能起到增加湿度的作用；⑤水层灌溉有利于根系硅的吸收，茎叶表皮细胞沉积的硅较多，稻株

抗病力增强。

水层灌溉的不利方面；①长期水层灌溉。土壤处于还原性较强的状态，使硫化氢，低级饱和脂肪酸，过量的低价铁、锰等有毒物质在土壤中积累到一定程度，就会明显阻碍稻的生长，使根系活力减一弱，整株生育不良；②在田间长期水层的情况下，白叶枯病菌随水从叶片水孔侵入，发病蔓延。还有利于纹枯病的发生；③有利于水稻恶性杂草的孳生，如鸭舌草、水竹叶、眼子菜等。因此，水稻灌溉技术应扬利抑弊，随时调节土壤水分状况，在发挥水层有利作用的同时，尽力消除土壤还原性物质累积等不利影响，以达到高产稳产。

290. 什么是水稻的生理需水？它包括哪几个方面？

生理需水是指供给水稻本身生长发育、进行正常生命活动所需的水分，包括水稻植株蒸腾和构成水稻植株体的水分。或是指直接用于水稻正常的生长发育，保持体内水分平衡所需要的水。水对水稻的基本生理作用，同其他生物一样，如：①水稻体内的含水量占鲜重的75%～80%，使稻株细胞处于膨胀状态，从而能保持植株挺立，叶面伸展，有利于接受阳光照射和 CO_2 的交换；②生理需水是制造有机物质的原料，光合作用离不开水，如离开了水，就不能制造于物质；③水是一切肥料的溶剂，有机肥料和无机肥料以及某些气体肥料必须溶解在水中才能被根系吸收，并顺利输送到稻体各个器官中。

水稻茎内的通气组织比较发达，不定根中也具有发达的皮层气腔，能在水层和沼泽下生长。另外水稻机械组织发达，液体体积较小，所以水分在细胞与组织内的移动阻力大，速度慢，且需要淡水才能正常生长。

生理需水包括水稻植株蒸腾和构成水稻植株体的水分：

稻株叶面蒸腾：稻体细胞内含有大量水分，稻株才能正常生长，但是，由于细胞内大量含水，其细胞内的水势远高于其周围空气的水势。所谓水势，就是水从某一体系向外逃逸的势能。一般土壤供水良好，生长迅速的稻株叶片细胞的水势为$-2\sim-8\times10^5$帕；20℃时90%相对湿度的空气水势为-141×10^5帕，70%相对湿度的空气水势为-481×10^5帕。由于细胞和空气间存在这样大的水势差，尽管水稻有许多调节机能来阻碍水分的逸出，但要使水稻不向空气散逸水分子，除非空气的相对湿度经常保持在99.5%以上（此时的空气水势为-6.7×10^5帕），这当然是不可能，因此，从根系吸收来的水，绝大部分通过叶面蒸腾，散失到大气中了。

蒸腾系数：水稻植株制造1克干物质所消耗的水分克数，称为蒸腾系数。水稻生长在水田中，其蒸腾系数约在211～300之间，与旱田作物（小麦、棉花、油菜）等相近，但明显高于玉米、高粱等作物（蒸腾系数约100～250）。

水稻的蒸腾系数受到温度、湿度、风、日照、矿质营养等环境条件的影响，光照充足、温度适宜，蒸腾系数低，水分利用经济。

水稻一生中蒸腾量的变化：水稻生育初期叶面积小，蒸腾量也小，随着生育的进展，叶面积扩大，蒸腾量逐渐增加。蒸腾量的高峰一般都出现在孕穗期至出穗期，其后随着叶面积的下降而减弱。单季中、晚稻，稻田蒸腾量在孕穗期达到或接近最大值，每日约5～6毫米，乳熟后期明显下降。双季早稻，由于移栽后生育前期的温度较低，蒸腾高峰到来迟，约至开花期蒸腾量达到最大值，其后衰减较少。双季晚稻，由于移栽后生育前期的温度较高，蒸腾高峰到来早，在拔节孕穗期蒸腾量就达到最大值，其后随温度的降低，明显降低。

水稻的蒸腾量既受水稻品种的制约，又受环境条件的支配，为了消除生育过程中气象因素的影响，不用蒸腾量的绝对值，而用蒸腾比，即蒸腾量与自由水面蒸发量的比，来考察水稻一生中蒸腾变化的规律。一般第一次高峰出现在移栽后40天左右，第二次高峰出现在灌浆期。

291. 什么是稻田的需水量？它包括哪些内容？

稻田的需水量是稻株叶面蒸腾量、棵间蒸发量、渗漏量和地表流失量四个部分的总和。我国稻田多有田埂，一般地表流失量较少，因而稻田的需水量主要由前三个方面组成。

（1）叶面蒸腾量　移栽后蒸腾量不断增加，在孕穗期至出穗期出现高峰，每日约为 5～6 毫米，而后下降。

（2）棵间蒸发量　移栽后最大，随着稻株对田面覆盖的增加而不断减少，分蘖末期后大体稳定在一定的水平上，每日 2 毫米左右。

（3）渗漏量　变化较大，约在每天零点几毫米到 1 毫米之间。

稻田的需水量，除去部分由水稻生长季节的降水外，其余由人工灌溉补给，每亩稻田需要的人工补给水量，称为灌溉定额。

稻田的耗水量，长江与淮河之间的单季稻，每季为 500～1 000毫米；江苏省水稻生长季节中每天约消耗 4.2～5.8 毫米水。以 150 天计算，一季约需水 750 毫米。

292. 什么叫渗漏量？稻田渗漏具有什么作用？

灌溉水渗透到地下的水量就叫渗漏量。稻田渗漏能排除土壤中有毒的还原物质，更新土壤环境。随着水分的渗漏，溶于水的氧气可进入土壤根层深处，当渗漏水每日超过 10 毫米时，2 厘米土层内的微生物可以利用渗漏水所含的 95%的氧气。渗漏量过小，土壤中氧气缺少，但渗漏量过大，耕作层土壤受到过分的淋洗，多种土壤养分大量流失，不利于水稻生长。适当的渗漏量才能更新土壤环境，促进水稻根系生长。

293. 为什么高产田要有一定的渗漏量？

稻田的渗漏量因土壤性质、水文性质和栽培措施不同有很大变化，地势低洼、土质黏重的田，日渗漏量在0.05毫升以下；地势高的砂土田达30～50毫升以上。高产稻田适宜渗漏量，江苏多点观测为日渗漏量5～16毫升，浙江日渗漏量10～15毫升，广东珠江三角洲和上海为渗漏量10毫升。综合我国南方各地高产稻田的日渗漏量为9～15毫升。

294. 什么叫灌溉定额？怎样计算水稻的灌溉定额？

灌溉定额就是每667米^{2}稻田需要人工补给的水量。稻田所需的水量，包括泡田整地用水量和大田生育期间耗水量两个方面，其中一部分是由水稻生产季节的降雨量供给的，其余部分则需要依靠人工灌溉来补给，这部分水就称灌溉定额。

灌溉定额＝泡田用水量＋大田生育期间的耗水量－有效降水量

据研究资料，各季水稻的泡田用水定额为每667米^{2}需水30～100米^3。大田生育期间灌溉定额为每667米^{2}需水200～350米^3，总灌溉定额为每667米^2 280～550米^3。

295. 什么是水稻叶龄灌溉技术？

水稻按叶龄进程，根据其本身生长特点进行灌溉，称叶龄灌溉技术。水稻叶龄灌溉技术的具体内容如下：

（1）移栽到活棵寸水护苗。秧苗栽插后，常因日晒、植伤等原因延缓秧苗的返青。在栽插后采用寸水护苗，时间持续2天以上，可促进秧苗返青、活棵。据调查，寸水护苗与薄水护苗相比，单株黄叶数减少21.36%，分蘖成活率提高7.96%。但对干旱少雨、水源不足地区的稻田，不宜采用寸水护苗，可采用深水护苗，以防止有效分蘖期田间缺水。

（2）返青至有效分蘖叶龄临界期浅水促蘖。

（3）有效分蘖临界期至倒3叶适度烤田。

（4）倒3叶至抽穗扬花间歇灌溉。这一阶段是植株长穗、长最后3张功能叶、根系发生高峰和吸肥高峰时期，此时对高肥田块进行间歇灌溉，可促进根系增长，增加绿叶数，提高鞘叶比值，并能控制基部节间长度和株高，从而使株型挺拔、抗倒，改善受光姿态。对于中肥田块，可适当增加水层的保持时间，以协调水稻地上部和根系的生长。

（5）抽穗到成熟湿润灌溉。至此，植株茎叶的生长已结束，主要生理活动是生产、输送和积累光合产物。这一阶段进行湿润灌溉，并根据不同的土质、肥力，控制灌水间隙时间，可使植株的活根数及绿叶数比水层灌溉显著增多，从而提高结实率，并使植株活熟到老，提高粒重和最终的产量。

296. 怎样防止稻田漏水?

防止稻田漏水要针对造成稻田漏水的不同原因，采取相应的措施。

（1）砂土田漏水　主要是因为土粒较大，质地比较松，水分不能在土层中存在。防止漏水的方法是，年年用黏性的河泥和挑用黏土，使砂黏接拌，改良土性。

（2）土质黏重的稻田漏水　这种田脱水过久，泥土收缩，产生裂缝，裂缝大而深，就会漏水、漏肥。这种稻田不能经常让它脱水，烤田时注意轻烤。

（3）一般稻田漏水　可以在插秧前田块四周多水耖、水耙，使泥浆堵塞漏孔。同时还要做好田埂被岸。

（4）稻田的周围是沟、河或低地引起的漏水　这就要在稻田靠沟、河或低地边，距田埂 1.3 米左右的地方筑起与田埂平行的水泥垄，泥城要高出稻田水面。另外，还可在靠沟、河或低地部分，用夯把土打结实，或者挖深数尺，加入石灰、生泥混合土，再用夯打结实，能更有效地防止漏水。

（5）稻田田埂穿孔引起漏水　一般只要用泥将漏洞堵起来就可以了。如果漏洞大，可在漏洞处将田埂扒开，再用泥封堵起来，效果更好。或者在漏洞的上端，沿田埂围一个半圆形的“燕子窝”，这个办法既省力，效果也好。

(6) 稻田中央部分漏水　应该在田中央找到漏洞，并将它堵起来。找不到时，靠近漏水地方筑泥垄围起来。

297. 水稻一生的需水规律是怎样?

据测定南方稻区，中稻秧田需水量为85～180毫米，本田平均需水量为540～770毫米；单季晚稻秧田需水量大体与中稻相同，本田平均需水量为330～690毫米。水稻生长发育过程中，需水量的变化规律是由小到大，再由大到小。单季中、晚稻移栽返青期占全生育期需水量的5.7%～12.9%，分蘖期占25.1%～26.3%，拔节孕穗期占24.3%～35.1%，抽穗开花期占9.4%～17.9%，乳熟期占9.5%～13.5%，黄熟期占6.1%～9.9%。单季中、晚稻植株较高，叶面积较大，其需水强度高。晚稻。前期气温较高，需水量上升较快，高峰期出现较早，多在拔节孕穗期，本田期日平均需水量4.6～6.0毫米，而高峰期需水强度为5.5～7.2毫米/天。水稻需水临界期在孕穗期，此期水分亏缺，容易造成穗小粒少，甚至会导致不抽穗或造成空壳秕粒。保证孕穗期水分供应，有利于形成大穗提高产量。

298. 水稻插秧至返青期应该怎样管水?

为提高栽插质量，水稻插秧时，一般稻田内只有薄水层。因此插秧后应及时灌浅水层，特别是上午插的秧，中午前一定要灌上水，灌水深度以3～6厘米为宜。3～5天内不淹心叶，创造一个较稳定的温度环境，减少植株的蒸腾。保持稻体水分平衡，达到深水护苗的作用，如遇大风，还可以减轻秧苗受损。此时幼苗小需水不多，但因拔秧移栽，根部损伤，吸水力减弱，极易失去水分平衡。因此插秧后，要使秧苗茎叶一部分处于水层保护下，可以减少蒸腾。但灌水层过深。引起叶鞘过早伸长，植株细弱，不易扎根，会造成漂秧。栽插后切忌断水，不然会造成“黄秧搁一搁，到老不发棵”的后果，寸水护苗与深水护苗相比，单株黄叶数减少21.36%，分蘖成活率提高7.96%。淮北稻区，春稻插秧后湿度较低，如逢阴雨天气，水层可适当浅些。夏稻（麦茬稻）插秧时（夏至前后）。正逢伏旱期，气温高，湿度低，如刮西南大风，水层应适当加深，否则可浅些。此外，还应根据移栽秧龄长短调节水层深度，秧龄小，宜浅，秧龄长，苗大，可稍深。栽秧时气温过高或面肥过多的都应该加深水层。盐碱地还应每隔2～3天调换一次新鲜水，以达到洗盐的目的。

299. 水稻活棵后到有效分蘖临界叶龄期的灌溉原则是什么？

此期是水稻有效分蘖期，是穗数决定期，能否按N－3原则进行分蘖是分蘖期壮苗的指标。分蘖期水层不仅能促进分蘖的发生，而且也能保护幼小分蘖生长。具体的方法是田间保持均匀浅水层，约5天左右。以后待田间无明水，土壤湿润时，再灌一次水层，如此周而复始。据研究，有效分蘖阶段进行水层灌溉比湿润灌溉的分蘖发生率高14%，比深水灌溉的高17%，低节位分蘖和单株数量增多，干重提高，田间实际够苗叶龄期和预期有效分蘖临界叶龄期相吻合。对于黑土湖洼地、土质黏重的田块，或高肥田，秧田还青早的不宜采用浅水层灌溉，而宜进行湿润灌溉。因为此类秧稻田，不保持水层，可以相应提高土壤温度，使土壤昼夜温差变大，促使植株通风透光，土壤内的氧气也可得到补充，土壤氧化作用加强，有利于根系发育，分蘖生长协调，促进了有效分蘖的生长。其他土质的稻田，或中低肥力的稻田，分蘖阶段一般不宜灌水，群众说得好：“浅水灌溉如上粪，深水淹苗如害病。”所以这类田要保持较长时间的浅水层，尤其是水源条件差的丘陵岗地，为节约用电用水，避免分等级缺水受旱，一般可以一次灌深水层。在盐碱地，为防止返盐也应保持浅水层，促进分蘖生长。

300. 为什么返青活棵至分蘖阶段要实行浅水勤灌？

分蘖期薄水勤灌，以利提高水温和土温，增加土壤中氧气，且苗基部透光良好，从而达到根系发育良好，根系吸肥能力增强，促进早发分蘖，提高分蘖成穗率。移栽后水分管理因育秧方式而不同，因天气制宜，一般以 3 厘米左右为宜，以阴雨天气稍浅，高温干旱天气稍深为宜。

不同移栽方法和苗类返青活棵至分蘖阶段灌溉方法有差异：

（1）中、大苗移栽的苗体比较大，移入大田后需要水层护理，以满足生理和生态两方面对水分的需求，有利于调节田间适宜的温湿度，维持水分平衡，防止萎蔫，减轻植伤，促进发根活棵。分蘖期秧苗吸氮以铵态氮为主，水层能促进土壤的铵化作用和稻苗分蘖生长。故从移栽后到分蘖期，从生理、生态两方面来看，应以浅水灌溉为主，结合两次灌水之间的短期落干通气。

（2）机插小苗的苗体较小，叶面蒸发量不大，加之，根部带部分土移栽，移入大田后，保持土壤湿润即可满足生理需水的要求。其主要矛盾是保持土壤通气，促进秧苗尽快发根。在南方稻区，移栽后一般不宜建立水层，宜采用湿润灌溉的方式。阴天无水层，晴日灌薄水，1～2 日后落干，再上薄水。待长出 1 个叶龄秧苗活棵后，断水露田，田间保持湿润状态，进一步促进发根。待移栽后长出第二片叶时，苗体已较大，此时结合施分蘖肥开始建立浅水层，并维持到整个有效分蘖期。

（3）塑盘穴播带土移栽的小苗，发根力强，移栽时薄水。移栽后阴天可不上水，晴日灌薄水。2～3 日后即可断水落干，促进根系深扎。活棵后浅水勤灌。

301. 为什么够苗期至拔节期要排水搁田?

水稻高产栽培要求：田平，浅水栽插，栽后5～7天，让田水自然落干，这样施的基肥不容易流失，土壤的水、气比较协调。田水落干时结合追肥晾田1～3天（根据天气情况决定），再灌3厘米左右的浅水，等自然落干后再浅水。实行浅水勤灌，水气协调，以水调肥，以气促根，有利于根蘖相互促进发展。当全田总茎蘖数达到预定指标（肥力高的田达到预定指标的80%～90%）时，及时开沟排水搁田（晒田），也可在茎蘖数达到预定指标时灌深水控制分蘖。搁田要轻搁、多次搁田，达到既控制分蘖不再增长而又不损伤根系的目的。第一次搁田搁到田开小裂、人站田面不陷脚时，灌上浅水（或跑马水）。隔2～3天再搁反复多次进行，至分蘖不上升为止。搁田终止期为拔节期。

搁田应掌握天气特点，阴雨天气多，搁田困难，搁田时间可长一些，并要抓紧晴天早搁田，或争取间隙晴天搁田；干旱天气，水利条件较差或缺水的地方，可轻搁或免搁田。

302. 水稻长穗期需水特点是什么?

水稻的拔节长穗期（枝梗分化期～抽穗）是营养生长和生殖生长两旺的时期，群体的蒸腾量猛增，是生理需水最旺盛的时期，稻田蒸发量达到峰值进入稻田耗水量最大期，需要有足够的水分保证；此时，棵间蒸发逐渐减少，生态需水处于次要地位。

水稻长穗期的另一个重要的生理特点是上层根开始大量发生，整个根群向深广两个方向发展，是水稻一生中根系发展的高峰期，至抽穗期达最大值。长穗期促进根系生长的主要条件是协调土壤的水气矛盾。在土壤通透良好的条件下，土壤处于氧化状态，使土壤的理化性状和环境条件得到改善，不仅有力地促进根系的生长，同时使部分土壤N素氧化为硝态氮，水稻在拔节以后是容易吸收硝态氮的，并在根部合成玉米素（Z）和玉米素核苷（ZR）等细胞分裂素，对促进穗分化和籽粒结实，以及防止生育后期叶片的早衰起重要作用。

因此，长穗期的灌溉既要满足旺盛的生理需水，又要保证促进根系生长的良好土壤通气条件，应采用浅水层和湿润交替的灌溉方式。

303. 水稻拔节长穗期的水分如何管理?

倒 3 叶至抽穗期的灌溉原则。水稻由倒 3 叶期到抽穗期，是碳氮代谢并重的时期，也是在形成穗数的基础上，每穗颖花量决定的时期，亦是结实率和千粒重的奠基期，是一生需肥、需水量最大的时期，也是群体最大的时期。因此在搁好田的基础上要促进上层根的发生，增强根系活力以保障养分吸收，增加光合生产量，促进枝梗和颖花的分化量和防治分化颖花的退化。但是，由于拔节后根系向稻体的供氧距离加大，中上部的节间和叶鞘又缺乏通气组织，此时，一方面株体生长要求根系活力很强，另一方面，根活力又直接受供氧状况的影响。因此，在拔节、长穗期的水分管理上，前期保持湿润，保持通气良好，后期适当建立浅水层，特别是抽穗前 5～15 天内的减数分裂及花粉内容物充实期，保持浅水层。其余时期，以间歇湿润灌溉为主。

所谓“间歇灌溉”，即田间上一次水待 2～3 天后自然落干，不立即上第二次水，让土壤露田 2～3 天后再上水，即“前水不干，新水不进”。这种间歇灌溉，既满足了水稻正常代谢的需要，又能更新土壤环境，满足根系正常生长的要求，使根系在这一时期发挥出最大的吸水、吸肥能力，以供给地上部分的生长。但在剑叶露出后，正是花粉母细胞减数分裂后期，需水需肥量尤大，此时应建立水层，保持到抽穗前 2～3 天，再脱水轻搁田，促使破口期再出现一次“落黄”。以增加稻体的淀粉积累，促使抽穗整开，并为提高结实率奠定基础。

304. 为什么幼穗分化期要浅水层灌溉？

幼穗分化期如果水分不足，会减少小穗数，造成颖花退化和穗粒数减少。若灌水过多、过深，又会使稻株茎部柔软，容易引起倒伏，一般保持水层 6～8 厘米为宜；遇干旱天气，水层可以稍深些。多阴雨天气或地下水位高，或有贪青现象的田块，可采取干干湿湿，以干为主的水分管理措施。超级杂交稻幼穗分化期不耐低温，当遇到强冷空气来临时，要灌深水，保持一定的深水层，以稳定土温，避免低温影响幼穗发育。

305. 为什么孕穗始穗期保持水层？

孕穗始穗期是水稻对水分最敏感的时期，此期缺水很容易导致空壳减产，应保持 8～10 厘米的深水层，同时能够以水调温，提高株间的空气湿度。遇寒露风低温来临时，应灌深水以保温。

306. 为什么灌浆乳熟期要干湿交替？

灌浆乳熟期是超级稻籽粒充实的关键时期，若遇干旱缺水，会引起叶片早衰，光合作用效率下降，影响籽粒饱满。如果保持深水层，土壤中氧气减少，影响后期根系活力，也会引起叶片早衰，致使灌浆不良。因此，在灌浆乳熟期要保持土壤湿润为宜，应采取“跑马水”的办法，做到灌水不积水，断水不缺水，干湿交替，以利于籽粒充实。在黄熟期以后，需水量大大减少，此期切忌田间积水，以促进成熟，且方便收割。

307. 搁田有什么好处？

搁田亦称晒田、烤田，是稻田水分管理的一个重要环节。搁田有以下几个方面的好处：

（1）水稻土在水层灌溉下，土壤几乎全部由固相和液相两相组成，土壤中空气很少。经分蘖期一段时间较稳定的水层灌溉后，土壤的氧化还原电位已明显下降，有毒还原性物质增加。排水搁田后能使土壤脱水干缩而产生裂缝，增加土壤的渗漏性，空气直接进入土壤，进行气体交换，提高土壤中空气含量，二氧化碳含量降低，氧化还原电位提高，从而减少还原性有毒物质，增强好气微生物的活动，加速有机物的矿化，从而提高了土壤中有效养分的含量。

（2）搁田，在于通过控制土壤水分和氮肥的供应，更新土壤环境，以调整稻株体内的碳氮比，促使落黄，达到控制无效分蘖，抑制土壤中养分的供应，巩固有效分蘖的生长，增加地上部的干物质积累，控制群体的发展，改善了长穗期的群体条件。

（3）搁田能控制基部节间和过渡叶片的伸长，促进了根系向纵、横两个方面的生长，扩大了根系的活动范围，增强了根系活力，促进了吸肥吸水的性能。

（4）搁田降低了田间湿度，推迟了稻田封行期，改善了田间通风透光的条件，有利稻株稳健生长，增强抗倒、抗病虫的能力。

搁田期间，土壤铵态氮和有效磷含量下降，复水后增高，搁田有“先控后促”的作用。促进根系生长，使水稻生育中期的株型改善，群体结构优化，有利于统一协调穗数、壮秆、大穗之间，地上部与地下部之间，稻体与环境之间的诸多方面是高产群体中期调控的一个最为重要的手段。

308. 为什么不宜重搁田?

重搁田是指将稻田晒至田边裂大缝，田中开“鸡脚缝”，站人不陷脚，叶色明显落黄。重搁田达不到控制无效分蘖和茎基部节间伸长的目标，反而对植株的生长有许多不利影响：首先是土壤裂缝，拉断根系，还会使分枝根和根毛脱落，甚至会破坏根表皮和内皮层，严重损伤根系，根的活力大为削弱，复水后根的吸收能力短期内不能恢复，达不到“先控、后促”的目的。其次是在重搁田时有不少新根（含分枝根）由土层中伸出土表。这种粗白根是在通气条件极好的情况下产生的，一经淹水后即停止生长，活力锐减，以致很快腐烂，不能增进养分吸收。三是在长期的重搁田过程中，土壤微生物活动旺盛，复水后短期内由于大量微生物耗氧，会使土壤急速转为还原状态，对根系生长不利。所以，中期搁田切不可一次重搁田。

309. 依据什么原则搁田？搁田的时期与方法是什么？

（1）*搁田适期的确定原则*　研究表明，无论是籼稻还是粳稻品种，在N叶抽出时产生搁田的水分胁迫，对N－2叶的分蘖芽的生长影响最大，其次为N－1叶的分蘖芽，对N－3叶的分蘖芽生长无显著影响。说明当N叶抽出时，N－2叶叶腋内的分蘖芽正处于对环境的敏感期，N－1叶叶腋内的分蘖芽处于较敏感期，N－3叶腋内的分蘖（正在抽出）处于不敏感期。

因此，欲控制N－2叶叶腋内的分蘖，必须在N叶抽出时产生旱胁迫效应，合适的搁田时间应提前在N－1叶龄期，即欲控制节位的前2个叶龄期。例如，主茎总叶数为17叶，伸长节间数5的品种，希望在12叶期茎蘖数达到预期穗数后，于13叶期就抑制无效分蘖的发生，搁田必须提前到11叶期，当全田茎蘖数达到最后穗数的70%～90%时开始。这样，当12叶抽出期土壤对稻株产生干旱胁迫时，对正在长出的第9叶腋的分蘖（N－3）并不产生控制作用，可以继续生长，完成穗数苗；而当时的N－2叶（第十叶）叶腋内的分蘖芽被有效控制，当第十三叶抽出时，第十叶腋内的无效分蘖（N－3）就难以发生。如搁田期（水分胁迫期）持续延长1个叶龄期，可将N－1叶（第十一叶）腋内的分蘖也被有效控制。

搁田通常在无效分蘖期到穗分化初期这段范围内进行。过去生产上大多根据田间茎蘖动态、肥力等因素来确定，掌握不易准确，效果也不佳。应根据“水稻生育进程叶龄模式”来确定适宜搁田期。搁田适宜开始在有效分蘖临界叶龄期（N－n）至倒3叶龄期这段时间内进行。苗情不同，搁田上应有早迟、轻重的差别。如果稻田群体长势旺，够苗过早［（N－n）叶龄期前茎蘖数达到或超过适宜穗数］，应早搁田。这就是所说的“苗到不等时”，这类苗要适当重搁。如果稻田群体发得不足，迟迟不能够苗，可适当推迟搁田。但到了（N－n＋1）叶龄期，无论如何都要搁田，这就是所说的“时到不等苗”，这类苗要适当轻搁。搁田都要求在倒3叶末期之前结束，进入倒2叶期，田间必须复水。

（2）*搁田要求达到的指标* 通过搁田要使得水稻无效分蘖生长显著减缓，植株形态表现叶色褪淡（落黄），叶片挺立；土壤达到沉实，田面露白根，复水后，入田不陷脚。

（3）*搁田的技术要求和方法* 搁田不宜过重，应采取分次轻搁的方法。分次轻搁能有效地抑制无效分蘖的发生，促进根系下扎，培育受光良好的健壮株型，改善土壤通透性，增强根系活力，为结实期生产更多的产量物质奠定良好的基础。分次轻搁就是每次烤田时间约为0.5个叶龄期，即4～5天。搁田后，当0～5厘米土层的含水量达最大持水量的80％时再复水。具体搁田时间因品种类型而异，对4个伸长节间的早稻，搁田宜在倒4叶到倒3叶初进行，搁田叶龄少，一次轻搁就够了。5个伸长节间的中稻，在倒6叶到倒3叶露尖，搁田叶龄多，宜进行2～3次轻搁。6个伸长节间的晚稻，在倒7叶末到倒3叶，搁田叶龄多，可进行3～4次轻搁田。总之，搁田叶龄多，要分多次轻搁；搁田叶龄少，要少搁田，轻搁。搁田程度还要看稻田的土质、地势而定，通常砂性土、黄泥土和地势高爽的稻田要轻搁，而黏土、地势低洼的稻田可重搁。搁田时，可在田块四周开排水沟，要把田中间的水排出，搁田指标达到与否也要以田中间的水量为准。

搁田的早迟对产量形成的效应和基蘖肥的多少有关。基蘖肥多，搁田宜早（茎蘖苗为穗数的70%时）；基蘖肥少的，搁田宜稍迟（茎蘖苗为穗数的90%时）。但迟至够苗期（茎蘖苗为穗数的100%时）搁田已达不到控制无效分蘖的目的，在三组施肥组合中，产量均最低。

310. 为什么稻田要及早开好围沟、十字沟？怎样进行？

围沟、十字沟是稻田内供灌、排水用的沟道系统，能使稻田流水畅通，灌排水及时进行，从而有利于控制土壤水分状况。如搁田要使稻田及时脱水，喷药液防治病虫害要灌水，遇到灾害性天气如高温、低温要采取日灌夜排或夜灌日排的措施时，都要求排、灌良好、迅速，这只有开好围沟、十字沟，才能达到目的。在水稻中、后期生长阶段进行间歇灌水，也要有围沟、十字沟才能做到灌、排自如。围沟就是开在稻田四周的田岸下，或离田岸1米左右。沟道的位置要在移栽时预先留出，在分蘖末期搁田前开好，沟深17厘米左右，宽13～17厘米，并开好进出水口，泥土可放在沟两边的稻田内。十字沟是指在大的、排水不畅的田块中间开挖纵横贯串全田的十字或串字形的排水沟。

311. 水稻抽穗至成熟期应如何灌溉？

抽穗、开花期是水稻对水分比较敏感的时期，特别是中稻正值高温季节抽穗，蒸腾与蒸发量很大，要满足水分供给，保持浅水层。灌浆结实期也不宜断水，水分不足会影响光合作用和碳水化合物的运输，但又不能长期淹水，长期掩水不利于根系生长，因而，要（组合），其灌浆结实期间长，更不宜过早断水，以免降低产量。

水稻抽穗以后，一般宜用采用间隙灌水的方法，即灌一次水，3～4天让其自然落干，湿润2～3天再灌一次新水，反复进行，直到成熟，特别对于大穗型品种，此时水稻的生理需水并不次于分蘖期水层的存在，除直接满足生理需水外，主要是调节土壤温度，提高空气湿度。此时如果水分亏缺，就会削弱光合作用，降低植株内碳水化合物的含量，如抽穗至灌浆期遇到高温伴随长期不雨，将来必然秕谷多。因此，这一时期千万不可断水，即使遇到特殊情况，如稻叶疯长、倒伏等，需排除水层，土壤水分亦必须维持高度湿润水平。

水稻进入黄熟期（穗稍黄色、下垂），生理需水下降，开始采用湿润灌溉法或者落干。淤砂壤土、盐碱土，或者岗地、湖洼地，有机质少，保水力差，3～5 天脱水不灌即出现旱象，特别是盐碱土、岗岭砂土梯田，必须保持水层到收割前一星期再排水落干，否则会引起减产。另外，有些水稻品种由于根系浅，如南粳 35、杂交稻等，脱水早了，减产严重，高产经验：收割前 3 天断水最好。

十、水稻各生育期苗情诊断

312. 水稻主要生育阶段怎样划分?

习惯上把水稻种子萌发到新种子形成，称为水稻的一生。根据形态、生理等特点，可将水稻的一生分为营养生长和生殖生长两个时期（或两个阶段）。营养生长期，是指从种子萌发到稻穗分化以前的一段生长时期；生殖生长期，是指从稻穗开始分化到成熟收获的生长期。

根据形态、生理特点，可将水稻营养生长期划分为秧田营养生长期和大田营养生长期（直播水稻例外）。其中秧田营养生长期又可分为三个时期，即从种子萌发至不完全叶伸出的幼芽期，从不完全叶伸出至第三叶全出的幼苗期，以及从第四叶伸出至移栽的成苗期，采用乳苗育秧方式，在 3 叶期已移栽入大田，故没有成苗期。

大田营养生长期可分为返青期和分蘖期。从插秧至叶色转青、新叶开始恢复正常生长这段时间，叫返青期。分蘖期可分为有效分蘖期和无效分蘖期。有效分蘖期是指开始分蘖到全田总茎数达到与计划收获穗数相当的时期；无效分蘖期是指从全田总茎数与计划收获穗数相当时至停止分蘖的时期。

生殖生长期又可分为幼穗发育期和开花结实期。幼穗发育期，包括从幼穗开始分化至顶叶出一小半以前的幼穗形成期和从顶叶出一小半至抽穗的孕穗期。开花结实期是指始穗至成熟的时期，可分为稻穗开始抽出顶叶叶鞘至开花授粉完毕的出穗开花期，从授粉完毕至成熟收获的结实成熟期。

在生产实践上，按栽培管理的过程把水稻的大田生育期划分为前、中、后三个时期，即从插秧至幼穗开始分化以前叫生育前期，从幼穗开始分化至抽穗叫生育中期，从抽穗至成熟收获叫生育后期。

由于超级稻一般采用旱育乳苗的育秧方式，除具有一般水稻的生育阶段划分特点外，还有其特殊的生育阶段特点：一是超级稻的苗期比较短，从播种至移栽往往仅 12 天左右，营养生长期主要在大田中度过；二是超级稻，特别是超级杂交稻因穗大粒多，灌浆期较长，较一般的中稻或晚稻长 10 天左右，长的可达 45 天以上。因此，超级杂交稻灌浆期的水分管理要特别注意干湿交替或湿润灌溉，不能脱水过早。由于超级杂交稻灌浆期长，将灌浆期调节在气候比较适宜的时候也是关键的技术之一。

313. 水稻产量构成要素的确定时间是什么？

水稻的产量构成要素主要有穗数、粒数、粒重和结实率。

穗数是在分蘖期确定的。单位面积上的穗数，由插植株数、单株分蘖数和分蘖成穗率三者组成。株数决定于栽插的密度及移栽后的成活率，分蘖数和分蘖成活率与秧苗的壮弱有密切关系，因此穗数的确定期在分蘖期，基础在育秧期。

粒数是在幼穗分化发育期确定的。每穗粒数的多少，主要决定于幼穗分化形成的颖花数、颖花的成育率及结实率。颖花分化形成的数量与分化时植株的茎秆粗细、营养水平高低成正比，所以分化前的分蘖期为奠定粒数基础的时期。

粒重是在抽穗后的结实期确定的。粒重的大小，由谷壳大小和谷粒充实程度决定。谷壳大小是在幼穗分化发育期确定的，而且谷粒灌浆物质的 20％左右来自抽穗前的贮藏物质，所以幼穗分化发育期是奠定粒重基础的重要时期。

314. 增加穗数的主要栽培措施是什么？

一是培育壮秧。培育壮秧可为移栽后早返青、早分蘖提供良好基础；二是合理稀植。根据计划收获穗数和对秧苗植后分蘖能力的评估，插足基本苗数；三是促低位分蘖早发，控高位分蘖少发。促低位分蘖早发，够苗后及时露田、晒田，控制高节位的无效分蘖，使养分集中在早发的有效分蘖上，提高分蘖成穗率。

315. 增加每穗粒数和粒重的栽培关键是什么？

（1）增加每穗粒数的栽培关健　一是促进幼穗分化前茎秆粗壮。在壮秧的基础上，在大田分蘖期要保证稻株稳长必需的养分供应，使稻茎粗壮，为稻穗枝梗数较多和形成大穗奠定良好基础。

二是供给幼穗分化足够的养分。通常在幼穗分化开始时，若叶色较淡，需要施用促花肥，促使分化形成较多的颖花。在幼穗分化发育的中期（约在抽穗前20天左右），若叶色较淡，还要施用保花肥，减少颖花退化，提高颖花的成育率。

三是以水调温、提高结实率。在抽穗开花期若遇干冷天气（如寒露风），可灌水保湿增温，减少低温和干燥的伤害，提高结实率。

四是增加抽穗前的干物质积累。抽穗前注意生长所需的养分供给，但生长不要过旺，使光合产物有所积累，保证抽穗后有较多的物质转移到谷粒中去，提高结实率。

（2）增加粒重的栽培关健

①保证幼穗发育后期有良好的营养条件，使谷壳长得较大，以便容纳更多的灌浆物质。

②灌浆成熟期采取湿润灌溉，进行养根保叶，形成较多的光合产物，使谷粒充实度好。

③在生育后期，结合施用“喷施宝”等植物生长调节剂，有利于延缓叶片衰老，增加光合能力，促进灌浆速度，增粒增重，改善品质，缩短生育期，促进籽粒成熟。

316. 怎样划分水稻的生育期及产量因素形成期?

水稻各部器官的形成，也就是产量因素形成的过程。水稻产量是由每 667 米^2 穗数、每穗粒数、结实率及粒重所组成。它们是在不同时期内形成，但它们之间在一定产量水平上存在着互相联系，又相互制约的关系，也就是说，产量各构成因素的形成过程既有阶段性，又有连续性。后一阶段产量因素的形成，一方面要以前阶段形成的产量因素为基础，另一方面还受到前阶段所形成产量因素的制约。因此，水稻从种子萌发到籽粒成熟，一生中要经历秧田、分蘖、长穗和结实四个阶段。

在培育适龄壮秧的基础上，基本苗适宜，穗多粒数也多；如秧龄过长，则穗小粒少，秧龄过短，则会延迟抽穗成熟。总之，秧苗素质好坏，对穗数、粒数和粒重的形成影响很大。因此，秧田期阶段是夺取高产的基础时期。

每 667 米^2 穗数是由主茎穗和分蘖穗所组成，适当增加基本苗和提高分蘖成穗率，是增加每 667 米^2 穗数的两个途径。主茎穗决定于基本苗的多少，而分蘖穗决定于分蘖成穗率的高低。因而，分蘖阶段是决定每 667 米^2 穗数的关键时期。

增加每穗粒数必须增加每穗分化的颖花数，又要减少颖花的退化数。在高产条件下重点应放在减少颖花退化数上面。

每穗分化颖花数主要决定于苞原基分化到颖花分化期的半个月时间内，而颖花退化则发生在减数分裂期到花粉粒成熟期的半个月时间内。抽穗后的颖花数是分化颖花数与退化数的差数。因此，促进颖花分化可以争取大穗，而防止颖花退化也是争取大穗的重要手段。

减数分裂期既决定颖花数，又决定谷粒的体积和灌浆物质在体内的积累时间，所以长穗阶段是决定每穗粒数的时期，又是提高结实率和粒重的基础时期。

空粒的形成，一是由于出穗前花器发育不健全，不具备授粉能力；二是发育完全的颖花，因温度过高或过低、暴雨、强风和农药等影响，致使其不能正常授粉。秕粒则是因结实障碍，灌浆中途停止所致。

粒重决定于两个因素：一是谷壳的大小，谷壳的大小在减数分裂期就基本决定；二是抽穗后灌浆物质的多少、运转速度快慢等因素，影响胚乳的充实度。归根结底，粒重和结实率的高低也就是实际产量决定时期，主要决定于灌浆始期到蜡熟末期稻株生长的健壮程度。

317. 怎样提高抽穗后的根系活力？

水稻生育后期养根才能保叶，这是由水稻的遗传特性所决定的。水稻的祖先世世代代生活在沼泽地带，体内形成了发达的通气组织，水稻根系呼吸所需要的氧气主要由地上部提供，但是，水稻最后 3 张叶，一般不分化通气组织，因而根系呼吸所消耗的氧，只能靠其本身向周围土壤环境吸取，从而使根与叶在氧的供求方面发生了变化。另一方面，水稻生育后期开花、授粉、结实、灌浆等各个过程，需要大量的碳水化合物和相当数量的蛋白质，以构成贮藏的淀粉和具有遗传特性的细胞核、细胞质等等。碳水化合物的骨架——糖类，是在叶片中合成后运输到籽粒中去的；蛋白质的骨架——氨基酸类，是在根系中合成后运输到籽粒中去的。由于各种物质运往籽粒必须按照严格的比例才能保证开花、灌浆等各个过程的正常进行，形成较高的产量，这就要求根与叶能够很好地相互配合、协调。如果养根工作不做好，根系发生早衰，籽粒不能从根系获得所需要的氨基酸，就会迫使叶片提早枯死，把叶片中的蛋白质分解成氨基酸等以供应给籽粒。所以，根系早衰的稻株，其叶片枯黄，产生所谓的“老来穷”现象，产量损失很大。

由于根系呼吸所需氧气的来源发生了变化，根系缺氧往往是早衰的主要根源，所以，生育后期要特别强调“活水灌溉”、干湿交替，即“前水不清，后水不进”，以保证氧和水的供应，做到养根保叶。此外，及时施用“破口肥”，每667米^2 2～3千克尿素，或根外追肥每667米^2 1～1.5千克尿素（2%浓度喷雾），以补充氮素的亏缺，这对养根保叶也很重要。在抽穗期喷施20%粉锈定每667米^2 50克，对水稻叶片有保护作用。

318. 水稻早发的指标是什么？

一般稻田，n叶期栽插，n+1叶期返青，n+2叶露尖分蘖，这是早发的重要指标。水稻要取得高产，必须要在N－n叶龄期达到预期穗数，这是早发的前提条件。

水稻生育前期的早生快发，不但可以增蘖增穗，而且可使稻株生长健壮，为形成大穗打好基础。如果秧苗迟迟不发，甚至植株矮小黄瘦，形成“一炷香”、“刷帚苗”，这样的秧苗是不可能形成大穗夺高产的。只有秧苗播后返青快，分蘖早，苗壮有劲，才有利于既争取较多的有效穗，也为大穗形成奠定良好的基础。因此，在水稻生育的前期要促进秧苗的早生快发，争取较多的前期低位分蘖，培育足够数量的健壮大蘖，形成合理的群体，为实现高产打下基础。

319. 拔节前后叶色过深为什么难以高产？

稻株进入拔节期以后，营养器官、生殖器官同时进入旺盛生长阶段，生长中心开始转入稻穗。在拔节前后，如果分蘖期施用过多氮肥，叶色过深，氮代谢旺盛，而碳水化合物的积累减少，势必造成无效分蘖过多，营养生长旺盛，封行过早，造成基部节间伸长时的光照不足，引起基部节间过度伸长，不利于壮秆的形成，容易引起倒伏；同时，对根系生长也有不利影响。在拔节以后，根系活动的氧气来源，主要靠基部1、2节间的通气组织通过该节间着生叶片而来，节间过度伸长，影响了通气组织的发育，因而对根系的生长不利，常会引起早衰。此外对争取大穗也有不利影响。因此，拔节前后叶色过深难以获得高产。

320. 水稻分蘖期怎样看苗诊断？

一看生育时期（叶龄进程）；二看茎蘖数及组成结构；三看叶色深浅；四看有无病虫害及其程度。在诊断基础上，提出形成原因及转化措施。

321. 水稻返青分蘖期的栽培指标是什么？

水稻返青分蘖期是指从移栽到拔节孕穗前的这段时期。返青分蘖期的长短因品种（组合）、播种期、栽插期的不同而有差异，一般双季早稻品种和双季晚稻品种约 15～25 天，中稻约 15～30 天，单晚品种约 30～40 天。返青分蘖期的栽培目标是培育足够的强健的大分蘖，形成合理的叶面积，积累一定数量的干物质，培植强大的根系群。栽培的技术关键是积极促进早发争多蘖，培育壮蘖增大穗。

322. 水稻返青分蘖期有哪些生育特点？

移栽的水稻，由于植伤，栽插后要经过一段生长停滞到逐渐恢生长的时期，即返青期，一般需 5～7 天。就一季稻而言，移栽后 10 天左右开始分蘖，20～25 天达到分蘖盛期，30～35 天达最高分蘖期。一般整个大田分蘖期 20 天左右，而能够分蘖成穗有效分蘖期很短，仅 5～10 天，最多的达 15 天左右。水稻分蘖期生长表现在两个方面，一是地上部长叶长分蘖，二是地下部长根，形成健壮的根系。由于大量的营养器官的分化和增生，需要较多氮素营养的供给，在稻体内表现出以氮代谢为主的生育特点，水稻分蘖期又是根系形成的主要时期，所以也称增根期。稻株发根旺盛，吸收营养多，是促进早分蘖和培育健壮大蘖的关键期。水稻根的萌发、伸长和各种生理活动都需要有足够的氧气。水稻根系有泌氧能力。但长期淹水会使土壤还原加强，产生硫化氢等有毒物质伤害根系，形成黑根甚至引起烂根僵苗或死苗。

323. 水稻到了有效分蘖临界叶期有效茎蘖苗数不足怎么办?

水稻有效分蘖临界叶期的茎蘖苗数与穗数关系密切，如果到了有效分蘖临界叶期有效茎蘖苗数不足，必须在有效分蘖临界叶期前一个叶位施用氮肥，争取 N－n＋1 叶位动摇分蘖成穗。如果过了 N－n 期就不能施肥，施肥过迟使高峰苗期的无效分蘖过多，虽然穗数多些，但穗小，成穗率降低，所以，在这种情况下，只要早施重施穗肥，即倒 4、2 叶施肥。这可以促使穗粒数多，虽穗略少，但总颖花数增加了，而且茎秆粗壮，结实率和粒重高而增产。

324. 水稻高峰苗数过多不易超高产? 为什么?

虽穗多但穗小不易超高产。茎蘖苗过多，群体郁蔽，中下部受光差，基部叶易落黄早衰。生育中期茎秆基部节间的充实增粗的物质是基部叶片制造的光合产物供应的，由于这几叶片过早枯黄而造成基部节间充实不良，引起后期倒伏，而造成减产。

325. 返青分蘖期怎样及时除草?

一般活棵后，杂草出芽，排干水耘田，使杂草被泥巴糊住，晾田 3～5 天灌水，草即死亡。这对生产无公害优质稻米非常有利，这种传统的除草方法仍有现实意义，不能丢弃。当然，使用化学除草方法也可，化学除草有栽插前处理和栽插后处理等多种方法。

326. 水稻拔节长穗期的栽培目标是什么?

拔节一般在分蘖高峰期前后开始，直到抽穗后数日，才停止节间伸长，这一段时期与幼穗分化生长同步，因此生产上称拔节、长穗期。这一时期早稻约 28 天左右。中、双晚稻 30 天左右，单晚 33 天左右。拔节、长穗期的栽培目标是：在保蘖增穗的基础上，促进壮秆、大穗，防徒长、防倒伏。

327. 为什么叫封行期要适宜？怎样控制封行期？

（1）水稻田封行　是指人站在田埂边基本上看不到顺稻行 15 米以外的田面或水面，就叫封行。出现封行的时期就叫封行期。封行期早迟及封行程度是衡量作物营养生长和生殖生长是否协调的指标。封行适期为倒 1 叶出生期。

（2）封行适期的确定　根据上述叶的出生与节间充实进程的同步关系：倒 n 叶抽出—倒 n＋2 叶鞘所包的节间伸长—倒 n＋3 叶鞘所包的节间充实—倒 n＋4 叶鞘所包的节间充实完成。

如 5 个伸长节间的品种，倒 2 叶抽出时，基部第一节间充实开始，剑叶抽出时充实完成，孕穗期基部第二节间才完成充实。由于节间充实的内容首先是指光合产物积累形成的淀粉，充实到薄壁细胞内。节间充实物质是叶片制造的光合产物，主要来自该节间两端二叶的光合产物，因此，要淀粉积累多，提高光合作用强度，所以不宜过早封行。在基部节间完成充实后封行，使基部叶片仍能受光 1 500～2 000 勒克斯以上，才能确保基部节充实强固，防止倒伏。所以封行期不宜过早，最早要在倒 1 叶抽出时才较适宜 n 封行过早或过迟都不利于高产。

328. 水稻拔节长穗期有哪些生育特点？

拔节、长穗期是水稻植株的营养生长和生殖生长同时并进的时期，地上部茎叶迅速增大，最长叶片相继出生，全田叶面积也达最高，地下部根的生长量也达最大。同时幼穗迅速分化、生长，是壮秆大穗的关键时期。这一时期地上部干物质积累占稻一生总量的 50％左右，因而也是水稻需肥量最多的时期。

329. 水稻抽穗期怎样看苗诊断?

一看群体大小，有效茎蘖数是否达到适宜穗数或略多些，同时看茎蘖结构，有效茎蘖穗数达100%，成穗率达90%以上；二看叶面积指数，特别要看茎生绿叶片数多少，一般要求茎生绿叶数与伸长节间数相当；三看叶色，达到鲜绿色；四看根系活力和根色。

330. 如何保持抽穗期后绿叶面积下降速度?

抽穗后群体绿叶面积是保证籽粒灌浆速度和籽粒充实度的功能叶片，这些功能叶片的寿命，在群体一定条件下主要是由根系活力和寿命决定。充足的土壤供氧量就能使这些根系活力旺盛，而在抽穗后采取间歇灌溉，地表土层在较长时间内暴露在空气中，使氧气进入耕层中，满足根系对氧气的正常需求，促进根系生长和活力。

331. 为什么水稻生育中期氮素供应水平过高，茎鞘内积累的淀粉反而减少?

水稻体内的氮素过多，则淀粉积累反而减少，这是因为，稻株体内的氮过多，则由光合作用合成的糖，经过呼吸作用，绝大部分转化为有机酸，该有机酸与铵态氮结合生成氨基酸，进而形成蛋白质和酸胺。如果氮过多，不仅用去光合作用合成的糖，而且还要以茎叶中贮藏的淀粉作为糖的补给源而加以利用，就势必减少水稻纤维素和细胞膜等的形成，使水稻植株茎叶柔嫩、暗绿、徒长。如果氮继续增多，超过了水稻对铵态氮转化为酰胺的能力，则有可能以游离态的铵态氮存在于稻株中，发生毒害。如果水稻体内氮素长期过多，还会由于呼吸作用的增强，过多地消耗糖分，从而减少淀粉的积累。

332. 水稻破口期叶色褪淡有什么好处?

构成水稻产量内容的碳水化合物，大约有三分之一是在抽穗前贮藏于茎秆里的。破口期叶色的褪淡，有利于增加茎、叶鞘内的淀粉积累，使抽穗整齐，并为抽穗后提高结实率创造条件，同时对壮秆大穗有一定的促进作用，对增强后期植株的抗倒性也是有一定意义的。如果此时叶色仍然很深，氮代谢必然旺盛，势必要消耗过多的糖分，这对抽穗后籽粒的灌浆是不利的。

333. 水稻抽穗结实期的栽培目标是什么?

抽穗、结实期经历抽穗、开花、乳熟、蜡熟、黄熟等生育阶段，所经历的时间，一般早稻为 25～30 天，中稻 30～35 天，晚稻和稻 40～45 天。此期是决定粒数和粒重的关键时期。栽培目标就是养根护叶，提高结实率和千粒重。

334. 水稻抽穗结实期的生育特点是什么?

水稻抽穗结实期间，谷粒中的碳水化合物积累贮存所形成的产量，约有 1/4 来自抽穗前贮藏在茎秆里的养分，随灌浆而向穗部转移以及约 1/8 来自衰老叶片的物质运转。可见籽粒约 2/3 左右的重量，是来自绿叶的光合产物。也就是说，最后 3 片叶的功能对提高结实率和粒重起着决定性的作用。其中以剑叶的同化和供应能力最大，其次为倒二叶、倒三叶。叶片的功能与根系的活力密切相关，养根才能保叶。

335. 怎样做到适时收割水稻?

及时收获，有利于稻米的优质高产和提高收割效率。收割过早，灌浆结实不够饱满，青米多，出米率低。过迟收割，容易落粒，而且碎米也增多。一般在九成黄时收割为宜，这时谷粒有 90％变成金黄，穗枝梗也已变黄。

336. 水稻叶片枯尖是怎样形成的？如何防治？

水稻叶片的枯尖，是指水稻生育期间尤其是生育后期叶尖枯黄的现象。在正常生长条件下，水稻在抽穗以后，随着谷粒成熟，叶片由下而上逐渐枯黄，但一般至谷粒成熟时，剑叶还保持部分绿色。然而，由于肥、水、病、虫等客观因素的影响，加上一些生理性的障碍，常常会出现叶片提早枯尖，发生早衰现象。如水稻受病虫危害后，叶片薄而弯曲，棕褐色，顶端污白色，呈枯死状态，远看一片枯焦；水稻抽穗以后，叶片内积蓄的营养物质转运较快，叶片较薄的品种，在根系衰弱、肥水管理不当的情况下，常易出现叶片早衰现象；后期断水过早，肥料脱力，叶片内氮素含量下降，生长削弱，叶片提早衰老；密度过大，后期郁蔽严重，叶片光合能力减弱，影响根系活力，稻根早衰，失去养根保叶的功能，上部叶片提早枯黄；地下水位高、通透性差和还原性强的土壤中，缺氧和有毒还原物质多，水稻根系发育不良，变黑腐烂，丧失吸收能力，使根系和叶片提早衰老；不良的气候条件，如夏季高温热风、秋季低温寒潮等，都会使根、叶的生理活动受到障碍，造成早衰，特别是双季晚稻、迟熟早籼和其他抗寒力弱的品种，在遇寒潮时，极易发生早衰。

防治措施：

（1）在品种上选择抗逆力强的水稻矮秆良种。

（2）搞好肥水管理，注意晒田、露田和后期干干湿湿，确保后期根系活力旺盛，前中期避免施用氮肥过多。

（3）后期适当喷施多菌灵、粉锈宁等，并适当补施粒肥，也有防止叶片早衰的作用。

十一、超高产水稻主要病虫害与防治

337. 超高产水稻主要病虫的防治策略是什么？

（1）*以预测预报为主的原则*　超高产水稻主要病虫的防治策略是以农业防治为主，通过合理耕作制度、适宜品种、质量栽培等一系列配套技术，创造一个既有利于水稻健壮生长，又能抑制病虫滋生的良性循环的农田生态环境，增强作物抗逆能力，减少病虫发生危害，从而实现超高产的目的。必须坚持以病虫害的预测预报为主的综防原则。加强水稻病虫害的预测预报是减少成本，防止污染的前提条件，预测预报，掌握病、虫发生的种类、发生量、发生的区域和发育进度，及时采取措施，抓住病虫的薄弱环节，达到以最小的投入，获得最佳的防治效果。

（2）*选用多抗性的高产品种*　选用种植抗病虫优良品种，是防治病虫危害的有力手段，也是综合防治体系中关键性防治措施的重要组成部分。

（3）*农业防治技术*　主要包括改善土壤理化性状和促进作物茁壮生长，以增强水稻对病虫害的抵抗力和受害后的自我补偿能力。

（4）*优化化学防治方法*　化学防治是超高产水稻生产的关键措施，必须根据病虫害的预测预报，准确掌握防治指标和防治适期，选择高效、低毒、低残留的农药品种，以达到既有效控制病虫害的发生危害，又最大限度地保护生态环境的目的。在病虫害大发生时，则选用生物农药与化学农药混配剂或化学农药品种，二种以上病虫发生时，则选择具有兼治作用的农药复配剂。

化学防治应严格执行国家《农药合理使用准则》（GB8321）及《农药安全使用标准》（GB4284），根据无公害稻米生产农药使用准则，严格禁止使用剧毒、高毒、高残留的农药品种（表10）。

表10　水稻生产禁止使用的农药种类

农药种类	名称	禁用原因
无机砷	砷酸钙、砷酸铅	高毒
有机砷	甲基胂酸锌（稻脚青）、甲基胂酸铁铵（田安）、福美甲胂、福美胂	高残留
有机锡	三苯基氯化锡、毒菌锡、氯化锡	高残留
有机汞	氯化乙基汞（西力生）、醋酸苯汞（赛力散）	剧毒、高残留
有机杂环类	敌枯双	致畸
氟制剂	氟化钙、氟化钠、氟乙酸钠、氟乙酰胺、氟铝酸钠	剧毒、高毒、易药害
有机氯	DDT、六六六、林丹、艾氏剂、狄氏剂、五氯酚钠、氯丹	高残留
卤代烷类	二溴乙烷、二溴氯丙烷	致癌、致畸
有机磷	甲拌磷、乙拌磷、治螟磷、蝇毒磷、磷胺、内吸磷	高毒
氨基甲酸酯	涕灭威	高毒
二甲基甲脒类	杀虫脒	致癌
拟除虫菊酯类	所有拟除虫菊酯（醚菊酯除外）	对鱼毒性大
取代苯类	五氯硝基苯、五氯苯甲醇（稻瘟醇）、苯菌灵（苯莱特）	有致癌报道或二次毒性
二苯醚类	除草醚、草枯醚	慢性毒性
磺酰脲类	甲磺隆、绿磺隆	对后作有影响

338. 水稻恶苗病危害的主要形态特征是什么？

水稻恶苗病苗又称徒长病，俗称高脚苗，有些地方称之为“米稻”。从苗期到抽穗期均可发生。苗期发病，病秧苗徒长，长出的病苗要比正常苗高1/3左右，叶片和叶鞘细长，呈淡黄色，根系发育不良，部分病秧苗在移栽前死亡，枯死苗上产生淡红色或白色霉层。

本田期，水稻在插秧后一个月左右出现病株，症状与苗期相似，但分蘖少或不分蘖，节间显著伸长，病株基部叶鞘硬化较脆，易折断，根毛很少，节部常弯曲露出叶鞘外，并在下部几个茎节上生有许多倒生的不定根。剥开叶鞘，茎秆上有暗褐色条纹病斑。剖开病茎，在茎内可以看到有白色蛛丝状的菌丝，后茎秆逐渐腐烂，根部变黑，病株到孕穗期逐渐枯死，天气潮湿时，在枯死病株的叶鞘上长满淡红色或白色霉层，后期出现小颗粒。轻病植株常提早抽穗，穗形短小籽粒不实。抽穗期谷粒也可受害，严重的颜色变褐，不结实，在颖壳夹缝处生有淡红色霉层。

339. 水稻恶苗病发生的主要原因是什么？

（1）恶苗病菌寄生或附着在种子上，种子带菌是恶苗病发病的主要原因。水稻恶苗病的病菌在谷粒和稻草上越冬，次年使用了带病的种子或稻草，病菌就会从秧苗的芽鞘或伤口侵入，引起秧苗发病徒长。带病的秧苗移栽后，把病菌带到大田，引起稻苗发病。当水稻抽穗开花时，病菌经风雨传到花器上，使谷粒和稻草带病菌，循环侵染为害水稻。水稻恶苗病的病原菌是赤霉菌。这种病菌在新陈代谢过程中可产生赤霉素、赤霉酸等物质。赤霉素和赤霉酸有促进水稻徒长和抑制叶绿素生成的作用。

（2）恶苗病的发生与土温关系很大，一般在土温25℃时最适合发病，在小于20℃或大于40℃都不表现症状。所以在江苏扬州地区一般在6月20日至7月20日发生。

（3）水稻不同品种对恶苗病的抗性有不同，但是至今还没有免疫品种。

340. 如何防治水稻恶苗病？

水稻恶苗病是以种子传播为主的病害，因此建立无病留种田，选留无病种子和做好种子处理是防治的关键。

①建立无病留种田　留种田应选择无病或发病轻的田块，单打单收。晒种时注意减少受伤种子，防止病菌侵入。

②种子消毒处理　一是用10％浸种灵10毫升对水50千克浸稻种40千克，种子和药液比为1∶1.25，水面要高出种子10厘米，在室温10～15℃条件下浸种3～5天。每天早、晚各搅拌一次，浸种后可直接催芽播种。二是用25％施保克、25％使百克、25％菌威均为同一类药剂。分别用10毫升对水50千克浸稻种40千克。浸种方法同浸种灵。三是用线菌清每包加水18千克，浸种12千克。中粳稻、糯稻浸48小时，后季粳稻浸36小时。浸后用水洗净。四是用50％多菌灵800倍液浸种48小时，也可以在稻种水浸后，直接用10％多菌灵拌种，用药量为种子量的0.3％～0.5％。然后催芽。不经水洗，即可直接播种。五是35％的恶苗灵120克，对水50千克浸种；或3％的生石灰水浸种48小时。药液浸种必须注意的是，液面一定要高出种子层面15～20厘米，供种子吸收。同时，在浸种过程中，药液面保持静止状态，中途不能搅拌，也不能重复使用，以保证闷死病菌。

③播种前不用带病稻草催芽　催的芽不能太长，否则落谷时易受创伤，有利于病菌侵入。

④及时拔除病株　田间枯死病株可产生大量分生孢子，可在水稻开花期传播到花器上，进行侵染而使种子带菌；病株和健株混在一起脱粒，从而使谷粒带菌，所以及时拔除病株对于减少下一年的侵染源有显著的效果。不管是在秧田还是大田里，发现病

株应及时拔掉，防止扩大侵染。妥善处理病稻草，不能随便乱扔，也不能堆放在田边地头，不能作种子催芽的覆盖物，不能用来捆扎秧把，可集中高温堆沤，严重的用火烧。

341. 水稻胡麻叶斑病危害的形态特征是什么？

水稻从苗期至成熟期均可发病，水稻地上部器官均可受害，但主要危害叶片，叶片发病先形成褐色小斑点，后扩大成椭圆形褐色斑，所以称为麻斑病。病斑中部黄褐色或灰白色，边缘褐色，外围有黄色晕圈。病斑常因水稻品种、气候和矿物营养不同而有差异。有时主脉上的病斑还可发展成条斑。一般缺氮时病斑小，缺钾时病斑大而有规则。

抽穗后，穗颈变褐色或黑褐后，并在穗颈处上下扩展。表面常感觉有少量绒毛，被害穗下垂，形成较大的抛物状曲线，不产生白穗，影响谷粒饱满度。

籽粒早期受害，病斑可扩至全粒呈灰黑色，成秕谷，天气潮湿时，谷粒表面产生大量黑色绒状霉层；稻粒受害迟的，病斑与叶片相似，但较小，边缘不明显，病斑多时可成规则形。发病重的谷粒质脆易碎。

342. 水稻胡麻叶斑病的发生原因是什么？

水稻胡麻叶斑病一般是由于土质不良和缺肥等原因引起水稻生长不良后而发生的，以晚稻秧苗较多。该病主要危害水稻叶片，致使叶片枯黄，使光合作用不能进行，影响植株的生长不产量的提高。

病菌以分生孢子和菌核潜伏在病草或稻谷上越冬。在干燥条件下，病组织上的分生孢子可存活2～3年，潜伏菌丝可存活3～4年。

播种带菌种子，潜伏菌丝可直接侵害幼苗，重的引起苗枯。病草上越冬的分生孢子，可经风传达室至秧男或本田，在适宜的条件下，分生孢子萌发，从表皮气孔侵入，引起发病。然后在病组织上产生分生孢子，随风雨传播，进行侵染，扩大危害。

该病的发生和流行，受肥力、土质、品种的抗病性的影响。土壤瘠薄和缺肥时发病重，缺钾时更易发病。在多氮缺钾时，该病与稻瘟病常在同一块田里发生。连作晚稻大苗育秧，由于秧龄期长，常采用少施肥料抑制秧苗生长，往往会诱致发病。一般酸性土、砂性土、泥质土发病较重。

抗病性差异表现为：①籼稻较粳稻抗病，早熟品种比晚熟品种抗病。②苗期最易感病，分蘖期抗病性增强，抽穗期又易感病。③籽粒灌浆期易感病，以后抗病力渐增。黄熟期最不易感病。

343. 如何防治水稻胡麻叶斑病?

（1）选用高产抗病品种　当前推广的武香粳 14 号等品种，比较抗胡麻叶斑病。但在推广时，应因地制宜，并注意提纯复壮，保持品种的抗性。

（2）栽培管理　①及时合理施肥，防止秧苗缺肥导致叶色发黄。砂质土壤多施有机肥料。②科学管水。酸性土应注意排水，改变土壤的通气性能。并适量撒施石灰，以中和酸性，促使有机质的分解。在排灌时，既要避免长期积水，又要防止干旱缺水。

（3）消灭病源　①处理好病稻草，尤其要注意在催芽过种中不用带病稻草。②种子消毒。用1%石灰水浸种，早、中稻（气温 15～20℃）浸 3 天，晚稻浸 2 天。浸种时，药液要高出种子13 厘米左右。用 1∶5 福尔马林浸种或闷种，先将稻种预浸 1～2 天，尔后用该液处理，气温 15～20℃时浸种 3 小时；气温20℃以上可进行闷种，浸 20～30 分钟，取出用薄膜或湿麻袋、草席覆盖再闷种 3 小时，处理后洗净再催芽。用 50%多菌灵可湿性粉剂浸种，1000 倍液浸种 48 小时，浸后洗净催芽或直播。

（4）药剂防治　用40%克瘟散乳剂1200倍液或30%克瘟散乳剂1000倍液，喷雾防治胡麻叶斑病

344. 稻曲病危害的主要形态特征是什么？

稻曲病俗称丰收果。稻曲病只为害稻穗上的个别谷粒，少的1～2粒，多的10粒。稻曲病粒初见颖壳合缝处露出淡黄色块状物，随菌丝发育，病粒逐渐膨大，发展到包裹整个颖壳。稻曲病粒比健谷大3～4倍，初为橘黄色，后逐渐变成暗绿色至墨绿色、表面平滑的菌块。所以群众常常叫“绿粒”等。最后开裂，散出墨绿色的粉末。

345. 稻曲病的主要发生原因是什么？

稻曲病主要在水稻破口抽穗前感病。一是由气候条件引起。凡水稻抽穗前后出现适温（26～28℃）、多雨、日照少的天气，水稻生育期拉长，易诱发该病的发生。二是品种对此病免受侵害的能力有不同。不同的品种，发病程度有明显的差异，这主要是因为生育期与所遇气候条件有密切关系。三是偏施氮肥，深水灌溉，田水落干过迟等，均易加重病害的发生。

346. 如何防治稻曲病？

①选用抗病高产品种。

②选用无病种谷，避免在病田留种，及早将发病田的瘪谷烧掉，以免病菌传播。

③稻曲病的防治适期在破口抽穗前5～10天左右。防治的药剂主要有：5%井冈霉素水剂每667米^{2}用400毫升，对水40～50千克喷雾；25%粉锈宁可湿性粉剂，每667米^{2}用50克，对水40～50千克喷雾。或用20%三唑酮乳油每667米^2 75毫升，对水50千克喷雾。

④合理施肥，防止偏施氮肥，注意增施磷、钾肥。

347. 稻瘟病危害的主要形态特征是什么?

稻瘟病在水稻整个生长期中都有发生，并可危害水稻不同部位，造成苗瘟、叶瘟、叶枕瘟、节瘟、穗颈瘟、枝梗瘟和谷粒瘟。①苗瘟。一般在三叶期前发生。发病初期，在芽的基部和芽鞘上先出现水渍状斑点认后变为黄褐色枯死。②叶瘟。发生在三叶期以后的叶片上。急性型病斑呈暗绿色，近圆形或椭圆形，随后两端稍尖；慢性型病斑呈棱形，两端尖，中央灰白色，边缘红褐色，外围有黄色晕；白点型病斑是白色近圆形；白点型病斑呈白色，近圆形或短梭形，多发生于感病品种的嫩叶上；褐点型病斑为褐色小点，多局限于抗病品种植株下部的老叶上。③节瘟。发生在剑叶下 1、2 节，初出现褐色或黑褐色略凹陷的小斑点，后扩大到整个节部变黑色，稍收缩。④穗颈瘟。发生在穗颈和小枝梗上。病斑初呈淡褐色，边缘有水渍状的褪绿现象，以后病部向上、下扩展，长达 2～3 厘米，颜色加深，最后变黑枯死或折断，造成秕谷或白穗。⑤谷粒瘟。发生在谷壳上。病斑初为椭圆形，褐色，中央灰白色，使谷粒形成灰白色的秕谷。

348. 稻瘟病的主要发生原因是什么?

①品种不抗病，种子未消毒，带病的稻草未及时处理又返还到田里。②施肥不当，施用氮肥过多，使叶片嫩绿软弱，抗病能力下降。③穗颈瘟常常与前期水稻苗瘟和叶瘟的发生有直接的关系。④在水稻孕穗至抽穗阶段，稻田缺水干旱会引起穗颈瘟的严重发生。⑤破口至齐穗期，当温度在 20～30℃，特别是在 24～28℃，相对湿度在 90%以上，且阴雨连绵、日照不足，病菌最适宜繁殖，生长嫩弱的稻株发病严重。

349. 如何防治稻瘟病?

①选用抗病品种，合理进行肥水管理。

②种子要消毒处理。用1%石灰水浸种2～3天。

③防治叶瘟一般在有急性型病斑出现或有发病中心的稻田，特别是生长嫩绿、施肥较多，以及感病品种的稻田进行。预防穗颈瘟一般在水稻破口和齐穗期，尤以破口期更为重要，如即日有雨，要抢在雨前用药；病害流行时，对生长嫩绿、叶瘟发生普遍而又感病的品种，分别在破口和齐穗期各防治一次。防治的药剂主要有：20%三环唑可湿性粉剂，每667米^{2}用100克，对水50千克喷雾；40%稻瘟灵可湿性粉剂，每667米^{2}用100毫升，对水50千克喷雾；50%多菌灵可湿性粉剂，每667米^{2}用75克，对水50千克喷雾。

350. 水稻纹枯病危害的形态特征是什么？

纹枯病主要危害水稻叶鞘及叶片，严重时也侵害稻穗和深入茎秆。一般在分蘖期开始发病，发病初期，在近水面叶鞘上发生椭圆形暗绿色的水渍状病斑，以后逐渐扩大成云状，边缘褐色，中部灰白色，潮湿时变为灰绿色，病斑多时互相合并成大斑纹。叶片病症与叶鞘病症相似，穗颈受害变成湿润状青黑色，严重时全穗枯死。高温高湿时，病部的菌丝在表面集结成团，先为白色，以后变成黑褐色的菌核。

稻穗受害，轻的在出穗时可见穗一段谷壳变褐，造成秕谷；严重的抽不出稻穗，死在胎里。潮湿时各病部都长出蛛丝状菌丝体，以后这些菌丝体集结成白色绒球状，最后形成暗褐色像萝卜籽样的颗粒（病菌的菌核）；同时常在病组织表面及其附近又可产生一层白色粉状物的子实层（病菌的担子及担孢子）。高温高湿、氮肥过多、稻株生长茂密、通风透光差、多雨以及长期深水灌溉的情况下，发病严重。

351. 水稻纹枯病发生原因是什么？

纹枯病是真菌病害，在江苏省太湖地区和淮河以南高产稻区发病较为严重。目前发病面积正在扩大，危害程度渐趋严重。因为缺乏抗病品种，氮素化肥用量过大，土壤中有大量菌核积存，而药剂供应又显得不足，所以在低海拔、低纬度的高产地区，将成为常发性危害最重的病害。纹枯病是一种高产高肥病害，在一定范围内随着施肥量增加、水稻产量上升，病害发生程度逐步加重。其主要原因为：①过度密植、过多过迟追施氮肥，造成水稻旺长，加上长期水层灌溉，田间通风透光差，湿度大，有利于发病；②高温高湿的环境条件，发病最盛。25～32℃时，又遇连续阴雨，病势发展快；③矮秆多穗型品种，分蘖多，叶片密集，容易发病。

352. 如何防治水稻纹枯病?

①减少菌源。稻田进行深耕，以深埋菌核；水田整地时，捞去水面浮渣，减少菌源；结合积肥清除田边杂草，消灭病菌的野生寄主。

②加强管理。栽插的基本苗要合理，根据水稻品种、地力进行施肥和灌溉，防止施肥“过头”，同时增施磷、钾肥，使水稻稳长不旺，后期不贪青，不倒伏，增强抗病力。

③水稻纹枯病的防治适期重点在拔节孕穗至齐穗期，发病严重的，亦可提早到分蘖期。早稻分蘖末期到拔节期，丛发病率10%～15%；孕穗期，丛发病率15%～20%；晚稻分蘖末期到拔节期，丛发病率15%～20%；孕穗期，丛发病率25%～30%；以及易感病品种与发病早的高产田，是防治的重点对象田。防治的药剂主要有：3%井冈霉素水剂，每667米^{2}用400毫升，或5%井冈霉素水剂，每667米^{2}用300毫升左右，对水50千克喷雾，或20%井冈霉素粉剂50克，对水50千克喷雾。50%多菌灵可湿性粉剂、50%硫菌灵可湿性粉剂或30%菌核净可湿性粉剂也有较好的防效。

353. 水稻剑叶鞘腐败病的形态特征是什么?

水稻孕穗期病害在剑叶鞘上发生，初为暗褐色斑声，扩大后为虎斑状大型斑纹，边缘暗褐色或黑褐色，中间色较淡。严重时病斑蔓延整个叶鞘，使幼穗全部或局部腐烂，形成半抽穗或不抽穗。即使抽出全穗的，剑叶鞘也变成紫褐色，形成紫秆。

354. 水稻剑叶鞘腐败病发生原因与防治措施是什么？

一般病菌在残存的稻草和稻桩上越冬。水稻生育后期，瘦弱植株易发生；不耐肥、易倒伏的品种易发病，在孕穗期更易感病。

首先选用抗倒伏、抗病力强的水稻品种。其次加强田间管理，防止中期肥料过多。其三处理好病稻草，施用腐熟的有机肥料。第四药剂防治要结合防治稻瘟病一起运行。

355. 水稻白叶枯病和稻细菌性条斑病的主要形态特征是什么？

白叶枯病是目前危害中稻最主要的病害之一。白叶枯病主要危害叶片，在苗期就可发病，因早期发病缓慢，常到抽穗前后始见严重。发病一般从叶尖或叶缘开始，初现暗绿色短线状，后迅速沿叶缘或中肋向上下扩展，可顺叶脉伸到叶鞘，形成深黄色长条纹状病斑，最后枯白。气候潮湿时，病斑上产生乳白色的溢脓，干燥后凝成蜜黄色如鱼籽状的小粒，粘在叶面上；籼稻病斑黄绿色或黄色，病健界线不明显；粳稻病斑多为灰绿至灰白色，病健界线比较明显。

白叶枯病的症状，可分为三种类型：

①叶枯型。因为环境条件的影响和品种的抗病性差异，表现的症状有两个类型：一为普通型。病斑常从稻叶叶尖或叶缘开始，初现黄绿色或暗绿色斑点，后沿叶脉或叶缘，向上向下扩展，可顺叶脉伸到叶鞘，形成深黄色长条状病斑，最后成枯白色（籼稻为黄色，粳稻为灰白色）。病斑边缘清楚，分界处有时呈波纹状。二为急性型。在稻叶生长幼嫩和特别有利发病的情况下，

常出现像开水烫过的不透明的暗绿色水渍状条斑，叶片随时枯萎。以上两种类型，在天气湿度大时，病叶上会泌出蜜黄色水珠状细菌流胶，常称“菌脓”。籼稻病斑黄绿色或黄色，病健界线不明显；粳稻病斑灰绿色或灰白色，病健界线比较明显。

②凋萎型。多发生在秧田后期到拔节期，以移栽后 15～20 天最重。病株心叶或心叶下第 1 片叶首先呈现失水、卷叶状，最后枯萎。随后其他叶片相继青萎，但也有由下而上青卷枯萎的。折断病株的茎基部等用手挤压，可见有大量菌蒙脓流出。

③黄叶型。病株较老的叶片颜色正常，新出叶片则呈均匀淡绿色或黄色和黄绿色宽条斑，以后病株生长受抑制。

细菌性条斑病在苗期和本田期发病症状基本相同，主要危害叶片，初呈暗绿色水渍状透光的小斑点，后沿叶脉扩展形成暗绿色至黄褐色的细条病斑，病斑上常常产生大量蜡黄色珠状溢脓，稻叶上发生很多条斑后，容易造成病叶枯死。

356. 水稻白叶枯病和稻细菌性条斑病的发生原因是什么？

水稻白叶枯病是细菌性病害，细菌主要在稻种和稻草上越冬，在已发病地区，主要通过有病稻草传播危害。无病地区主要通过带病种子传入。白叶枯病的发生、流行与气候、肥水管理、品种抗性都有密切关系。

①气候条件。高温高湿、多雾和台风暴雨的侵袭都能引起病菌严重发生。最适宜发病的温度是 26～30℃，高于 33℃或低于 17℃病害发生受到抑制。

②肥水管理不当。长期深灌，或稻株受涝，发病就重；偏施氮肥，尤其是硫酸铵、硝酸铵等，都有助于发病；追肥过迟、过多，稻株中期生长过旺，病害往往较重。

③品种抗性弱。一般籼稻较粳稻抗病，早稻和晚稻比中稻抗病，中稻中杂交稻易感病。

357. 怎样防治水稻白叶枯病和稻细菌性条斑病?

①选用抗病品种。不同品种对白叶枯病抗性相差很大，选用高抗性品种，能有效地控制此病的发生。

②白叶枯病和稻细菌性条斑病病菌主要在稻谷和稻草中越冬，次年侵染。清除病菌来源，白叶枯病是通过种子、病稻草、病稻桩和杂草等作为初侵染来源。首先要管好场头病稻草，不使病稻草散落秧田和渠道边，以防下雨时带菌水流入秧田和本田。

③要严格进行种子处理，主要用强氯精500倍液，浸种24～48小时。

④排水搁田，防止串灌、漫灌。白叶枯病菌主要通过水传播。因此，平原圩区的积水田，要开沟排水搁田；丘陵区要清理进出水口，尽量防止串灌、漫灌和深水淹苗，以防病害扩展蔓延，增加损失。

⑤药剂防治。白叶枯病菌主要从水孔侵入，细菌性条斑病菌从气孔侵入；两种病菌又都可从伤口侵入；这两种病菌均喜高温高湿，因此在7～9月间，如遇台风暴雨侵袭，稻叶互相摩擦造成伤口，就有利于病菌侵入为害。因此，在水稻初病阶段，特别是出现急性型病斑，气候有利于发病，以及台风暴雨或淹水过后的稻田和生长嫩绿的稻田，是药治的重点。一要勤查早治发病中心。对施肥多长势比较好的感病水稻，特别是前期受大雨淹苗的稻田，要普遍查一次发病中心，插好标记，二要及时喷洒药剂，封锁发病中心。防治的药剂主要有：20%叶青双可湿性粉剂，每667米^{2}用100克，对水50千克喷雾；50%消菌灵水溶性粉剂，每667米^{2}用40克，对水50千克喷雾；20%叶枯唑可湿性粉剂500～600倍喷雾或10%叶枯净可湿性粉剂300～500倍喷雾。

358. 水稻条纹叶枯病的危害主要形态特征是什么?

秧田期和分蘖期发病，表现“枯心型”开始心叶褪绿呈青枯状，之后，全叶变黄白色，柔软而长并像纸捻一样旋转卷起，弧形下垂，叶尖成钩状。病株大多在圆秆拔节之前全株枯死。拔节孕穗期发病表现为“条纹形”，病情以大田分蘖期发展快，来势猛，往往形成死苗。圆秆拔节至孕穗期发病的则很少卷叶，病叶表现为碎点组成的条纹斑，与叶脉平行可称为“条纹型”，以后常常形成病态的“枯孕穗”和“白穗”，抽穗结实率极低。条纹叶枯病病害与螟害的区别是，螟害枯心直卷，不弯曲，易拔起，断苗处有虫蛀伤口。

359. 水稻条纹叶枯病的危害发生原因是什么?

水稻条纹叶枯病病毒是由灰飞虱为主要传毒介体。水稻条纹叶枯病的发生与灰飞虱发生量、水稻品种等密切关系。水稻品种不同，发病程度有差异。同一品种不同生育期感病性不同，一般苗期和分蘖期发病，拔节后感病轻些。如春季气温偏高，降雨少，灰飞虱发生量大，病害发生严重。

360. 怎样防治水稻条纹叶枯病?

水稻条纹叶枯病是一种病毒病，病毒在寄主植物细胞内增殖危害，药物难以奏效，化学治疗效果不明显，而稻—麦连作的耕作制度一时也难以改变，从当前生产实际出发，比较切实可行的是选用抗病品种，栽培避病，治虫防病等综合措施。

①协调栽培措施　首先合理选择秧田位置，秧田力求避开多虫地段（如四面小麦田），减少灰飞虱的新近迁入量，并尽量做成连片秧田，便于管理。其次合理施用化肥，减少诱虫量，增强植保的抗病力。第三是清除田间杂草，减少虫卵量。

②改革秧田药剂治虫方法　“治虫防病”切断虫媒传毒，是控制水稻条纹叶枯病的关键性措施，秧田期用药尤为重要，灰飞虱的传毒时间主要在一代成虫迁飞阶段和二代若虫大量发生时期，祸根是一代成虫，秧田防治就是要把一代带毒成虫杀灭在传

毒产卵之前，因此在策略上要立足于治虫防病，在防治方法上要立足于早，在灰飞虱迁飞高峰前用药防治。具体方法为：第一次用药时间，水育秧在落谷后 10～15 天，小苗秧在揭膜后 2～3 天，第二次防治在移栽后 3～5 天，结合螟虫防治施药，防治药剂为每 667 米^2 10%吡虫啉 40 克对水 40 千克喷雾。或 20%异丙威乳油，每 667 米^2 150～200 毫升对水 50 千克喷雾。

③拔病补健，控制中、后期发病，减轻损失。

361. 水稻干尖线虫病的危害主要形态特征?

水稻整个生育期均可发生，但主要危害叶片和穗部。水稻苗期一般不表现症状，少数病苗在 4～5 叶，在上部叶片尖 2～4 厘米处卷缩扭曲，呈灰白色纸状枯死，叶片病部和绿色部分分界明显；孕穗期，水稻顶部叶片，特别是剑叶，在叶尖 1～8 厘米处变成黄褐色半透明，以后干曲呈捻纸状，病健交界处有明显的褐色界纹。病株略矮化，剑叶短小、狭窄，重病株抽穗困难。大多病株能抽穗结实，但穗短小粒少，秕粒多，穗直立。

362. 水稻干尖线虫病的危害发生原因?

病原为水稻干尖线虫。线虫以幼虫和成虫在各粒颖壳和米粒之间越冬。稻种内的线虫，在浸种催芽时开始活动，播种后从芽鞘以及叶鞘缝隙处侵入幼苗，附着在幼芽、新生嫩叶及生长点附近，以口针刺吸汁液，营体外寄生。后随植株的生长，线虫逐渐向上移动，到幼穗形成时侵入穗部，最后侵入谷粒，造成子粒不实。

363. 怎样防治水稻干尖线虫病?

因地制宜选用抗病良种。建立无病留种田，选留无病种子。种子消毒：一般用温汤浸种法，先将种子浸 24 小时，然后移入 45～47℃温水中浸 5 分钟，再放入 52～54℃温水中浸 10 分钟，取出后立即用清水冷却，尔后催芽播种；也可用盐酸 0.25～0.3

千克加水50千克，浸种72小时，取出后用水冲洗，再催芽播种。

364. 稻粒黑粉病危害的主要形态特征是什么？

只危害谷粒，一般每穗受害1粒至数粒，严重时10多粒。病粒污绿色或污黄色，成熟时腹部裂开，露出黑粉，且常有白色膜状的米粒，残余突出裂缝处，膜内充满黑粉。有时内外颖合缝处也可裂开露出黑粉。剖开病粒，种子内部全部或局部变成黑粉。

365. 稻粒黑粉病发生原因是什么？

黑粉病菌在土壤和种子内越冬，经5个月左右的休眠期，当气温升到20℃以上，高湿、透光时便萌发，随气流传播到抽穗扬花的稻穗上，侵害花器和稻粒。雨水多、湿度大、氮肥过多时有利于病害发生。水稻抽穗扬花期最易感病。

366. 怎样防治稻粒黑粉病？

① 重病区注意选用抗病品种，选用无病稻种，不在病田留种。② 种谷经过精选后，进行药剂消毒处理（方法同稻瘟病）。③ 加强肥水管理。④增施磷钾肥，防止迟施、偏施氮肥，合理灌溉，减轻发病。⑤抽穗扬花期，选用5%井冈霉素水剂100～150毫升，或20%可湿性粉剂50克，对水50千克喷雾，间隔7～10天再喷1次；或用15%粉锈宁可湿性粉剂50克对水50千克喷雾；或用DT杀菌剂每667米^2 100克对水50千克喷雾。70%甲基硫菌灵可湿性粉剂每667米^2 100克或20%三唑酮乳油每667米^2 75毫升，兑水50千克喷雾。

367. 稻蓟马危害的症状与生活习性是什么？

叶片被害后，先在叶尖出现很多白色微细斑点，致使叶尖向内纵卷，继而逐渐向下延伸，扩大纵卷部位，并且失绿黄枯。

危害水稻的稻蓟马成虫和若虫危害期为秧田期和分蘖期，受害后，田间常成团或成片黄焦，状如火烧，植株矮小，分蘖减少，生育延迟，危害严重的常因大面积叶片卷缩枯死而成为毁灭性灾害，使粮食生产大受损害。

稻蓟马属缨翅目，蓟马科。成虫体长1～1.5毫米，黑褐色，头部近方形，触角7节。前后翅均深灰色，近基部色淡，顶端较尖，翅缘有长缨毛，是其形态的重要特征。卵肾状形，长约0.2毫米，微黄色半透明，将孵化时可透见红色眼点。初孵若虫白色透明，复眼红色，以后体色转黄。

稻蓟马主要以成虫在麦类、杂草或其他禾本科杂草心叶内越冬，是典型的水稻早期害虫，具有趋嫩绿、隐蔽的特性。水稻的生育前期，即秧苗期及本田分蘖期的虫口密度最高，受害最重。尤其3叶期至7叶期是稻蓟马为害水稻的盛期。此时，秧苗有幼嫩的心叶供其取食，繁育出来的后代雌虫比例增高，利于进一步扩大繁殖，故在稻蓟马生长繁殖期间，如温度和苗龄适宜，则往往造成虫量激增，严重威胁水稻生长。水稻拔节后，虫口密度显著下降。雌虫有趋嫩绿秧苗产卵的习性，成、若虫都怕光，多隐匿于水稻心叶或卷叶内吸食。为害穗部的蓟马，因食害颖壳内壁或子房，影响结实，造成颖壳变褐或成秕谷。

稻蓟马1年发生代数因地而异，如江苏东台地区1年10代左右，镇江、扬州室内可以达到13代，世代重叠。稻蓟马危害主要以口针吸叶片汁液，造成水稻养料和水分的损耗，并损坏叶绿素，从而造成叶片纵卷和枯黄。

368. 防治稻蓟马的主要措施是什么？

① 消灭越冬虫源。冬季结合积肥，铲除田边杂草、消灭虫源，以减少虫源基数。

② 药剂防治。对稻蓟马的防治要根据苗情、虫情，主攻若

虫，药打盛孵。但对杂交稻的秧田、大田以药打成虫盛发期为宜。水稻秧苗期和分蘖前期，是稻蓟马的主要危害时期，应加强田间检查。检查的方法是：将手掌放在水里打湿，在稻苗上来回扫动，计算粘在掌心上的虫数，当6丛稻苗上粘于手掌虫数达5～10只（即200～300只/100株稻苗），或稻叶尖初卷率大于5%～10%时，即应施药防治。在移栽前，把受害秧苗的上半部，放入40%乐果或90%敌百虫的1000倍液浸一分钟，再堆闷1小时后插植。或在叶尖受害初卷期，每667米^{2}用40%乐果、50%杀螟松、90%敌百虫，或50%巴丹100克对水50千克喷雾。20%三唑磷或10%吡虫啉也有较好的防治效果。

369. 黑尾叶蝉危害的形态特征是什么？

发病的植株生长不良，直立不披，叶面呈橙黄色。基部叶片开始变黄，后变橙色，并有不定形的锈斑，然后向植株上部叶片发展。病株外观上绿下黄，全田病株分布均匀。发病植株根系发育不正常，不能正常抽穗，结实率低。

370. 黑尾叶蝉危害发生原因与防治方法是什么？

该病属于黄化型病毒，由黑尾叶蝉、大斑黑尾叶蝉和二点黑尾叶蝉传毒。在温度20～30℃范围内，病毒潜伏期较短，而温度在16℃以下38℃以上叶蝉就不能传毒。病害的病毒寄生在筛管细胞中，使筛管细胞受害而死。这样，叶子制造的养分不能往下输送，淀粉积累在上部叶片上。用碘-碘化钾溶液测定叶片的淀粉量，可鉴定黄化病的矮缩病。

主要防治方法是：

（1）清除毒源和传毒媒介，主要是清除杂草；选用抗病品种；在田间发现病株，先在病株周围喷药防治，然后拔去病株，防止扩展。

（2）药剂防治。每667米^{2}用40%或50%马拉硫磷40～50

克，对水 50 千克喷雾；也可用 20%乐果 75～100 克，对水 50 千克喷雾；或用 50%西维因 50 克，对水 50 千克喷雾。

（3）发病后排水露田，增施磷钾肥和因苗因土施用速效氮肥，促使病株恢复生机，减少损失。

371. 稻苞虫危害的形态特征是什么？

稻苞虫又叫卷叶虫，是水稻重要害虫之一。分为一字纹稻苞虫、隐纹稻苞虫、直纹稻苞虫和小黄斑稻苞虫等。江苏省主要以一字纹稻苞虫为主。常常几年大发生一次，间歇猖獗危害，造成水稻大幅度减产。它的一生主要以幼虫危害水稻，结叶作苞，咬食叶片。水稻分蘖期危害，稻株生长矮，重穗短粒少；孕穗期危害，稻穗不能抽穗，即使抽出穗，也多数卷曲，影响开花结果。

372. 稻苞虫危害的发生原因与防治方法是什么？

发生原因为：

稻苞虫在江苏一年发生 4～5 代，以危害水稻为主，也危害大麦、茭白。幼虫 10 月间在杂草上结苞越冬，到翌年春天化蛹，变为蝴蝶，飞到稻田产卵，卵散生于稻叶上、中部背面，以水稻分蘖期产卵最多。幼虫危害严重。初孵化的幼虫，爬到叶尖，吃食稻叶边缘，同时将叶片纵向卷成管状小苞，藏身于其中，并继续取食。以后虫体渐长，再吐丝作较大的苞。一般夏季多雨潮湿、稻苗嫩绿的环境，有利于稻苞虫生育存活，发生犹多。丘陵山区，旱改水地区，棉花、杂粮和水稻田毗邻地区发生较多，危害较重。

稻苞虫的发生预测，以第三代幼虫发生期为重点，同时注意调查第二、四代的发生情况。一般每 100 穴水稻上有卵 5～10 粒，为防治对象。当查到 2～3 龄幼虫占孵化幼虫总数的 50%左右或每 100 穴水稻有 1～3 龄幼虫结的虫苞 5～10 个时，应立即进行药剂防治。

防治方法为：

（1）消灭越冬幼虫。清除田边、沟边、池塘边的杂草和落叶，消灭越冬幼虫。

（2）药剂防治幼虫。稻苞虫3龄前抗药力较弱，3龄后抗药力强，必须在幼龄期施药防治：①每667米^{2}用2.5%敌百虫混合粉2～2.5千克，拌干细土15千克撒施。②每667米^{2}用90%敌百虫150～200克，对水10千克喷雾。

（3）生物防治。每667米^{2}用杀螟杆菌粉剂150克加洗衣粉25～40克，混和少量化学农药喷雾。也可人工繁殖赤眼蜂防治。

373. 怎样识别三化螟危害苗的症状？

稻螟虫又叫钻心虫，是水稻上的一大害虫。幼虫在秧田期、分蘖期危害造成枯心苗；孕穗期到抽穗期危害造成白穗。由于卵块孵化的幼虫都在附近稻株上危害，因此田间出现的枯心和白穗呈成摊成团发生，俗称“枯心塘”或“白穗团”。1龄期以上的幼虫能转株侵害孕穗期稻株，造成枯孕穗（又称胎里死）；3龄以上幼虫转株侵害灌浆期的稻株，造成虫株。三化螟危害有两个特点，有别于其他稻螟：其一，幼虫取食的是叶鞘基部幼嫩而呈白色的组织、穗苞内的花粉和柱头及茎秆的内壁，基本上吃叶绿素；其二，每次幼虫蛀入稻株后，在大量取食之前，必先在叶鞘或茎的节间基部作环状切断，大部分维管束被咬断，切口颇整齐，常变褐色，可称为“断环”。断环形成后，由于水分和养分不能流通，因而几天后稻株呈现青枯或白穗等被害状，幼虫仍多留在其断环上方取食。

374. 三化螟生活习性是怎样的？

三化螟属鳞翅目，螟蛾科。雌蛾前翅长三角形，淡黄白色，中央有一明显黑点；腹末有黄褐色绒毛一丛。雄蛾前翅淡褐色，中央有1个小黑点，翅顶角斜向中央有一暗褐色斜纹，外缘有7个小黑点。卵产成块，长椭圆形，初产时蜡白色，孵化前灰黑色，卵块有几十至一百多粒卵，上面盖黄褐色绒毛。幼虫分4～5龄，初孵幼虫灰黑色，为1龄，也叫蚁螟。2龄，头黄褐色，体暗黄白色，头壳后部至中胸间可透见一对纺锤形灰白色斑纹。3龄，体黄白色或淡黄绿色，体背中央有一条半透明的纵线，前胸背面后半部有一对淡褐色扇形斑。4龄，前胸背板后缘有一对新月形斑，头壳宽1毫米以下。5龄，新月形斑与4龄相似，头壳宽1毫米以上，老熟幼虫体长约18毫米、腹足退化，趾钩单序全环。蛹，长圆筒形，淡黄绿色，羽化前变金黄色（雌），或银灰色（雄），雌蛹后足短，伸达第六腹节；雄蛹后足长，几乎伸达腹末。

三化螟一般每年发生3～4代。三化螟以老熟幼虫在稻桩内越冬。第二年春，发育化蛹，再羽化为成虫。螟蛾白天多潜伏于稻株下部或叶背，夜间活动，有趋光性，喜欢在生长茂盛嫩绿的稻株上产卵。秧田期卵多产在叶片正面近叶尖处，本田期多产在叶片背面中上部，每头雌蛾产卵2～3块。孵化后蚁螟就在卵块附近的植株上蛀茎为害，造成“枯心团”或“白穗团”。幼虫能转移为害，为害孕穗的水稻时，先在穗苞里咬食嫩粒，抽穗后再蛀入上部茎节造成白穗。水稻在分蘖期和孕穗期易受害，圆秆期和齐穗后蚁螟不易侵入。正常年份分别发生在早、晚稻田秧田期，造成枯心苗；而发生在早、晚稻抽穗期则造成白穗。

375. 怎样防治三化螟的危害?

①消灭越冬虫源。在螟蛾羽化前，全面处理虫源田稻茬。

② 栽培治螟。减低混栽程度，缩减三化螟辗转增殖为害的桥梁田；调整品种和栽植期，使易受害期避开蚁螟盛孵期，减轻危害。

③药剂防治。防枯心要做到两查两定。两查：查苗情、查卵

量；两定：定防治田块、定防治时间。查苗情主要是查苗是否在分蘖期、孕穗期等，如不在这些危险期，则可以不需用药；查卵果，选 2～3 个类型田，每块田查一分田，当卵块达到 200 块/667 米^2 时，就需防治。查卵块发育进程定防治日期。把有卵的水稻从田里拔起，栽于田埂边，观察 50 块卵块孵化进度，15%～20%卵块发黑为孵化盛期；80%卵块发黑为孵化高峰期。根据预测预报抓准在蚁螟盛孵期施药。18%杀虫双每 667 米^2 250～300 毫升或 20%三唑磷乳油每 667 米^2 75～100 毫升或 5%锐劲特悬浮剂每 667 米^2 30 毫升对水 50 千克喷雾。

376. 怎样识别二化螟的生活习性和危害症状？

二化螟属鳞翅目、螟蛾科。雌蛾前翅近长方形，灰黄至淡褐色，外缘有 7 个小黑点；雄蛾体稍小，翅色较深，中央有 3 个紫黑色斑，斜行排列。后翅白色。卵扁椭圆形，排列成长方形鱼鳞状卵块，上盖透明胶质。幼虫一般 6 龄，老熟时体长 20～30 毫米，头淡褐色，体灰白色，背面有 5 条紫褐色纵线，最外侧纵线从气门通过，腹足趾钩双序全环或缺环，由内向外渐短渐稀。被蛹淡褐色，额中央钝圆形突出。第十腹节末端近方形，后缘有 6 个角状突起，其中 2 个或 4 个突起上各生 1 条细小刚毛。

二化螟每年发生 2～3 代，以幼虫在稻茬、稻草及其他寄主植物的根茬或茎秆中越冬。二化螟的幼虫在稻茎、稻草及杂草上越冬；成虫有趋光性，喜欢在叶宽秆粗、生长浓绿的稻株上产卵；水稻分蘖期前卵多产在叶片正面尖端 3～5 厘米处，圆秆拔节后多产在离水面 6.5～10 厘米的叶鞘上。初孵幼虫多群集在叶鞘内侧为害，造成枯鞘；2～3 龄后分散转株蛀茎，造成枯心、白穗和虫伤株。

377. 怎样防治二化螟的危害？

① 消灭越冬虫源。二化螟为害严重的田块，铲除田边杂草，

消灭越冬幼虫。如稻草内有大量越冬幼虫，必须在未进入发蛾期以前处理完有虫稻草。

② 点灯诱蛾。在二化螟蛾进入盛发阶段，采用黑光灯诱蛾。

③ 人工捕蛾、采卵、拔除虫伤株。在秧田采用捕蛾采卵，减轻螟害。

④ 药剂防治。与三化螟的防治基本相同，所不同的一是灌深水灭蛹。二化螟多在离水面不高的稻茎或叶鞘内化蛹，可在幼虫老熟和初蛹期放干田水，降低二化螟化蛹位置，后再灌深水杀螟，效果良好。根据预测预报，在蚁螟盛孵期，每 667 米^2 用 18％杀虫双 250～300 毫升、或 40％乐果 200～250 毫升、或 50％杀螟硫磷 75～100 毫升、或 90％巴丹可湿性粉 100 克对水喷雾或撒毒土，施药后保持 3～5 厘米浅水层 2 天以上。或用 20％三唑磷乳油或 5％锐劲特悬浮剂有较好的防治效果。

378. 怎样识别大螟的生活习性和危害症状？

大螟属鳞翅目、夜蛾科。成虫前翅近长方形，淡褐色，从翅基到外缘有一深灰褐色纵纹，纵纹上下各有 2 个小黑点；后翅银白色。头部鳞毛较长。卵扁馒头形，顶端稍凹陷，表面有放射状刻纹，初产白色，后淡紫色。大螟 3 龄前幼虫鲜黄色；老熟时体长 20～30 毫米，头红褐色，体背面紫红色，无纵线，腹面淡黄色，腹足趾钩半环状。蛹黄褐色，头胸部常附有白粉，两翅芽末端在腹面有一小部分相接，末端有 4 个小突起。

大螟在江苏一年发生 3～5 代。除部分幼虫在稻桩及其他寄主残株或杂草根际越冬外，大部分幼虫冬季继续危害小麦等。5 月以后转移危害水稻，产卵部位多在叶鞘内侧，田边比田中产卵多。初孵幼虫群集在叶鞘内危害。卵孵化后的蚁螟，从稻叶上向下爬行或从稻叶上吐丝下垂，随风吹到邻株上或从水面漂浮到其他稻株上，蛀入其柔嫩的茎组织内，危害稻苗和稻穗。

379. 怎样防治大螟的危害?

一要铲除稻桩和田边杂草，消灭越冬幼虫。二要在大螟越冬代发蛾盛期铲除田边杂草，防止产卵后孵化幼虫转移为害水稻。三要在第二、三代卵孵化盛期，幼虫1～2龄期并群集在叶鞘时，用90%敌百虫、40%乐果、50%三唑磷喷雾。并在田边四周重点施药，施药时保持田水3.5～7厘米。

380. 怎样识别稻纵卷叶螟危害苗的症状与生活习性?

稻纵卷叶螟的幼虫常群集于心叶叶鞘内啃食叶肉，形成白色斑点。幼虫稍大些时，爬到叶尖上吐丝卷叶危害，以后逐渐下移到叶片中部，做成纵卷的圆筒状单叶苞，也有做成3～5叶苞的。幼虫在苞内啃食叶肉，仅留表皮，形成白色条斑，严重时全叶枯白。发生严重时，稻田内一片枯白。

稻纵卷叶螟属鳞翅目、螟蛾科。成虫灰黄色，前翅的前缘和外缘有灰黑色宽带，翅中部有3条黑色横纹，中间1条较粗短。雄蛾在这条短纹上近前缘处有一黑色眼状纹和毛簇。后翅亦有2条灰黑色横纹。卵近椭圆形，扁平，长约1毫米，宽0.5毫米，初产乳白色，后变黄褐色，孵化前有1黑点。幼虫头部褐色，胸腹部初为绿色，后变黄绿色，老熟时带浅红褐色，前胸背板后缘有2个螺形黑纹，中、后胸背面各有明显小黑圈8个，前排6个，后排2个。被蛹近前缘处有一黑褐色细横隆线，尾部尖，上生8根钩刺，蛹外常有白色薄茧。

稻纵卷叶螟以幼虫在禾本科杂草中越冬。每年春季越冬幼虫化蛹羽化，以后约每隔1个月左右发生1代；晚稻以第三至四代数量最多，危害猖獗。成虫白天静伏于稻丛下部或杂草间，晚上活动，有趋密、趋嫩绿和群集的习性，也有微弱的趋光性。卵多散产于稻叶表面的中部，每叶产一粒至数粒。每雌虫能产卵几十粒至一百多粒。初孵幼虫先在心叶或附近嫩叶上取食叶肉，2龄后爬至叶尖附近，吐丝缀叶纵卷成苞，藏身苞内，取食叶肉，使叶面呈白条状；随虫龄增大，虫苞扩大，为害也越重，可使叶片枯死。

稻纵卷叶螟主要以幼虫在秧苗期和孕穗期危害。它一年发生3～6代，成虫白天栖息在稻叶背面，夜间活动，趋光性强。分蘖期危害水稻。一般稻株生长嫩绿的田块，特别是施肥过迟，氮肥偏多，或长期灌深水，导致叶拉长披垂，易引诱成虫产卵，并有利于卵的孵化和幼虫结苞危害，这类田块卷叶率常常高达78%～85%。

381. 如何防治稻纵卷叶螟?

(1) 冬季铲除田边、沟边杂草，消灭越冬虫源。

(2) 药剂防治：在成虫高峰后7～9天或稻叶刚出现被啃食的白点时施药，每隔5天检查虫情，酌情连续防治。可选用5%锐劲特悬浮剂每667米^2 30克或40%毒死蜱乳油每667米^2 100毫升或20%三唑磷乳油每667米^2 100毫升对水50千克喷雾。施药防治主要是根治穗期受害世代，但也不能放松分蘖期危害严重的世代。在病虫预测预报的基础上，掌握在幼虫2～3龄发生高峰期用药，效果最好。

382. 稻飞虱危害的症状是什么?

稻飞虱常以成虫若虫群集在稻丛下部，以刺吸式口器群集在稻丛中刺吸水稻茎叶汁液，并从唾液腺分泌有毒物质，引起稻株中毒萎缩。为害轻的，茎秆上出现许多褐色斑点，稻丛下部变成黑褐色，植株变矮。虫量多为害重时，也能为害穗部，植株衰弱，下部变黑，茎秆枯死，甚至成片倒伏枯死，俗称“冒穿”，导致严重减产。由于大量排泄“蜜露”覆盖稻叶，不仅影响水稻光合使用，降低千粒重，而且招致其他病害的严重发生。

383. 稻飞虱的生活习性是什么?

飞虱属同翅目，飞虱科。成虫有长翅型和短翅型两种，暗褐色或淡褐色，前胸背板和小盾片上都有明显的3条纵隆起线。长翅型翅长超过腹部，雌成虫体大色浅；雄成虫体小色深。短翅型翅短于腹部，短翅雌虫体肥大，雄虫体瘦小腹末呈喇叭状。卵香蕉形。

飞虱卵多产在稻株下部叶鞘及嫩茎组织内。短翅型寿命较长，产卵历期长，卵量大，繁殖力比长翅型强。夏季温暖多湿食料丰富时，若短翅型大量出现，就意味着该虫即将会暴发成灾。虫害发生时多从稻田中间点片发生，向田边蔓延。插植过密，氮肥过多，稻株贪青柔软，受害严重的往往造成团状茎叶枯死。

384. 如何防治稻飞虱?

稻飞虱是威胁水稻稳产高产的重要害虫。江苏主要危害中稻。稻飞虱在江苏稻区不具备越冬条件，迁入成虫量的多少是当年发生重轻的基础。全年发生量的大小还取决于气候条件、食料、天敌等因素。一般稻飞虱危害糯稻较重，其次是粳稻、籼稻。在籼稻中尤以杂交稻为较重。

① 切实抓好抑虫增产的栽培措施，创造不利于飞虱发生而有利于水稻增产和天敌繁育的生态条件。首先要实行连片种植，合理布局，以防止飞虱迂回转移，辗转为害，有利统一时间集中防治。在水稻生长期间加强肥水管理，要做到沟渠配套，排灌自如，田间开沟，浅水勤灌，适时晒田，防止长期积水、深水浸灌和田泥污烂。讲究合理用肥，掌握施足基肥，不过量施氮肥，防止封行过早，贪青迟熟。使田间通风透光，降低湿度，能起到抑虫的作用。滥施农药的田块，褐稻飞虱往往发生严重，虫口增长迅速，易造成“冒穿”而造成严重的损失。其原因是由于滥施和用药不合理，导致稻飞虱产生抗药性，大量杀伤其天敌，使稻飞

虱发生严重。

②保护和利用天敌来限制稻飞虱。如果天敌如蜘蛛及黑盲蝽象每667米^{2}有10万～20万头，即使飞虱每667米^{2}有40万～50万头，也可不施药。有些地方还可放5～8只小鸭啄食飞虱等。

③ 种植抗虫品种。以及加强栽培管理，尤其是肥、水的科学管理。

④积极进行预测预防。必须查明水稻不同生育期各类代表性田中的100穴中虫口数量和其中若虫的数量，确定防治适期和数量指标。如以每亩2万穴稻计算，水稻各生育期虫数达到下列数量指标时，则可作为防治对象田：分蘖到拔节期：平均每穴2～3头，每667米^2 4万头；孕穗到抽穗期：平均每穴10～12头，每667米^2 20万头；灌浆乳熟期：平均每穴18～20头，每667米^2 40万头；蜡熟期：平均每穴26～30头，每667米^2 60万头。在有病毒病稻区，要治早治小，早稻秧田每平方米内有18～45头稻飞虱时，本田分蘖期每穴1头以上，就要进行防治。

⑤药剂防治：每667米^{2}选用25％稻虱净可湿性粉剂20～30克、10％吡虫啉可湿性粉剂30克、20％叶蝉散乳油100～150毫升，或10％锐劲特悬浮剂每667米^2 30毫升对水50～60千克喷雾。也可用50％敌敌畏乳油每667米^2 100毫升加50千克水喷雾。防治适期以若虫盛发期施药效果为最佳。特别要注意在分蘖期到拔节期对虫口进行控制，做到压前控后，减少各期治虫的负担。

主要参考文献

[1] 朱德峰，石庆华，张洪程　主编．超级稻品种配套栽培技术．北京：金盾出版社，2008

[2] 袁隆平　主编．超级杂交稻亩产800公斤关键技术．北京：中国三峡出版社，2006

[3] 苏祖芳，周纪平，丁海红　编著．稻作诊断．上海：上海科学技术出版社，2007

[4] 凌启鸿，张洪程，苏祖芳等　著．稻作新理论．北京：科学出版社，1994

[5] 凌启鸿，张洪程，丁艳锋等　编著．水稻丰产高效技术及理论．北京：科学出版社，1994

[6] 凌启鸿　主编．作物群体质量．上海：上海科学技术出版社，2000

[7] 张益彬，杜永林，苏祖芳　主编．无公害优质稻米生产．上海：上海科学技术出版社，2003

[8] 张海泉，华国怀，苏祖芳　主编．水稻高产栽培株型原理与技术．南京：东南大学出版社，2004

[9] 冯惟珠，苏祖芳，沈建辉等　编著．稻作高产新技术. 北京：中国农业出版社，1998

[10] 凌启鸿，苏祖芳，张洪程等　编．水稻叶龄模式与应用（修订本）．南京：江苏科学技术出版社，1996

[11] 马均，陶诗顺　主编．无公害水稻安全生产手册. 北京：中国农业出版社，2008

[12] 张培江　主编．优质水稻生产关键技术百问百答．北京：中国农业出

版社，2006

[13] 杜永林　主编．无公害水稻标准化生产．北京：中国农业出版社，2006

[14] 农业部种植业管理司等　编著．测土配方施肥技术问答．北京：中国农业出版社，2005

[15] 罗永藩，马继发，苏祖芳　主编．水稻叶龄模式的应用与发展．南京：江苏科学技术出版社，1992

[16] 蒋彭炎，姚长溪　编著．水稻高产新技术．杭州：浙江科技出版社，1989

[17] 南京农学院　江苏农学院等　编. 作物栽培学（南方本）. 上海：上海科学技术出版社，1978

[18] 陶荣祥等．水稻病虫害田间手册．北京：中国农业科学技术出版社，2006

[19] 中国作物学会栽培专业委员会等　编．水稻精确栽培理论与技术研讨会论文集．2006

[20] 刘鑫涛　主编．水稻栽培．长沙：湖南科学技术出版社，1984

[21] 苏祖芳，黄士俊，吕贞龙　主编．水稻旱育稀植栽培技术．北京：中国农业出版社，1997

[22] 陈温福，徐正进，张龙步　编著．水稻超高产育种生理基础．沈阳：辽宁科学技术出版社．1995

图书在版编目（CIP）数据

南方单季稻超高产密码/苏祖芳主编．—北京：中国农业出版社，2009.8

ISBN 978-7-109-13980-0

Ⅰ．南…　Ⅱ．苏…　Ⅲ．单季稻-栽培　Ⅳ．S511.4

中国版本图书馆 CIP 数据核字（2009）第 099982 号

中国农业出版社出版
（北京市朝阳区农展馆北路 2 号）
（邮政编码 100125）
责任编辑　徐建华

中国农业出版社印刷厂印刷　　新华书店北京发行所发行
2009 年 8 月第 1 版　　2009 年 8 月北京第 1 次印刷

开本：850mm×1168mm　1/32　　印张：9.5
字数：228 千字　　印数：1～6 000 册
定价：20.00 元